"十三五"职业教育国家规划教材

职业素质教育

（第二版）

主　编　毕结礼

ZHIYE SUZHI JIAOYU

中国教育出版传媒集团
高等教育出版社·北京

内容提要

本书是“十三五”职业教育国家规划教材。

本书坚持立德树人，紧密结合新时代职业素质教育理念与实践，旨在帮助学生提升职业选择的自主把握能力，进而提升职业核心素养。本书共分11单元，包括职业认知与职业素养，岗位工作与岗位素养，组织结构与组织文化，职场奋斗与工匠精神，职场认知与职场典范，自主发展与自我管理，社会认知与社交素质，团队认知与团队合作，质量意识与环保理念，职场安全与职业健康，竞争、创新与终身学习。为了利教便学，部分学习资源以二维码形式提供在相关内容旁，可扫描获取。此外，本书另配有教学课件、教案等教学资源，供教师教学使用。

本书适合作为高等职业院校职业素质教育课程的教材，也可作为社会人士的参考用书。

图书在版编目（CIP）数据

职业素质教育 / 毕结礼主编. -- 2版. -- 北京：高等教育出版社，2025. 1. -- ISBN 978-7-04-063148-7

Ⅰ. B822.9

中国国家版本馆CIP数据核字第2024QH0282号

策划编辑 雷　芳　赵力杰　**责任编辑** 赵力杰　**封面设计** 张文豪　**责任印制** 高忠富

出版发行	高等教育出版社	**网　　址**	http://www.hep.edu.cn
社　　址	北京市西城区德外大街4号		http://www.hep.com.cn
邮政编码	100120	**网上订购**	http://www.hepmall.com.cn
印　　刷	上海叶大印务发展有限公司		http://www.hepmall.com
开　　本	787 mm × 1092 mm　1/16		http://www.hepmall.cn
印　　张	23	**版　　次**	2025年1月第2版
字　　数	553千字		2019年5月第1版
购书热线	010-58581118	**印　　次**	2025年1月第1次印刷
咨询电话	400-810-0598	**定　　价**	49.00元

物 料 号　63148-00

编写委员会

主　编

毕结礼

副主编

李晓芳　孔　震　李　平　杨朝彬

参　编

李金莲　钟兴泉　唐　玲　徐爱民　王庆普　喻正莹

第二版前言

党的二十大报告指出，“教育、科技、人才是全面建设社会主义现代化国家的基础性、战略性支撑。必须坚持科技是第一生产力、人才是第一资源、创新是第一动力，深入实施科教兴国战略、人才强国战略、创新驱动发展战略，开辟发展新领域新赛道，不断塑造发展新动能新优势”，要“坚持以人民为中心发展教育，加快建设高质量教育体系，发展素质教育，促进教育公平”。

长期以来，我国一直高度重视素质教育建设。在人才队伍建设中，素质教育被当作根本内容加以强化。党的十八大以来，中共中央、国务院做出的一系列重大决策和工作部署，为我国职业教育发展指明了方向，广大职业院校围绕培养什么人、怎样培养人、为谁培养人这一根本问题，坚持立德树人，加强学校思想政治工作，推进职业教育改革，加快补齐职业教育短板，推动建设特色鲜明的职业教育。

本次修订，编者坚持贯彻落实党的二十大精神，落实中共中央办公厅、国务院办公厅印发的《关于推动现代职业教育高质量发展的意见》的相关要求，探索新时代职业素质教育的理念与实践。职业素质教育不是选择性教育，是与学科性教育同等重要的类型教育，它对人才的成长和培养发挥着基础性和导向性作用，即教会学生如何做人，尤其是如何成为适应现代职场需要的人才。本书立足于高职青年学生群体，探索如何在教育全过程中发挥“职业素质教育”课程的基础性和导向性作用，发挥这门课程对学生社会主义核心价值观的培养教育作用。

一、修订理念

（一）精准把握定位

本书充分分析大学生对职业教育的需求，抓住学生初次就业前的黄金培养阶段，提高本书内容的针对性和有效性，推进学生有素质地进入就业阶段，促进学生更高质量地就业。

（二）基于职业发展规律谈素质教育

本书经编写组反复讨论，将“职业”二字定为编写主线，并在编写过程中，紧紧抓住职业的形成与发展的规律来谈素质，严格将就业前后不同的素质教育区别开来，避免素质教育的雷同化，凸显个性化。学生的成长与发展是有时段性差异的，比如，爱岗敬业对没有就业的学生来说，只要知道它是就业和职业生涯发展的核心要素即可；而对在职员工来说，它是岗位行为和职业生涯发展过程中的态度及工作表现，是考核指标之一。因此，在编写过程中，有目标、有阶段性地呈现学生需要掌握的内容，也是符合学生学习发展规律的。

（三）注重学生良好习惯的培养

本书注重培养学生的良好习惯，通过习惯的培养提升学生的素养。本书不但要让学生明白要具备何种能力、养成何种素质，而且要让学生明白如何做才能培养这种能力和素质。同时激励学生将此作为目标，从由小见大、自我主导的发展规律出发，在日常的生活和工作中不断修炼提升；注重培养学生从点滴小事做起的意识，以及将行动力作为提升和改变的关键思想，提升学生自主把握能力和自我主导能力，这才是职业素质养成的关键。

二、内容结构

本书共分11单元，每单元都紧紧扣住“职业”二字，与学生的就业和职业生涯发展相联系，内容包括职业认知与职业素养、岗位工作与岗位素养、组织结构与组织文化、职场奋斗与工匠精神、职场认知与职场典范、自主发展与自我管理、社会认知与社交素质、团队认知与团队合作、质量意识与环保理念、职场安全与职业健康、竞争、创新与终身学习。除了阐述学生须明确的相关概念、常识、知识，每一小节都涵盖了大量的案例和活动以加深学生的理解，提升学生的理解力和行动力。

三、主要特色

（一）突出职业素质教育的实践性

本书不是单纯的理论说教，而是利用大量的事例和事实来讲解职业素质教育，把简单的理论指导与鲜活的案例示范有机结合，内容通俗易懂，可读性和可操作性增强，让学生感到素质教育就是身边的事，并非深不可测、高不可攀。把学生从枯燥的理论学习中解放出来，引导学生走向鲜活的现实生活和工作，激发学生的学习兴趣，体会职业素质教育的真实性、现实性和可行性，使教材更贴近学生和现代生活的实际。

（二）突出职业素质知识的普惠性

本书以大学生了解职业素质教育为出发点，是给广大大学生进行的基础性、普惠性教育，而不是作为一门专、艰、深的专业性教育，通过本门课程的一次学习就达到学生的职业素质完美提升的目的是不可能的。因此，本书围绕大学生最迫切的实际需求，选取的都是大学生所能接受的、容易理解的内容，具有一定的普适性和广泛性，使大学生尽可能多角度、多层次地理解职业素质教育。本书内容易学易懂，可操作性较强。

（三）独特的呈现形式

本书打破传统的职业素质教育方式，遵循职业教育教学规律，设计并提出全书的组织架构。首先，提出学习目标和学习指南，以增强教学的目标性和学习的有效性。其次，以案例导入方式进入内容知识的学习，知识讲解过程中穿插案例、知识卡片等进行解释说明，告诉学生素质教育在做什么，而不是在讲什么，从而引出学习的知识点和技能点，让学生从职业行为规范的角度，理解职业素质教育对国家、组织以及自身职业生涯发展的现实意义和长远意义。本书还以“知识卡片”和“案例”的形式，强化内容的鲜活性，提高学生的学习兴趣。另外，学生在充分理解知识的基础上，每小节后设计了“活动与训练”和“思考与讨论”栏目，是对知识的反思、运用和提升。

（四）强化学生的活动训练

本书每小节后设计的“活动与训练”栏目，是一个特色创新环节。“活动与训练”不同于以往其他书中设计的“练习题”，而是具有操作性的课堂活动、课外活动。此活动的意义在于：将内容与生活相联系，将内容与职场相联系，甚至将内容与每个学生的素质提升紧密地联系起来。活动不但有明确的主题和目标要求，而且还对活动过程做了详细的设计，从而保证活动环节的质量，让学生通过真实场景去体悟职业素质，思考职业素质的内在含义，把“知与行”相结合，不断促进学生能力的提升，通过行动引导学生提升职业素质能力。

在此，特别值得一提的是，为确保本书从内容到形式的创新，增强本书的时代感、鲜活性和有效性，本书组织当前开展职业素质教育较好的职业院校、技工院校中从事职业素质教育多年的一线教师和职业教育专家，共同组成编写队伍。编写人员以高度的责任心和严谨的工作态度全力投入编写，保证了全书的教学实用价值和编写质量。

在本书编写的过程中得到了有关方面的大力支持和帮助，特别是借鉴了国内外学者关于职业研究的一些理论成果，为本书增添了更加有意义的学术价值。由于编者能力水平所限，本书可能存在不足之处，恳请广大读者给予批评指正，从而为推进我国的职业素质教育共同努力。

编　者

目录
CONTENTS

第一单元

职业认知与职业素养

引导语

职业，对还没有走向社会的大学生来说，是一个神秘而充满诱惑的字眼。社会分工和私有化是职业产生的社会基础，在人类社会进入信息化、大数据时代后，职业又被赋予了新的内涵与意义。大学生在进入竞争日益残酷的职场时，总有很多困惑与无奈。确立适应自身个性特点和能力的职业目标，培养适应国家需要和社会发展的职业技能，是大学生在校园学习与生活中的着力点。

专注职业技能的培养并非职业教育的全部要义。在今天这样一个人才竞争的时代，现代职场的竞争逐渐从“拼技能”转向以综合素养为核心的职业素养的竞争。职业素养是在职业过程中表现出来的综合品质，是全人格的发展。

大学生应从认知职业开始，通过认知自己的兴趣、性格和能力，匹配适合自己发展的职业，并在通往职业的道路上，加强素质培养，提升工作能力，培养人文素养，实现自我发展。

学习目标

- 了解职业的产生、发展。
- 熟知职业匹配的关键要素。
- 掌握职业素养的内涵和要素。
- 熟知职业素养对自身发展的意义。

第一节

认识社会职业

导入案例

出路在何方

小强同学是一名计算机科学专业的学生，刚入学时成绩处于中上等水平。然而，随着专业知识内容的加深，他的成绩逐渐下滑。进入三年级后，他开始关注未来的发展问题。在咨询了已毕业的学生和上网查找相关资料后，他发现与自己专业对口的工作竞争激烈，就业形势严峻。

许多同学选择了考公务员或考研，他也与家人商量过此事，但他担心考不上会耽误太多时间和精力。因此，他对未来发展感到迷茫。他经常思考如果毕业后找不到合适的工作该怎么办？自己到底能做些什么？

在剩余的大学时光里，他不知道应该顺其自然还是做些准备。这种对未来的迷茫使他的思想进入不稳定期，他开始焦虑不安，无法安心学习，出现失眠、焦躁等问题，迷失在自己编织的梦网中。

分析：

小强在职业选择上缺乏明确的目标，对自己的认知存在偏差。临近毕业，大学生们面临着就业的压力。许多学生不论自己的职业理想是否与热门企业相一致，条件是否符合那些热门岗位的需求，都盲目地投递简历，盲目跟风，往往花费了大量的时间和精力，却得不到期望的结果，这极易导致他们对自己的能力产生怀疑，产生消极的情感与不良行为，这些学生对职业生涯的规划不合理。尽管大学生非常重视追求兴趣爱好与个人才能的发挥，但在现实面前，很多大学生往往缺乏科学合理的职业生涯规划，职业规划意识薄弱、规划水平较低。在临近毕业找工作时，他们可能会感到无所适从，不知道该如何做出最好的选择。

一、职业及其分类

（一）职业概述

“职业”一词最早见于《国语·鲁语下》：“昔武王克商，通道于九夷、百蛮，使各以其方贿来贡，使无忘职业。”在我国古代，“职”和“业”代表不同的内容。“职”——是指官事；“业”——是指士、农、工、商所从事的工作。《现代汉语词典》（第七版）对职业一词的解释是：“职业是个人在社会中所从事的作为主要生活来源的工作。”职业是人类文明进步、生产发展和社会分工的客观产物。

社会学强调职业是社会分工体系中的一种社会位置，这个位置一般不是继承性的，而是获得性的。“职业”就是劳动者获得的社会角色，是与劳动分工体系中某个环节产生联系的劳动者获得的社会角色，是劳动者的社会标志。美国学者泰勒认为，职业的社会学概念，可以解释为一套成为模式的与特殊工作经验有关的人群关系。

经济学意义上的职业概念同劳动的精细分工紧密相连，认为劳动者相对稳定地担当某项具体的社会劳动分工，或者较稳定地从事某类专门的社会工作，并从中获取收入，那么这种社会工作便是劳动者的职业。

总而言之，职业是劳动者相对稳定从事的并赖以生活的工作，是劳动分工体系中的一个环节，“每一种职业都是社会分工中的一部分”。职业是与劳动分工体系中某环节产生联系的劳动者获得的社会角色，是与劳动分工体系中某环节产生联系的劳动者的社会标志。

（二）职业的产生

职业是社会分工的产物。原始社会前期，人类劳动最早按性别分工，不存在职业的概念。原始社会末期，出现了真正意义上的社会分工，产生了专门的职业。

随着生产力的发展和科学技术的进步，社会分工越来越细，职业也越来越多。职业未来的发展趋势主要包括三方面：一是职业的专业化，职业分工更细、更专，社会对职业专业水平要求不断提高；二是职业的智能化，体力劳动脑力化；三是职业的综合化，职业间重叠、交叉，更加需要复合型人才。跨职业发展是新时代职业发展的重大特征。

知识卡片

改革开放以来中国社会的职业变迁

改革开放40多年间，职业的消失、细化与新生，无不与我国经济社会发展紧密联系。谈及40多年来的职业变迁，可以用“现代化、高级化、职业化”加以概括。

改革开放40多年来，不仅中国的经济体量实现了跃升，社会分工也随之改变。40

多年来，“工、农、兵、学、商”为主的单一职业体系已经发生了翻天覆地的变化，新的职业体系在细化与新生中逐步重构。40多年来的职业变迁的增减中，既有生产力提高、需求升级带来的传统职业的细分与变迁，也有科技进步催生出的职业更替。影响职业变迁的核心因素就是生产力。自我国在1978年实施改革开放以来，全社会生产力得到了空前释放，经济实力持续跃升，中国特色社会主义市场经济体系的建立和完善，让职业分工愈加细化，职业结构出现内部分化。

“您是做什么的？”这是许多人初次见面时常用的寒暄。进入社会，某种程度上，劳动者是被职业定义的。

对个体而言，职业是谋生的手段，是实现价值的途径；于国家社会而言，经济体制、产业结构和科技水平决定着社会的职业构成，而职业的兴衰变迁，亦是时代发展与进步最具人格化特征的演变。

改革开放40多年来，“做什么”的答案已经发生了巨变。生产与生活方式的变革让社会分工更加细化多元。发展理念的升级更新、科学技术的迭代跃升、社会公共事业蓬勃发展，都改变着既有的劳动关系，也创造着全新的社会职业。

20世纪80年代，万物苏醒，快意生长，“商品经济”的合法地位被确立，人们怀着想要摆脱贫困、过上好日子的朴素愿望，开始了改变命运的探险，个体户、私营企业主如雨后春笋。当时，《中国青年报》的一项调查显示，最受人们欢迎的三个职业分别是出租车司机、个体户和厨师。而渴望知识、重视科教，也让教师成为当时受欢迎的职业之一。

20世纪90年代，改革开放正值青春，中国经济发展迅速，人们的视野不断拓宽。全社会创业热情被点燃，“下海”成为这个时代职业变化的主题词。同时，中国对外开放步伐加快，提升了外企工作的吸引力。这一时期，有研究指出，最受人们欢迎的职业是企业家、管理者、教师。

进入21世纪20年代，每个行业都被“互联网思维”搅动起来。“程序员”是中国职业变化的又一个标志，越来越多的职业“联系”上了网络。同时，产业结构调整，人们需求多样，各领域创造力勃发，也促进了社会职业结构向高级化发展，如金融、物流、咨询等行业孵化而生；与人们精神文化生活密切相关的影视、文化产业兴旺蓬勃；与健康、美丽、养老有关的生活服务业欣欣向荣。

如今，互联网、云计算、人工智能等新技术日新月异，传统制造业更趋转向服务业，个人追求更加纷繁多彩，万物互联模糊了职业界限，让选择更具想象空间。新职业是产业升级的产物，人们面对新职业，心态正在变得更加开放，同时也需要从制度、法律等层面入手，促进新职业的良性发展。

（三）职业的特征

职业是社会生产力发展到一定阶段的产物，是社会分工体系中的一个环节，各种职业之间相互联系，存在着一些共同特性。职业的特征主要包括社会性、经济性、时代性、专业性和相对稳定性。

1. 社会性

职业是社会分工的产物，每一种职业都体现了社会分工的细化，不同的社会成员必须在一定社会构成的不同职业岗位上工作或劳动。不同的职业承担着不同的社会责任，从业者应当了解自己承担的职业角色，完成自己的职业使命。比如，交通警察的责任是维护交通秩序，保证道路运行通畅；消防员的职责是救火消灾，保证人们的生活安全；医生的责任是救死扶伤，为患者排忧解难。

2. 经济性

职业活动的最基本目的是创造价值、获得谋生的经济来源。人们必须从事一定的职业活动以获取生存必需的物质资料。因此，职业直接关系到人们的生存需要。任何劳动者在从事一定的职业活动并完成工作任务之后，都会得到一定的收入，其所付出的劳动也应该得到相应的报酬。通过获得报酬，劳动者不仅可以满足基本生存需求，还可以进一步满足自己及家人在教育、休闲、娱乐等方面的需求。大学生毕业之后的就业意味着独立生存的开始，从事职业活动为独立生存提供了根本的经济基础。

3. 时代性

职业随着时代的变化而变化，在不同时代的社会发展阶段，其种类、数量、活动内容、活动方式和内部分工也不同。生产力的不断发展决定了职业的发展变化，这种变化表现为：新的职业不断产生，一些不能适应时代需求的职业随之消失，或被彻底改造，或因时代需要而获得新的内涵（如商品销售业已不再局限于单纯的销售环节，而是包含了信息咨询、售后服务等内容）；职业的活动方式也在不断发生改变（如商品销售业在当今出现了网络销售，形成了实体店销售和网店销售并存的格局）；在不同时代，职业的内部分工也发生了巨大变化（如原来单一的建筑业分化成现在的建筑设计、建材生产、装修等职业）。此外，每个时代的热门职业也有不同，这反映了不同时代政治、经济、社会等方面的特点。

4. 专业性

职业是社会分工的结果和体现。随着生产力的发展和科技的进步，社会分工越来越细致，劳动专业化程度越来越高，职业的专业性也就越来越强。职业的专业性使得大部分人在职业生涯中只能从事一种职业或有限的几种职业。职业的专业性既包括知识性、技术性，也包括规范性。职业的知识性和技术性是指每一种职业都需要一定的知识含量和技术要求，从事某种职业的人员在职业活动中必须掌握或具备特定的知识和技术。职业的规范性包含两层含义，一是指职业内部的规范操作要求，二是指职业道德的规范性要求。

5. 相对稳定性

职业的稳定性是相对的。职业在生命周期内是稳定的，但是随着社会的发展，会不断诞生新的职业，淘汰旧的职业。有些职业的存在历史十分久远，如农业种植、传统手工制作；有些职业的存在历史则较为短暂，尤其是近几十年新出现的职业，如计算机相关职业、某些设计类相关职业等。不同的职业尽管存在历史长短不同，但它们在一定阶段内不会消亡，具有相对的稳定性。因此，劳动者从事某种职业是连续的、相对稳定的。职业的相对稳定性有利于人们学习掌握相关的劳动知识和技能，提高劳动熟练程度，从而提高劳动生产率。

（四）职业的分类

所谓职业的分类，就是指按不同职业的性质和活动方式、技术要求及管理范围进行系统划分和归类，以达到劳动力素质与职业要求相适应的活动过程。

1999年，我国第一部职业分类大典颁布，命名为《中华人民共和国职业分类大典（1999年版）》。由于经济社会的不断发展，我国社会职业构成发生了很大变化。为适应发展需要，国家先后于2015年、2022年修订颁布了两次大典修订版。2022年7月，中华人民共和国人力资源和社会保障部等部门颁布了新修订的《中华人民共和国职业分类大典（2022年版）》。修订后的职业分类大典收录职业系类信息1 639个，如表1-1所示。

表1-1 《中华人民共和国职业分类大典（2022年版）》的职业划分

大类序号	大类名称	中 类	小 类	细类（职业）	工 种
第一大类	党的机关、国家机关、群众团体和社会组织、企事业单位负责人	6	16	25	
第二大类	专业技术人员	11	125	492	
第三大类	办事人员和有关人员	4	12	36	24
第四大类	社会生产服务和生活服务人员	15	96	356	460
第五大类	农、林、牧、渔业生产及辅助人员	6	24	54	150
第六大类	生产制造及有关人员	32	172	671	2 333
第七大类	军队人员	4	4	4	
第八大类	不便分类的其他从业人员	1	1	1	
合 计		79	450	1 639	2 967

如果别人问你将来选择什么职业，你也许会笼统地说“我想当教师”，但严格来说，教师仅仅是你的职业方向或范围，你必须从中选择具体的职业，比如，从中学教师这一小类中选择语文教师，这才是具体的职业。

知识卡片

人工智能与未来职业

在不久的将来，做什么工作最有可能被人工智能淘汰？干什么最不容易被淘汰？

英国广播公司基于剑桥大学研究者的数据体系分析了365个职业在未来的“被淘汰概率”。

绝大多数来自第一产业和第二产业的工作都被列为了高危职业。比如：瓦匠、园丁、清洁工、司机、木匠、水管工等第一、第二产业工作，被取代概率为60% ~ 80%。

一个令人稍感安慰的数据是，程序员、记者、编辑的职业被人工智能取代的概率仅为8.4%。相比人工智能，人类的另一个无法被人工智能模仿的特质就是同情心和情感交流技能，因此，在保姆这类真正需要情感投入的职业中，人工智能尽管能完成大部分工作要求，但终究很难代替，被取代概率只有8%。

艺术家、音乐家、科学家，被取代概率分别为3.8%、4.5%、6.2%。无论技术如何进步，人工智能如何完善，对人类而言，创造能力、思考能力和审美能力都是无法被模仿、被替代的最后堡垒。

律师、法官的被取代概率为3.5%；牙医、理疗师的被取代概率为2.1%；建筑师的被取代概率为1.8%。

心理医生的被取代概率为0.7%。人工智能无法理解人类的情绪，但依然可以学会用某些方法来处理与情绪有关的问题，就好像不理解“什么是诗”的人工智能依然可以写出不错的诗。从这个角度来说，人工智能确实可以胜任心理咨询的工作，因为这原本就建立在这样一种信念之上——人类的情绪可以被有效地处理。

教师的被取代概率是0.4%。但哪怕人类教师真的输给了“教学机器人”，也不能就此否认人类教师的存在意义。之前提到的那些人类独有的、被视为最后堡垒的能力，都恰恰是人工智能无法传授的。

令人感到意外的是，酒店管理者的被取代概率为0.4%，与教师一样，是最不容易被人工智能取代的职业。

其实，早在2013年，相关研究者就在一篇文章中指出，现有47%的职位具有高取代率，20%的职业具有中取代率，33%的职业具有低取代率。

另据日本野村综合研究所和牛津大学于2016年合作研究了日本、美国、英国未来20年内可能被人工智能取代的工作。研究人员在日本调查了600多种职业，涉及从业人员超过4 000万人，调查结果显示有将近一半的职业未来可能会被人工智能取代。在美国和英国的调查结果同样不容乐观，美国未来20年内47%的工作有被人工智能取代的风险，英国则为35%。

人力资源和社会保障部职业技能鉴定中心的陈宇教授认为：“将来，人类最有前途的劳动领域是非规则性智能劳动和非规则性体力劳动。”

人工智能未来虽然会被广泛应用并取代某些岗位的工作，但是我们大可不必悲观。从目前来看，人工智能取代的工作大多是机械性、重复性的。大量需要创造力、想象力的工作，人工智能是无法胜任的。未来社会中，虽然一些具有重复性操作的职业会被人工智能取代，但是大量“个性化”“人性化”“情感化”“未知探索实验性”与“创新创造性”的工作岗位会被创造出来。

目前还没有足够的证据证明人工智能技术的进步对劳动力需求产生了重大的影响，人工智能更多的只是被用来帮助人们更好地完成工作，而不是替代人们完成工作。在人工智能时代，目前的研究表明，并没有大量新职业会被创造出来，而原有的大量职业或岗位会借助人工智能进行升级、细分与改造。

虽说英国广播公司分析的仅仅是这些职业在英国的前景，所基于的也不过是英国本土的数据，但从这些概率中，可以得出两个基本的结论。

1. 低取代率的职业特点

如果你所从事的工作包含以下三类技能要求，那么，你被人工智能取代的可能性非常小。

(1) 社交能力、协商能力等人际交往能力。

(2) 同情心，以及对他人真心实意的扶助和关切。

(3) 创意和审美。

2. 高取代率的职业特点

如果你的工作具有以下特征，那么，你被人工智能取代的可能性非常大。

(1) 无须天赋，经由训练即可掌握的技能。

(2) 大量的重复性劳动，每天上班无须动脑，手熟即可。

(3) 不需要了解时事，也不需要与他人交往。

须看到，现在人工智能成为社会讨论的热点话题，基于大数据的深度学习和神经网络算法有所突破，但是人工智能依然没有原创能力、谈判能力。在未来社会中，要避免自己的工作岗位被人工智能取代，提升自身的职业素养也许是人们的唯一选择。所谓提升自身职业素养就是要和人工智能形成差异化优势，人们在某些领域永远也赶不上人工智能的计算能力，但是在创造力、艺术表现力、想象力、谈判能力、与人的沟通能力等方面人工智能远不及人类。

二 职业要素分析

（一）职业环境

职业环境，是指从业者在就业过程中面临的职业发展状况、发展趋势等。不同职业的从业者，所处的工作环境有所不同，比如，医生和教师的工作环境不同；即使是同类型职业，其具体工作环境也会有所不同，比如，体育老师和数学老师的工作环境不同。职业环境分大环境和小环境。大环境指社会和国家经济发展对职业的影响；小环境则是组织内部环境，比如公司发展理念和公司人际关系等。职业环境由多种因素构成，既有主观因素，更有客观因素。不管职业环境多么复杂，决定个人职业发展的最重要因素还是就业者自身的能力，因此，我们应该提升自己适应环境变化的能力。

（二）职业待遇

职业待遇就是薪酬待遇，是指人们在从事相关的劳动活动后所获得的合法收入。由于不同职业所要求的技术能力和知识水平的不同，从事不同职业的就业者所获得的职业待遇有所不同。

（三）职业素质

职业素质是劳动者职业能力的综合体现，表现在职业兴趣、职业能力、职业性格及职业礼仪等方面。影响和制约职业素质的因素很多，主要包括受教育程度、实践经验、社会环境、工作经历及身体状况等。不同职业所需的职业素质是不同的，比如对建筑工人的素质要求不同于对护士的素质要求，对商业服务人员的素质要求不同于对教师的素质要求。

（四）职业资格

职业资格是一种综合能力的体现，包括从事某种职业所需要的生理素质、心理素质、思想品德、职业道德、职业知识、职业技能和职业技巧，也包括从事某种职业所必需的实践经验等。对职业资格的管理，从古至今都存在，在当代已成为一种国家行为。

在我国，由政府人力资源和社会保障行政部门确定职业分类，并制定各类职业资格标准。职业技能鉴定是劳动者获得对自己技能水平和从业资格认可的重要形式。职业技能鉴定是指按照国家职业技能标准或任职资格条件，通过政府认定的考核鉴定机构，对劳动者的技能水平和职业资格进行客观公正、科学规范的评价和鉴定，对合格者颁发相应的国家职业资格证书的一种国家制度。

我国的职业资格分为行政许可类职业资格和能力评价类职业资格两种。行政许可类职业资格也称“执业资格”，是政府对某些责任较大，关系公共利益，涉及人身安全、重大财产安全和广大消费者利益的职业实行就业准入控制，是劳动者依法独立开业或从事某一特定职业的专业知识、职业技能和工作能力的必备标准，比如，职业药师的职业资格即属于行政许可类职业资格。能力评价类职业资格也称从业资格，是国家对技术复杂、社会通用性强的职业组织开展的能力评价，是从事某一职业的专业知识、职业技能和工作能力的起点标准，比如物流师的职业资格，即属于能力评价类职业资格。

国家职业资格目录（2021年版）

知识卡片

国家职业资格制度演变和职业资格目录清单

我国的国家职业资格制度起源于20世纪50年代开始实行的工人技术等级考核制度。从1990年的《工人考核条例》到1993年的《职业技能鉴定规定》和1994年的《职业资格证书规定》，国家职业资格制度几经变化。1994年7月正式颁布的《中华人民共和国劳动法》规定：“国家确定职业分类，对规定的职业制定职业技能标准，实行职业资格证书制度”。2013年，《国务院机构改革和职能转变方案》提出，减少资质资格许可和认定。2014—2016年，共计减少了434项职业资格许可和认定事项。2017年，中华人民共和国人力资源和社会保障部印发了《关于公布国家职业资格目录的通知》（人社部发〔2017〕68号），公布了140项国家职业资格目录。目录公告了专业技术人员职业资格59项（含准入类36项，水平评价类23项）、技能人员职业资格81项（含准入类5项，水平评价类76项）。这些职业资格基本涵盖了经济、教育、卫生、司法、环保、建设、交通等国家重要的行业领域。根据这项最新的政策，清单之外一律不得开展职业资格许可和认定，清单之内除准入类职业资格外一律不得与就业创业挂钩；同时建立调整更新机制，对目录清单进行定期调整、动态更新。2021年，人力资源和社会保障部颁布了《国家职业资格目录（2021年版）》，新《目录》共计有72项职业资格。其中专业技术人员资格59项，含准入类33项，水平评价类26项；技能人员职业资格13项，水平评价类、技能人员职业资格已全部退出《目录》。经过几年的努力我国已逐步形成以国家职业技能标准和行业企业评价规范等核心的国家职业标准体系，为技能人才多元评价提供标准支撑。

国务院办公厅关于深化产教融合的若干意见

（五）职业规范

职业规范是指每种职业的特定规范，主要包括职业活动中的操作规则、办事章程、道德规范等，这些规范要符合国家法律法规和社会伦理道德。比如，作为一名医生，除了具有医学医药专业知识、救死扶伤的能力，还要具备高尚的医德。

（六）职业技能

职业技能是指从业者就业所需的技术和能力。不同的职业对从业者职业技能的要求是不同的。职业技能主要通过职业资格来体现，所谓职业资格就是指对从事某一职业所必备的学识、技术和能力的基本要求。当前，除了国家职业资格制度，国家正逐步完善技能人才职业技能等级认定及享受相应待遇的政策，做好职业资格制度与职业技能等级制度的衔接，建立职业资格和职业技能等级与职称、学历比照认定制度，制定高技能人才与工程技术人才职业发展贯通办法，畅通技能人才职业发展通道。为拓宽人才发展空间，促进人才合理流动，提高技术技能人才待遇和地位，根据中共中央、国务院印发的《新时期产业工人队伍建设改革方案》，中共中央国务院办公厅印发的《关于深化职称制度改革的意见》等有关要求，中华人民共和国人力资源和社会保障部于2018年12月印发了《关于在工程技术领域实现高技能人才与工程技术人才职业发展贯通的意见（试行）》。

知识卡片

我国的职业技能等级划分

当前我国将技能人才划分为八个等级，即学徒工、初级工、中级工、高级工、技师、高级技师、特级技师、首席技师。其中，各职业国家职业标准中详细描述了初级工到高级技师五个等级的技能水平（如图1-1所示），高级及以上等级的人员又统称“高技能人才”。

等级	要求
一级(高级技师)	能熟练运用基本技能和特殊技能完成较为复杂的工作；能独立处理工作中出现的问题，解决本职业高难度技术操作和工艺难题；在技术攻关、工艺革新和技术改革方面有创新；能组织开展技术改造、技术革新和进行专业技术培训；具有资源分配能力。
二级(技师工)	能熟练运用基本技能和专门技能完成较为复杂的工作；能独立处理工作中出现的问题，解决本职业关键操作技术操作和工艺难题；在技术攻关、工艺革新和技术改革方面有创新；能组织指导他人进行工作和培训高级操作人员；具有一定的资源分配能力。
三级(高级工)	能熟练运用基本技能和专门技能完成较为复杂的工作；能独立处理工作中出现的问题；能指导他人进行工作或协助培训一般操作人员。
四级(中级工)	能熟练运用基本技能独立完成本职业日常可见性的工作；能在特定情况下能运用专门技能完成较为复杂的工作；能够与他人进行合作。
五级(初级工)	能运用基本技能独立完成本职业日常可预见性的工作。

图1-1　我国的技能人员职业技能等级

2022年，中华人民共和国人力资源和社会保障部印发《关于健全完善新时代技能人才职业技能等级制度的意见(试行)》，在原有技能等级基础上，向上增设特级技师、首席技师技术职务(岗位)，向下补设“学徒工”技能等级，形成“八级工”职业技能等级(岗位)序列，从而打破技能人才成长“天花板”。

三　职业生涯发展

职业生涯是一个人的终身职业经历，是一个动态的过程。它不仅包括一个人在过去、现在和未来那些可以实际观察到的、连续从事的职业发展过程，还包括个人对职业生涯发展的见解和期望。

(一) 职业生涯规划是满足职业发展的必要条件

职业规划是在了解自我、了解职业、了解环境的基础上，对自己的未来要从事的职业作出相对理性、逐渐稳定、高度认同的决策的过程。职业生涯规划是一个人动态的职业目标和职业梦想，是人在步入职场前就可以进行规划的内容。当然进入职场后，还要根据职场的变化和社会发展的因素，不断进行调整。

通过职业生涯规划，人们可以确定自己的职业目标，选择自己的职业道路。特别是随着社会发展和经济发展变化，职业生涯和人的发展联系越来越密切，因此，这应是大学生入学后首先要考虑的问题。生涯不等于工作，因此，职业生涯规划不等于找工作。职业生涯规划是一个过程，规划的功能在于为生涯设定目标，并找出达成目标所需采取的步骤。

(二) 职业素养对职业生涯发展具有决定性作用

职业素养是一个人步入职场后，完成岗位职责任务所必须具备的基本品质。如果想顺利地完成职业生涯的发展，必须不断提升自身的职业素养，从这个角度上说，职业生涯规划能够促进职业素养的提升，能促使学生根据自己规划的阶段性目标，不断学习，不断实践，最终步入职场，从而使自身的职业素养得到实际检验。而一个人职业素养的高低直接影响其职业生涯规划的目标能否实现。每个大学生，在校期间都要做好职业生涯规划，也要努力学习以提高自身的职业素养，为步入职场做好准备。一个没有包容能力、适应能力和学习能力的人，职业生涯必然不会顺畅。这是职业生涯发展的关键所在，也就是说职业素养对职业生涯发展具有决定性作用。

（三）大学生提升职业素养，铺垫职业生涯发展

大学生在大学期间就要为未来的职业发展做准备，优化大学学习生活，提升职业素养，为职业生涯发展做好准备。

1. 专业知识与职业能力的转化

专业是根据科学分工或生产部门的分工划分的学业门类，其本质是学业门类，而职业是社会分工，可见专业和职业是两个不同领域的概念。因此，专业不等于职业，在择业中不能简单地以专业对不对口为依据，有些专业很难对口，知识具有迁移性，将专业知识转化为职业岗位能力才是最重要的。

2. 丰富知识和能力体系，拓宽职业生涯路径

首先，通过学习一门专业，达到掌握其基本知识和相应技能的目的，这种技能会促进学习者职业生涯的发展。其次，除了进行必要的专业学习，学校还应开展一些行之有效的通用技能教育，比如，交际能力、沟通能力、写作能力等方面的教育。学生有必要接触各个学科领域，包括自然科学、社会科学、人文科学等，成为具备全方位知识体系的人，从而拓宽自己的职业生涯路径。

3. 参与社会活动，促进职业生涯发展

大学生参加各种社会活动，既有利于拓宽视野，开阔眼界，提升思想、政治、道德水平，提高业务、组织管理和学习创新能力，也有利于职业生涯的发展。

4. 科学择业，把握职业生涯发展方向

毕业生的择业行为关系到大学生职业生涯规划乃至一生的发展，因此，大学生只有在校期间努力学习科学择业的知识和方法，毕业时才能科学择业，为实现事先确定的职业生涯目标奠定坚实的基础。

总结案例

一次用心的求职

小迪当时只有16岁。在暑假将临的时候，他对爸爸说：“爸爸，我不要整个夏天都向你伸手要钱，我要找个工作。”

小迪在招聘广告中仔细寻找，找到了一个很适合他专长的工作，广告上说“找

工作的人要在第二天早上八点钟到达某街的一个地方”。他到那儿已经有20个求职者排在前面。他是第21个，怎样才能引起主试者的特别注意而赢得职位呢？小迪想出了一个办法：他拿出一张纸，在上面写了一些东西，然后折得整整齐齐，走向秘书小姐，恭敬地对她说：“小姐，请马上把这张纸条送给你的老板，这非常重要！”

秘书小姐是一名老手。如果她是个普通的职员，也许就会说：“算了吧，小伙子，你回到队伍的第21个位置上去等吧。”但她没有这样做，她觉得在这个小伙子身上散发出一种高级职员的气质。“好啊，让我来看看这张纸条。”秘书小姐看了纸条，不禁笑了起来，并立刻站起身走进老板的办公室，老板看了也大声笑了起来，因为纸条上写着：“先生，我排在队伍的第21个，在您看到我之前，请不要作决定。”

那么最终他是不是得到了工作呢？他当然得到了工作！这是他善于动脑筋的应有结果。

分析：

一个善于动脑筋思索的人总能准确地把握问题，并有效地解决问题。那么，就让我们培养善于思考的习惯吧，这会使我们受益一生。

活动与训练

活动1-1
课堂讨论——未来会消失的职业

主题：未来会消失的职业。

目标：提高对职业发展趋势的认识，能够对社会发展有全面的了解与分析。

建议时间：45分钟。

活动准备：通过互联网及其他方式查阅相关资料，了解相关内容，并整理好发言稿和自己的观点。

活动步骤：

步骤一：分组。通过随机方式分组，让每个同学都有机会参与讨论。

步骤二：组内发言。组内讨论，明确观点，并选出一名代表在班上发言。

步骤三：班级发言。每个小组派一名代表在课堂上发言，阐述本小组的观点。

步骤四：活动评价。教师根据小组综合表现，当场进行评价给分。

活动1–2
演讲比赛——畅谈职业生涯规划

主题：职业生涯规划。

目标：正确认识自己，做好职业生涯规划。

建议时间：45分钟。

活动准备：通过互联网及其他方式查阅相关资料，了解职业生涯规划的要求，并准备一篇演讲稿。

活动步骤：

步骤一：学生演讲。每个人结合自己的学习和实践经历，谈谈自己对未来职业生涯的规划。

步骤二：问答讨论。学生讨论，听众与演讲者现场问答。

步骤三：评比总结。教师分析、反馈、给予评价，评选出最佳演讲者。

思考与讨论

1. 关于人工智能的出现会导致人类大量失业的这个问题，你怎么看？
2. 什么是生涯？什么是职业生涯？哪些因素会影响大学生职业生涯规划？

第二节 职业匹配

导入案例

小王的遭遇

小王到公司已经3年多了，他的营销工作做得不温不火，月销量一直在10万元左右徘徊，作为重点开发的乡镇市场，上级区域经理心里很着急，曾多次找小王谈话，又是批评又是培训。可销量一直在原地踏步。对于领导的批评，小王也是战战兢兢，每日按照领导的要求去做，所以在客户和领导之间小王处理得模棱两可，对客户更是极力妥协。客户看小王如此，更是不把他放在眼里，更不用说按他说的去做了。久而久之，对客户的掌控便处于放任的状态下，销量也自然不会好到哪去。最后，在末位淘汰制的管理下，小王被淘汰出局。

分析：

小王职场失败的主要原因在于对上级的经验生搬硬套，在实际工作中不会灵活运用这些经验。在客户处理上，没有自己的主见。对两方关系处理得模棱两可说明他对自己的定位不清，没有一个明确的意识。

一、认识自己

（一）认识自己的兴趣

1. 什么是兴趣

对大学生来说，兴趣是其生活与学习的重要动机，不仅可以丰富其日常生活，还可以影响职业生涯规划，甚至能影响一个人的未来发展。结合自身特点和专业特点，认识自己的心理特点，培养健康、积极的兴趣，有利于大学生的健康成长和良好发展。

兴趣是指人认识某种事物或从事某种活动的心理倾向。兴趣和爱好都和人的积极情感相联系，培养良好的兴趣和爱好是推动人努力学习、积极工作的有效途径。兴趣的种类很多，有直接兴趣和间接兴趣，有物质兴趣和精神兴趣，也有个人兴趣和社会兴趣。

如何认识自己的兴趣所在？请回答以下问题，尝试更多地了解自己。

（1）你最喜欢看的书是什么？

（2）你最喜欢的课程是什么？

（3）你最喜欢的体育运动是什么？

（4）你最喜欢和谁交流？

（5）你最欣赏的名人是谁？

（6）你花时间最多的爱好是什么？

（7）你最喜欢的颜色是什么？

2. 影响兴趣培养的因素

影响大学生兴趣培养的因素很多，但主要包括家庭、社会和学校等。

（1）家庭因素。家庭是学生兴趣培养的第一影响源，父母对孩子的影响是潜移默化的。喜欢运动的父母会不自觉地培养孩子的运动兴趣，喜欢阅读的父母会给孩子营造良好的家庭阅读氛围，影响孩子的阅读兴趣。

（2）社会因素。社会对学生兴趣的影响也很大。在“学好数理化，走遍天下都不怕”的社会因素影响下，学生容易培养对数理化的兴趣。在大力提倡创新创业的社会背景下，勇于挑战自我，大胆创业成为很多学生的不二选择。

（3）学校因素。学校环境对学生的身心健康成长具有重要影响。学校的校园文化会潜移默化地影响学生的兴趣。

3. 如何培养兴趣

大学生应该联系自己的专业及未来希望从事的职业，从职业生涯规划的角度培养自己的职业兴趣，在对兴趣的探索方面多进行实践，参加兴趣社团，参与社会实践等，有深度地不断验证兴趣能否成为自己的职业。

（二）认识自己的性格

性格到底是什么，性格包含哪些方面，如何认识自己的性格，如何培养良好的性格。认识这些问题是认识性格的基础。

1. 什么是性格

心理学告诉我们，性格是一个人对现实的稳定的态度和习惯化了的行为方式表现的心理特征，性格也是一个人对现实的稳定的态度，以及与这种态度相应的，习惯化了的行为方式表现出来的人格特征。性格一经形成便比较稳定，但是并非一成不变，而是可塑的。性格不同于气质，它更多地体现了人格的社会属性，个体之间的人格差异的核心是性格的差异。

性格是在社会生活实践中逐渐形成的，一经形成便比较稳定，它会在不同时间和不同地点表现出来。但是，性格具有稳定性并不是说它是一成不变的，而是可塑的。生活环境的重大变化一定会使一个人的性格特征显著变化。

性格不同于气质，它受社会历史文化的影响，有明显的社会道德评价的意义，直接反映了一个人的道德风貌。所以，气质更多地体现了人格的生物属性，性格则更多地体现了人格的社会属性，个体之间的人格差异的核心是性格的差异。

2. 影响性格形成的因素

性格的形成虽然与遗传有关，但主要还是后天形成的，受到家庭、社会、学校及个人自身等因素的影响。比如，受父母溺爱的孩子一般有任性、骄傲、自私、缺乏独立、情绪不稳定等特征；过度受保护的孩子则缺乏社会性、易依赖他人、被动、胆怯；过于严厉的父母则容易让孩子形成顽固、冷酷、残忍的性格。在学校里，健康积极向上的校园文化有利于培养学生积极、主动、开朗、大方的性格。

3. 如何认识自己的性格

性格是一个相对的概念。比如，一个人性格外向，只是相对于内向的人来说比较开朗大方。所以，在与他人的交往与互动中更容易认识自己的性格，独处的人很难发现自己到底有什么样的性格。对大学生来说，我们可以通过在校园中参与丰富多样的活动，在参与活动的过程中来了解自己、认识自己。同时，参与活动还是一个培养自己性格的过程。在实际生活中，我们经常看到很多刚进大学的同学性格内向，不敢表达自己，不善于与他人分享，但通过老师与身边小伙伴的激励与帮助，很多同学都能够很快融入大学生活，能够在公共场合展示自己，成为一个能够轻松表达、善于与人交流的人。

案例 1-1　买我的马戏票免费赠一包花生

小利在一家马戏团做工，负责在马戏场内叫卖小食品。但是每次看戏的人不多，买东西的人则更少，尤其是饮料，很少有人问津。

有一天，小利突发奇想：向每一名买票的观众赠送一包花生，借以吸引观众。但是老板坚决不同意他这个荒唐的想法。小利用自己微薄的工资做担保，请求老板让他一试，并承诺说，如果赔钱就从他的工资里面扣；如果赢利了，自己只拿一半利润。老板这才勉强同意。于是，以后每次马戏团的演出场地外就多了一个义务宣传员："来看马戏喽！买一张票赠送好吃的花生一包！"在小利不停的叫喊声中，观众比往常多了几倍。

观众进场后，小利就开始叫卖起饮料，而绝大多数观众在吃完花生之后觉得口渴都会买上一瓶饮料。这样一来，营业额比平常增加了十几倍。其实，小利在炒花生的时候加了少量的盐，这样花生更好吃了，而观众越吃越口渴，饮料的生意自然就越来越好了。

（三）认识自己的能力

通俗地说，认识自己的能力就是认识自己"有几斤几两"，自己能够做什么，不能够做什么。对大学生来说，客观地认识自己的能力，能够让自己踏实做事，不好高骛远。特别是制订职业生涯规划时，要量力而行，既要让目标有挑战性，激励自己的斗志，也不会因为目标太高而永远实现不了，失去职业生涯规划的本来意义。

二、职业匹配

（一）职业匹配的要素

职业匹配，也称人职匹配，是指求职者个性特征与职业所需的素质之间的协调和匹配。这里实际上包括两个方面的问题：一是是否喜欢这个职业，二是能否胜任这个职业。

1. 兴趣匹配

20世纪50年代末，约翰·霍兰德在特质因素理论的基础上，提出了关于人格类型和与之匹配的环境类型的理论。霍兰德认为，职业选择是人格的一种表现，某一类型的职业通常会吸引具有相同人格特质的人，这种人格特质反映在职业上，就是职业兴趣。大多数人的职业兴趣可以归纳为以下六种类型。

（1）实用型（R）。实用型的人喜欢和事物（工具、机械、设备）打交道，用手、工具、机器制造或修理东西，愿意从事事务性的工作，喜欢户外活动或操作。这种类型的人往往缺乏社交能力，适合的职业包括制造业、渔业、考古、技术贸易、机械业、农业、林业、特种工程师和军事工作等。

（2）研究型（I）。研究型的人喜欢智力的、抽象的、推理的、独立定向的工作，他们会被吸引去从事那些需要较多认知活动（思考、组织、理解等）的职业，而不是以感知活动（感觉、反应或人际沟通以及情感等）为主要内容的职业。这种类型的人往往缺乏领导能力，适合的职业有生物学家、化学家、大学教授、实验室工作人员、社会学家和物理学家等。

（3）艺术型（A）。艺术型的人喜欢从事那些包含着大量自我表现、艺术创造、情感表达以及个性化活动的职业。这类职业主要有戏剧导演、作曲家、乐队指挥、室内装潢及广告制作者等。

（4）社会型（S）。社会型的人喜欢从事那些包含着大量人际交往内容的职业，而不是那些包含着大量智力活动或体力活动的职业，他们喜欢帮助别人，喜欢与人合作。这类职业主要有教师、心理咨询医生、外交工作者及社会工作者等。

（5）企业型（E）。企业型的人喜欢冒险活动，喜欢领导和支配别人，或善于为了达到个人或组织的目的而去说服别人，喜欢从事那些包含着大量以影响他人为目的的语言活动的职业。这类职业主要有商业管理、律师、政治运动领袖、营销人员、管理人员及公共关系管理者等。

（6）事务型（C）。事务型的人喜欢组织和处理数据，喜欢固定的、有秩序的工作或活动，希望确切地知道工作的要求和标准，具有良好的控制能力，相当保守，一般按常规办事，往往要服从于组织的需要。这类职业主要有办公室工作人员、会计师、银行出纳、簿记员、行政助理、秘书和档案文书等。

在社会环境中，职业也可相应地分为六种类型。这六种类型按照一个固定的顺序可排成一个六角形，两个类型之间的职业是过渡类型的职业，（如图1–2所示）。

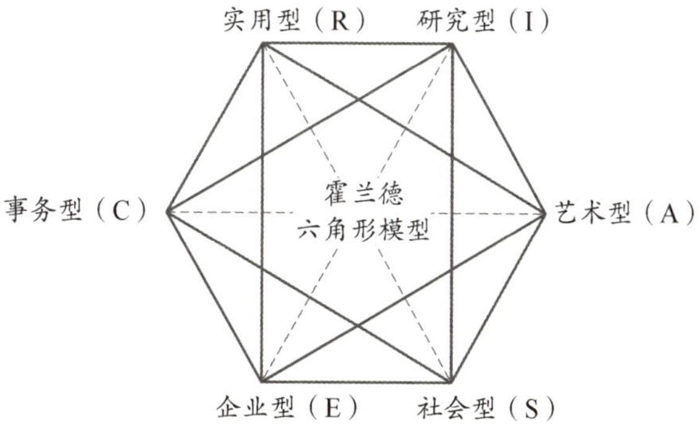

图1–2 霍兰德的六角形模型

从图中可以看到，图形的每一个角代表一个职业性向。根据霍兰德的研究，如果一个人的性向在图中处于相邻位置，那么他将会很容易选定一种职业。如果此人的性向是相互对立的，那么他在进行职业选择时将会面临较多的犹豫不决的情况。人总是寻找适合个人人格类型的环境，锻炼相应的技巧与能力，从而表现出各自的态度及价值观，面对相似的问题，扮演相应的角色。

一个人的行为表现是由他的人格与他所处的环境交互作用决定的。人格类型和职业环境之间的适配将增加个人的工作满意度、职业稳定性和职业成就感。六角形模型可以帮助我们对人格特质类型与职业环境类型之间的适配性进行评估。比如，一个在社会型、艺术型、企业型占主导地位的职业环境中工作会感到舒适自在的人，在一个实用型、事务型占主导的环境中工作，可能就会感到格格不入。

需要注意的是，不应当过于强调测评所得出的结果或与之相匹配的具体职业，而限制了就业者未来发展的方向，应将注意力放在对自身素质提高的规划上，或对某一工作领域的深入探索上。测评结果也会随着个体的职业经历不断发生变化而改变。

提示

兴趣匹配的相对性

(1) 世界上没有完全相同的两片树叶，也没有性格完全相同的两个人。霍兰德的职业性向理论划分出的六种职业类型，只是一种大致的划分，实际的职业类型可细分为更多种类，人的个性特征更是丰富多样的。因此，测试的结果只能作为择业和学习的参考。

(2) 人的个性特征是可以改变的。个性类型只是相对的划分，在不同时期、不同环境下，人的态度、兴趣会发生很大变化。特别是在青少年时期，人们的心理发展还没有完全成熟，个性还没有定型，僵化地坚持一个职业方向有可能丧失更佳的发展机会。一般来说，到30岁左右，一个人的职业方向才会慢慢地确定下来。

(3) 正确认识个人的兴趣特征需要有一个过程。尽管测量工具对多数人是有效的，但受到分析者水平的限制，在某些情况下难免发生一定的偏差。虽然自己最了解自己，但真正认识自我也非易事。因此，无论是测量结果还是自我认知都需一个检验的过程。

案例 1-2 阿巴格的故事

有个叫阿巴格的人生活在内蒙古草原上。有一次，年少的阿巴格和他爸爸在草原上迷了路，阿巴格又累又怕，到最后快走不动了。爸爸就从兜里掏出5枚硬币，把一枚硬币埋在草地里，把其余4枚放在阿巴格的手上，说："人生有5枚金币，童年、少年、青年、中年、老年各有1枚，你现在才用了1枚，就是埋在草地里的那一枚，你不能把5枚都扔在草原里，你要一点点地用，每一次使用都体现出不同的价值，这样才不枉人生一世。今天我们一定要走出草原，你将来也一定要走出草原。世界很大，人活着，就要多走些地方，多看看，不要让你的金币没有用就扔掉。”在父亲的鼓励下，那天阿巴格走出了草原。长大后，阿巴格离开了家乡，成了一名优秀的船长。

2. 能力匹配

如果让兔子去游泳，乌龟去长跑，结果会怎么样？事实上，职场上相当一部分人正在扮演这种悲剧角色。能力匹配反映的是职业工作对职业人员的知识和能力要求。同一岗位上不同员工的差别，主要体现在能力上的差别。职业对人才的总体要求是有创新能力、团队精神、沟通表达能力及学习能力。这四种素质代表了两个大的方面，其中创新能力和学习能力主要属于智力素质，团队精神和沟通表达能力主要属于情感素质。这四种素质是用人单位对应聘者考核的重点。职业能力可分为职业核心能力（包括方法能力和社会能力）与职业专门能力两个方面，前者是跨职业的通用能力，后者是不同职业对岗位能力的特殊要求。能力匹配是一个相对的概念，是动态发展的，职业能力匹配与经济技术发展有着内在的关联性，经济技术发展对职业发展有着直接的影响。相关研究表明，进入21世纪以来，各国对技能人才需求的变化主要可以总结为：对技能人才的需求趋向高职业资格化、高学历化，同时绿色经济、绿色就业的发展对技能人才也产生了新的需求，主要表现为以下两方面。

（1）职业发展对人才需求的影响。

① 职业的技术含量增大。就业岗位上需要更多受过良好教育、掌握最新技术的人才，单纯的体力劳动或机械操作职业将明显减少，白领和蓝领阶层的界限将越来越模糊。

② 职业要求不断更新。新的工作设备和条件的出现，对一些职业内容提出了新的要求。如对于行政工作，要求从业者具备计算机辅助管理、办公自动化操作能力等；对于医生职业要求从业者能够对现代医疗设备操作熟练。

③ 工作碎片化。只有少数人能拥有“永久性”的工作，而从事计时、计件或临时性职业的人会越来越多。

④ 从就业型向创业型转变。在市场经济条件下，人们开始学会审视市场新领域、新机遇，积极创造新的事业。具有创业意识和潜能的人才在就业中更具优势。

⑤ 由单一型向复合型转变。现代工业生产向大型化、智能化和系统化发展，它对人才的要求不再局限于一人一岗、一人一技的工作形式，一人多岗、一人多技的专而全的复合型人才开始逐渐成为人才市场的“新宠”。比如，对于管理人员，要求其既要懂管理知识，还要懂得产品的工艺流程。

⑥ 从阶段性学习向终身学习转变。现代科技日新月异，产品和生产工艺流程更新换代加速，新兴的生产工艺、技术要求从业者必须不断学习，才能避免被淘汰。

⑦ 绿色就业渐成趋势。随着职业活动趋向资源节约、低碳、环保，绿色职业不断涌现，

2008年，联合国环境规划署与国际劳工组织共同发布了报告《绿色职业：在一个可持续的、低碳的世界里实现体面工作》，提出了绿色职业这一新型职业领域：在农业、制造业和服务业领域有助于持续保护和恢复环境质量的职业。

（2）人才评价更加注重员工的发展性。

随着我国高等教育进入“大众化”阶段，企业对人才标准的界定已走出了“唯学历”的误区，主要强调两个导向：一是能力导向，虽然要考虑人才的学历和职称，但更突出其综合能力与专业水平，从而真正做到唯才是用；二是业绩导向，在竞争环境中，业绩至关重要，因为只有业绩才能把一个人同竞争者区别开来。

目前用人单位评价人才比较统一的标准有以下几点。

① 可塑性强。现在用人单位招聘员工，不仅要看其学历和能力，还要看其发展潜力，特别是看员工的学习潜力和可塑性。

② 具有高尚的道德准则。个人的行为方式取决于其处事原则和道德准则。一个人能力再强，如果品行不良，将有可能给企业带来安全隐患，甚至会给企业造成重大损害，这样的人是不受用人单位欢迎的。

③ 善于沟通。随着市场竞争不断升温，良好的沟通能力越发重要，企业管理中存在的大部分问题也都来自不充分的沟通，沟通已经成为维持良好的人际关系的必备手段。懂得并善用各种沟通技巧，可以增进了解、化解矛盾、增进人际关系、扩大业务范围。

④ 团队意识强。不管企业规模大小，以及所属哪个行业，团结协作意识都是用人单位选聘员工的重要条件。员工只有愿意主动与他人团结协作，能够在团队中不断地沟通、协调，凡事从企业整体利益考虑，集众人智慧与力量，才能实现目标，创造价值。一个独断专行、没有亲和力、没有集体主义精神的人，很难融入团队工作中。

⑤ 有明确的职业规划。对人生和自己的职业有明确规划的人，一定是一个对生活和工作抱有责任心、自我控制能力强的人。在面对突发事件或外来压力时，他们也能具备一定的承受力和应变力，不会轻易退却。对自己的职业有明确规划和设计的人才能更加被企业重视。

⑥ 适应能力强。适应能力强的员工能在最短的时间内熟悉工作环境和工作职责；能与新同事和睦相处并快速融入新的团队中；能迅速“征服”周边的同事，获得大家的认同和好感。企业自然也会重视员工的这种素质。

提示

能力匹配的相对性

（1）社会及企业的发展对员工职业能力的要求是不断提高的。由于技术进步的需要，企业要求员工不断掌握最新技术和最新知识，对其创新能力的要求也越来越高。现阶段出现的企业“高技能人才”短缺的现象，就是产生于技术发展对人才需求提出的新要求。这就给大学生提出了两个要求：一是掌握学习方法，形成终身学习能力；二是参加工作后，坚持在实践工作中继续学习。

（2）岗位转换会产生匹配性的改变。在职业生涯中，一个人可能要变换若干个工作岗位。这既是个人职业发展的需要，也是用人单位发展的需要。岗位发生变化时，原有的职业能力就会与新岗位不匹配，员工需要及时学习、接受相关培训，实现职业能力与岗位的匹配。

（二）职业匹配的途径

为了达到最佳的人职匹配程度，就要不断学习，提升个人素质和能力，这是一个长期的过程。

1. 学习通用知识和能力，掌握新知识

新的生产方式将会结束传统的以加工为核心的组织模式，人的手工操作越来越多地被人工智能替代，设计、维修、服务等环节的工作变得更为重要。这种革命性的变化对职业教育的冲击是不可避免的，工程教育、技术教育和职业教育将呈现融合的趋势。在这种背景下，职业院校学生需要学习更多的通用知识和新知识来适应职业发展的需要。

2. 利用项目化学习，打牢专业能力基础

项目化学习是一种在仿真的工作环境中学习工作内容的学习方式，简称“做中学”。项目化学习实现了专业理论学习与实践训练的融合，是职业教育的一大特色。项目化学习针对性强，学生在校期间或在工作期间，都可以积极参加某些项目活动，提升自己的专业能力和职业能力。

3. 将学习变成日常习惯

有无学习意识和学习习惯，是能否实现职业匹配的关键。因此，无论你是学生还是企业员工，都要有一个良好的职业发展规划，并按照这一发展规划去努力学习，及时地、有针对性地进行自我提升，这样才能实现有效的职业匹配。

总结案例

思想有多远，我们就能走多远

1999年，张国云毕业后入职特变电工股份有限公司新疆变压器厂，学习企业供电的张国云对变压器等一系列设备都十分陌生。在师父的帮助下，张国云逐渐了解了变压器是电网这条线路上的一个关键设备，而线圈是电压器的核心部件之一。意识到自身工作重要性的张国云顿时有了干劲，从一名普通的学徒工到变压器绕线的核心技术员，再到世界首台产品绕制能手，仅用8年时间，张国云就完成了其他企业技术人员花费15年才能够达到的技术水平，并获得了“全国技术能手”的荣誉。

不满足于现有技术的张国云此后更是一头扎进了创新创造中。在新疆，其他同事上午十点上班，张国云始终保持着每天九点到岗。遇到技术攻关时，张国云更是废

寝忘食，常常忘了时间，忙到夜里是常有的事。

2018年，作为国家“西电东送”战略重点工程，世界首条正负1 100千伏特高压直流输电工程——昌吉—古泉线开始加紧建设。导线以及里面的线芯，像线圈的毛细血管一样，大型变压器的导线需要焊接起来，就像把毛细血管连接起来一样，这样就会造成难度系数几何倍数的增加。为此，张国云对上百种线芯逐一采样、分析材质，并进行了多种焊接测试，最终决定采用高频焊接的工艺来实现无接触作业，避免对导线造成损伤，高频焊接通过高频电流实现熔接。操作过程中，张国云带领团队将线材温度精准控制在700摄氏度左右，并将焊枪至焊件的距离控制在一至两毫米，每个焊点在几秒钟内一气呵成，成功解决了变压器线圈绕制环节遇到的前所未有的难题。

每当看到自己生产出的产品在全国各地保障万家灯火辉煌，张国云都感到无比欣慰。

2023年，张国云成为“大国工匠年度人物”。

（资料来源：《张国云：20余年绕制线圈长度4万公里》，李新媛，中工网2024-03-11）

分析：张国云，他的经历让人记住了这样一句话：思想有多远，我们就能走多远。从这个职业规划案例可以看出：职业规划制订的越早、步骤越详细，越能早日实现自己的梦想。不管这个目标多么艰难、自己的现实和理想之间相差多远，只要自己有恒心、有切实可行细致的计划，并一步一个脚印踏踏实实地去完成，就定能实现自己远大的理想！

活动与训练

活动1-3
发现自己

主题：性格分析。

目标：发现自己的性格。

建议时间：15分钟。

活动准备：教师提前发布学习任务，指导学生查阅有关资料，包括查阅并学习色彩心理学、动物个性等内容。

活动步骤：

步骤一：组织动员。根据授课班级学生情况，选择部分学生参加本次活动。尽量选择善于思考、积极参加班级活动的同学，同时注意选择不同性格的学生，以便活动顺利开展。

步骤二：课堂活动。课堂上设置专门时间让学生完成本次活动。具体流程如下。

（1）展示如图1-3所示的四种动物，请学生选择一种特性最接近自己性格的动物。

图1-3 四种动物

(2)教师对四种动物进行性格说明。

(3)让学生出示自己的选择。

(4)选择部分学生的选择进行讲解与说明,鼓励学生用演示文稿(PPT)进行展示。

步骤三:活动反思。对本次活动进行总结,同时向学生说明,这类测试的结果仅供参考,只能从某一方面说明问题,希望同学们能够在今后的生活与学习过程中多交朋友,多参加活动,通过实践活动来认识自己。

提示:狮子——善于掌控　海豚——激情友善
狐狸——机智多变　老鹰——智慧敏锐

活动1-4
户外生活体验

主题:主题野营。

目标:锻炼学生的独立生活能力、组织协调能力和解决问题的能力。

建议时间:1.5天。

活动步骤:

步骤一:动员组织。班级辅导员根据学生性格特点,选择部分性格比较内向、不善于交流、不喜欢参与班级活动的同学,再选择部分积极主动、性格开朗大方的同学,将他们分在一组组成户外生活体验小组,全班分成若干小组,每组人数15人左右。

步骤二:前期准备。组建团队领导小组,组长1名,副组长2名,后勤1名,安全护卫1名,交通负责人1名。准备装备:野营帐篷、食物、刀具、火柴、被子、药品、书籍等。

步骤三:出发。早上7点在校门口集合,集体乘坐校车前往目的地。

步骤四:场地布置。上午10点到达目的地,选择野营场地,安营扎寨。

步骤五:游戏活动。上午11点至下午3点,开展"寻找生命之源""生存技能"等活动。上述两个活动分别取前2名,获胜者给予奖励。

(注:"寻找生命之源"的活动方式:派一人将事前准备好的矿泉水瓶隐藏于野营驻地附近300米内的地方。让各组分别寻找,最先找到的小组取胜。"生存技能"的活动方式:利用刀具等设备自制简易救护担架,在2个小时内完成,根据担架牢固程度及实用程度评分)

步骤六:晚饭。下午5点至7点,在营地吃晚饭。

步骤七:晚上野营。晚上在帐篷里阅读。在帐篷周边设置安全哨所,5名学生负责警卫,3小时一班。

步骤八:安全返回。第二天早上8点收拾装备,清扫场地,乘车返回。

活动评价:根据本次野营活动综合表现,评选“活动之星”2名,“安全之星”3名,“环保之星”3名。

活动1-5
辩论比赛

主题:大学生应以学习为主还是以社团工作为主。

目标:正确认识大学生活,合理规划大学时间。

建议时间:45分钟。

活动准备:通过互联网及其他方式查阅相关资料,对有关知识点和内容进行准备,同时要选择好正反双方队员,落实好主持人、评委,并对比赛有关组织工作进行细化落实,明确人员分工。

活动步骤:

步骤一:组织辩论。

步骤二:评委评价。评委对辩论中的表现进行评价。

步骤三:评比总结。教师分析、反馈、给予评价,评出获胜方及最佳辩手。

思考与讨论

1. 什么是职业兴趣?如何实现职业匹配?
2. 请查找有关职业锚理论的资料,并分析自己属于哪种职业锚类型。

第三节

职业素养

导入案例

东明的失败经历

东明大学毕业后到某贸易公司任销售主管助理。在实习期间，东明性格沉稳，做事积极，对同事们也很友善，深得同事的赞赏。一年后，东明由于做事认真积极，连续9个月以月销售排名第一的业绩晋升销售主管。东明的顶头上司李胜是个沉默寡言的人，性格较孤僻，很少与下属打交道。在李胜的领导下，东明感到很压抑，于是东明开始想办法挤走李胜，借着与同事关系不错，东明在很多场合有意把李胜孤立起来，在工作上，东明也是越俎代庖，权力上“架空”李胜，弄得李胜很不高兴。矛盾不可避免，总会有爆发的时候。二人关系公然破裂是在一次会议上，面对李胜的指责，东明立即予以还击，两人关系更加恶化。最后的结果是，东明被迫辞职。原因是，李胜是该公司的创业元老之一，对公司做出过很大贡献。上级领导为维护李胜的权威，选择了放弃东明。

分析：

东明的做法无异于以卵击石，一个很重要的原因是他不了解职场的复杂性。在不了解情况的前提下就贸然行动，必将导致失败。他失败的另外一个很重要的没有摆正自己的位置，作为下属公然与领导作对。要知道晋升的道路有很多条，做好本职工作，以公平、合理的竞争手段取得晋升不失为一个明智的做法。具备良好职业素养的员工，要在处理人际关系时小心谨慎，能够真正理解领导、同事，以及每一个岗位上的工作职能和在公司的定位，才能了解如何发挥自己在工作中的角色作用，了解岗位中职业素养发挥的底层逻辑，只有这样才能在工作中游刃有余。

一、职业素养的内涵

职业素养是指职业内在的规范和要求，是在从事某种职业过程中表现出来的综合品质。职业素养至少包含两个重要因素：敬业精神和工作态度。敬业精神是指员工在工作中将自己作为公司的一部分，不管做什么工作，都追求做到最好，发挥出实力，对于一些细小的错误一定要及时地更正。敬业不仅仅是吃苦耐劳，更重要的是“用心”去做好公司分派的每一项工作。工作态度是职业素养的核心，好的工作态度如负责、积极、自信、乐于助人等是决定职业发展的关键因素。所以，职业素养是一个人职业生涯成败的关键因素。职业素养也可称为“职商”，英文为career quotient，缩写是CQ。也可以说，职业生涯的成败看职商。

二、职业素养的要素

（一）职业道德

职业道德是指人们在进行职业活动的过程中，一切符合职业要求的心理意识、行为准则和行为规范的总和。它是一种内在的、非强制性的约束机制，是用来调整职业个人、职业主体和社会成员之间关系的行为准则，以及行为规范。其基本特征是：职业性、实践性、继承性、多样性；基本要求是：爱岗敬业、诚实守信、办事公道、服务群众、奉献社会。

（二）职业技能

职业技能是指就业所需的技术和能力，包括智力技能、技术技能、人际沟通技能、企业组织管理技能等。

（三）职业行为

职业行为是指人们对职业劳动的认识、评价、情感和态度等心理过程的行为反映，是职业目的达成的基础。从形成意义上说，它是由人与职业环境、职业要求的相互关系决定的，包括职业创新行为、职业竞争行为、职业协作行为和职业奉献行为等。

（四）职业意识

职业意识是指人们对职业劳动的认识、评价、情感和态度等心理成分的综合反映，是支配和调控全部职业行为和职业活动的调节器，包括诚信意识、顾客意识、团队意识、自律意识、创新意识、竞争意识和奉献意识等。职业意识既有以约定俗成的方式来体现的，也有用法律法规、规章制度、企业条文来体现的。职业意识有社会共性的，也有行业或企业特有的。

案例 1-3 白求恩的职业精神

白求恩同志毫不利己、专门利人的伟大精神一个重要的体现就是他对工作极端地负责任。对工作极端地负责任贯穿于白求恩的每一个行动，甚至他的每一句话。

有一次，白求恩在病房里看到一个护士在给伤员换药，发现药瓶里装的药与药瓶上标签名称不一致，也就是说，药瓶里的药不是应该用的药，这怎么行呢？如果药用错会出问题的。白求恩便严肃地批评了那个护士，告诉她，做事这样马虎，会出人命的。

白求恩用小刀把瓶子上的标签刮掉，并说："我们要对病人负责，以后不允许再出现这种情况。"

护士挨了批评，脸涨得通红，眼泪都要流出来了。白求恩心里很生气，但他控制自己的情绪，说："请你原谅我脾气不好，可是，工作不认真，不严格要求不行啊！"

事后，白求恩向政委提出，要加强教育，提高工作人员的责任意识，才能把工作做好。

白求恩不仅用高超的医术救治伤员，他还主动提出，要办一所模范医院，亲自编写教材，亲自制作医疗器械，亲自为医生上课，为军队培训了大批的医务人员。这也体现了他对工作极端地负责任，千方百计地改进工作。

三、职业素养的特征

（一）职业性

不同的职业对从业者应具备的职业素养的要求是不同的。对建筑工人的素养要求，不同于对护士的素养要求；对商业服务人员的素养要求，不同于对教师的素养要求。比如，著名劳动模范李素丽的职业素养始终是和她作为一名优秀的售票员联系在一起的。

（二）稳定性

个人的职业素养是在长期职业实践中日积月累形成的。它一旦形成，便产生了相对的稳定性。比如，一名教师经过几年的教学实践，就逐渐形成了如何备课、如何讲课、如何热爱自己的学生、如何为人师表等一系列教师职业素养，随后便会保持相对稳定性。

（三）内在性

从业人员在长期的职业活动中，经过自己的学习、认识和亲身体验，会意识到怎样做是对的，怎样做是不对的，有意识地内化、积淀和升华这一心理品质，这就是职业素养的内在性。

（四）整体性

一个从业人员的职业素养是和他的整体素养密切相关的。说某人职业素养好，不仅指他的思想政治素养、职业道德素养好，还包括他的科学文化素养、专业技能素养好。如果他思想道德素养好，但职业行为素养、专业技能素养差，就不能说这个人整体素养好。同样，一个从业人员职业行为素养、专业技能素养都不错，但职业道德素养比较差，也不能说这个人整体素养好。

（五）发展性

一个人的素养是通过教育、自身社会实践和社会影响逐步形成的。社会发展对人们不断提出新要求，人们为了更好地适应、满足社会发展和职场变化的需要，必须不断地提高自己的素养。所以，职业素养具有发展性。

案例 1-4 雕刻家的智慧

雕刻家在塑造人物作品时，开始时总是鼻子大、眼睛小。因为大鼻子可以变小，小眼睛可以放大，这是雕刻的秘诀。人生在世，在处理事物方面难免会有估计错误的时候，太过于刻板的计划会成为大错的根源，凡事还是要预留修正的空间。尤其在待人接物时，话不可说满，事不可做绝，留有余地才有回转的空间。

四 职业素养的意义

职业素养不仅对个人的职业生涯发展产生影响，还对企业和社会的发展产生不同程度的影响。

（一）从个人角度看，职业素养是一个人职业生涯发展的关键因素

职业素养是一个人职业生涯发展的关键因素。适者生存，个人缺乏良好的职业素养，就很难取得突出的工作业绩，更谈不上建功立业。因此，提高职业素养有利于促进人的全面发展。

（二）从企业角度看，员工职业素养关系到企业整体效率的提高

员工职业素养与企业的整体劳动效率密切相关。企业唯有聚集一群具备较高职业素养的人员，才能实现自身的可持续生存与发展，因为这些人员可以帮助企业节省成本，提高效率，从而提高企业在市场上的竞争力。因此，提高员工职业素养有利于提高企业的劳动生产率。

（三）从社会角度看，国民职业素养直接影响人民生命财产安全和社会的稳定

国民职业素养的高低直接影响着国家经济的发展，提高国民职业素养有利于推动社会发展和科技进步，是保护人民生命财产安全和维持社会稳定的重要前提。

案例 1-5 找到金表

一个农场主悬赏100元寻找他丢失在谷仓里的一只名贵手表。金表太小，谷仓太大，稻草太多。人们在夜晚来临时还没有找到金表，一个个放弃赏金的诱惑离去了，只有一个小男孩还在坚持寻找着。在一切喧闹过后，一个奇特的声音“滴答、滴答”不停地响起。小孩循声找到了手表，最终得到了100元。

五 职业素养的培养

作为职业人，良好职业素养的养成并非一蹴而就的事情，而是一个长期的修炼过程。大学生职业素养的培养，应从养成以下“八个习惯”做起。

第一，要守时。信守时间是职业人的基本素养。

第二，要忠诚。忠诚是指对组织的忠诚以及对自己职业的忠诚。

第三，要尊重别人。要尊重他人的生活方式和个人隐私。

第四，要负责。对自己的选择和行为负责。

第五，要培养积极的心态。一是要学会欣赏和赞美他人；二是要学会微笑，微笑是一种令人愉悦的表情，可帮助你建立良好的人际关系。

第六，要遵守规章制度。遵守制度和规则是最起码的职业道德。

第七，要做好职业定位。根据自己的性格特点选择匹配的职业。

第八，要先从基础做起。对自己所做之事的基本信息了然于胸。

总结案例

李明的跨行业发展成功之路

李明是一名理科学生，在大学期间他对金融行业产生了浓厚的兴趣。尽管他的专业不是金融，但他在大学期间积极选修金融类的课程，并自学了相关的金融知识。他还通过线上学习平台参加了一些金融领域的课程，并取得了证书。毕业后，李明没有直接应聘相关金融岗位，而是通过自己的努力，在一家知名投资公司以助理分析师的身份进入金融行业。凭借着扎实的金融知识和较强的学习能力，他迅速融入了金融圈并取得了良好的职业发展。

分析：

职业规划不一定局限于自己所学的专业，重要的是要有学习和适应的能力。李明充分利用线下课程和网络学习平台自学金融知识，并获得了相关证书，这为他进入金融行业打下了坚实的基础。

活动与训练

活动1-6
团队意识训练

主题：训练团队合作意识。

目标：提高学生的团队合作意识，培养团队合作能力。

建议时间：45分钟。

活动准备：选择有活动桌椅的教室；下载正版《爱拼才会赢》歌曲；准备相机、A4纸、彩色粉笔、废报纸若干。

活动步骤：

步骤一：明确活动方案，包括时间及具体操作内容。

步骤二：分组。通过报数的方式进行随机分组。

步骤三：重新组织位置。分组后的同学按照规定位置在规定时间内入座。教师则在黑板上制作评分表格，根据每个小组入座时间及是否有序进行给分。同时选派志愿者，对后续工作进行拍照。

步骤四：确定小组长。给定3分钟时间，让每个小组自行确定小组长。最先完成的小组得10分，以此类推。

步骤五：确立小组名。给定3分钟时间，让小组长组织成员给本小组取名。组名要代表本小组的精神风貌，要有个性、有特点，并由小组长派代表上台写上本小组组名。教师依据组名是否有个性、有特点及完成时间给分，再用彩色粉笔在黑板上注明分数。

步骤六：确立小组口号。给定5分钟时间，由小组长带领小组成员为本小组确立代表本小组风貌的口号，并要求集体到台上呼喊口号。

步骤七：呼喊口号。要求整齐、有气势、有创意。教师根据表现综合给分。

步骤八：全班同唱《爱拼才会赢》歌曲，对全体同学进行鼓励，激励他们抓住机会，勇于奋斗。

步骤九：小组游戏“踩报纸”。通过踩报纸游戏培养小组成员的团队意识。

步骤十：总结。汇总得分，公布成绩，做好表彰工作。

思考与讨论

1. 什么是职业道德？请列举与你所学专业对口的职业，并列举其职业道德要求。

2. 你希望从事哪些岗位的工作？这些岗位最需要你具备哪些职业素养？按重要程度列出来，并加以简要说明。

第二
单元

岗位工作与岗位素养

第一节　岗位构成要素

第二节　岗位胜任素养与能力

第三节　员工岗位成长因素分析

引导语

岗位是指单位根据需要设置的工作位置，是人们职业生涯的终身伴侣，是人们施展职业能力的舞台，是实现人生价值的载体。无论你从事什么工作，是管理人员还是专业技术人员，是医生还是技术工程师，是教师还是软件员；无论你身处什么样的组织，是国企还是民企，是社会团体还是机关事业单位，都必须在某一个具体的岗位上工作，在规定的时间和要求内完成规定的任务；其活动行为都是由具体的岗位构成的。岗位和职位不同，是具体的、个性化的，其内涵是丰富的、复杂的。比如，某制造企业的操作员是一个职位，这个职位由许多岗位组成，钻孔操作员就是其中一个具体的、个性化的岗位。人们的职业生涯发展顺畅与否、在岗位上贡献的大小，与人的岗位素养、岗位发展内外因素、岗位成长过程都有内在的联系。因此，每位大学毕业生都必须学好这一课。

学习目标

- 认识岗位的构成要素及其个性化特征。
- 认识岗位胜任能力的基本要素。
- 把握岗位成长中的利弊因素及其成因。

第一节 岗位构成要素

导入案例

小刘的岗位思考

小刘是某职业院校会计专业毕业生，由于毕业时未找到合适的工作，在学校就业办的推荐下，进入一家物流公司做仓库管理员。他认为自己是个大学生，对仓库管理岗位的程序、职责不屑一顾，在那里不到一个月，凭证差错不断，物品摆放凌乱，公司不得不辞去他，让他另谋高就。

小刘离开那家物流公司不久，又在一家外资保险公司做起了寿险代理人。但是，由于对险种的条款理解不清，缺乏工作经验，再加上没有开发客户的能力，小刘在激烈的保险行业中难于立足，不得不在三个月后再次失业。

学院就业办老师知道小刘的情况后，帮其分析了两次工作经历，并告诉他：首先，应该对自己的岗位有更加全面、系统、深入的认识，即要知道自己的岗位名称、岗位类别。其次，需要熟悉岗位的职能，这是一位新员工能够做好事、做对事的最基本要求。每个岗位的具体职责不同，企业发给职工的《岗位说明书》中有明确的要求，应该认真研读，明确岗位的职责。最后，要提高个人的岗位素质，更多地了解岗位的特征，以适应岗位的要求。

分析：

小刘大学毕业，在“情非得已”的情况下岗位“匹配”出现问题。在求职过程中，我们需要了解不同岗位的特定岗位职责、岗位规范、岗位文化等，意识到不论岗位差异多大，拥有严谨的态度、精益求精的敬业精神都是必要的，这是岗位素质的集中体现。此外，个人的岗位工作能力决定了该岗位的延展性与附加值，与其职业生涯发展有着密切的联系。

一 岗位构成要素

知识卡片

什么是岗位

岗位是指组织为完成某项任务而确定的由工种、职务、等级性质所组成的工作位置，是个体承担一项或多项责任以及为此赋予个体权利的总和，它是社会经济技术发展的产物，是按照一定标准化分工，由具体职责和任务、岗位工作规范和员工上岗能力指标要求组成的集合体。岗位是员工从事活动或工作的载体，也是员工生存发展的平台。

（一）岗位构成的基本要素

岗位的构成比较复杂，是由岗位的基本职责和任务、岗位工作规范、岗位用人标准、岗位劳动报酬等多种要素构成的集合体。

1. 岗位基本职责和任务

岗位基本职责是指按照岗位标准要求规定的，每位员工必须承担或担当的责任，是职务与责任的统一。岗位任务是指员工应该完成的具体生产或工作目标。不同的岗位，其职责和任务是不同的，对其岗位业绩评价的标准也是不同的。岗位职责和任务是一个具体化的工作描述。

知识卡片

企业安全员的岗位职责和任务

企业安全员的岗位工作职责和任务如下。

（1）在部门经理、生产经理的领导下，抓好部门的安全监督、检查、管理工作。

（2）监督检查各班组安全法规、制度、操作规程的实施情况。

（3）参加班前会，监督班前会安全工作布置落实及危险源辨识情况。

（4）检查现场隐患和人员不安全行为的管理。

（5）现场安全标识、标语的布置管理。

（6）负责传达有关安全生产的指示、指令和有关规定，强调安全注意事项、文件学习、操作规程的学习并做好记录。

（7）经常深入现场进行安全检查，发现危及员工人身安全的隐患，有权采取必要的防范措施，停止员工作业并及时向有关领导报告。

(8) 负责对员工日常安全教育培训工作。

(9) 参加本部门的安全例会，定期汇报安全工作，提出安全管理方面的建议和要求，按时向上级上报隐患，督办并反馈相关人员不安全行为，统计、分析及矫正培训情况。按安全管理条例进行处罚，情节严重的要组织追查处理。

(10) 对本部门安全生产情况进行全过程监督，协助部门领导开展动态、定期、专项和日常的安全检查，对查出的问题进行记录、督办、汇总、分析，同时录入本部门安全信息系统，按系统模式形成闭环。

(11) 参加工伤事故和未遂事故的调查、分析、处理，提出防范措施，并将事故及时统计上报，做好事故管理的其他资料。

(12) 负责本部门责任范围内的消防器材、设施的检查、管理、维护及相关记录。

(13) 负责编制本部门的《生产安全事故现场处置方案》，组织本部门的现场处置方案应急演练，按要求编制演练计划、方案、总结。

(14) 负责对作业场所的职业危害防治工作的检查与纠正，检查员工劳动防护用品是否已正确使用。

2. 岗位工作规范

岗位工作规范是指特定岗位对任职者胜任特征的基本要求，是岗位的任职资格。它主要包括任职者应具备的教育背景、工作经验、知识技能、个性特征、身体要求等方面的信息。一般来说，岗位工作规范主要包括以下内容。

(1) 教育背景。教育背景包括受教育程度和所学专业，也包括是否参加过某些专业技能培训或者是否获得过某种专业职业资格证书等。

(2) 工作经验。工作经验是指是否具有从事某种工作的经验及从业时间。它重点包含在什么岗位上工作过，承担过什么职责，解决过什么重大问题，有什么样的教训和体会。

(3) 知识技能。狭义的知识技能是指从事该岗位工作所需的专业知识和专业技能。广义的知识技能还应包含从事该岗位工作，完成该岗位任务的辅助知识技能和创新创意能力等。比如，精通数控机床系统的操作、管理与维护，精通服务器的配置与调试，了解至少一种大型数据库的操作，能熟练阅读英文书籍等。

(4) 个性特征。个性特征所包含的内容非常广泛，一般来说，主要指该岗位任职者所需的最为重要的个性特征。比如，善于与人沟通，具有良好的语言表达能力，工作耐心、细致等。

(5) 身体要求。有些工作要求任职者具备特定的身体和心理条件。比如，能否适应夜间工作、野外作业等。

(6) 其他特殊要求。企业根据岗位需求提出的特殊要求。比如，倒班工作制或经常出差等。

3. 岗位用人标准

岗位用人标准是用人单位对本单位某岗位所需人员提出的录用标准。通常来说，岗位用人标准包括以下三个方面。

（1）能力标准。能力标准是用人单位对相应岗位聘任人员的专业技术、技能水平、工作经历等方面的要求，是考核其能否满足岗位要求的重要指标。

（2）素质要求。素质要求是衡量一个人是否适合从事某项工作的重要标准。它包括职业意识、职业道德、职业修养、创新能力等方面，是考核职场人职业能力的重要隐性指标。

（3）其他要求。其他要求还包括学历、专业背景等要求。

4. 岗位劳动报酬

劳动报酬是指劳动者付出体力或脑力劳动所获得的经济对价，亦指劳动者的工资收入。在范围上包括：计时工资、计件工资、奖金、津贴和补贴、加班工资、特殊情况下支付的工资。

（1）货币工资。用人单位以货币形式直接支付给劳动者的各种工资、奖金、津贴、补贴等。

（2）实物报酬。用人单位以免费或低于成本价提供给劳动者的各种物品和服务等。

（3）社会保险。用人单位为劳动者直接向政府和保险部门支付的失业、养老、人身、医疗、家庭财产等保险金。

（二）岗位的基本特征

不同的岗位有不同的活动内容和特征，比如，技术性岗位要求钻研技术，管理性岗位要求管理人才等，这两种岗位无论从劳动对象、工作内容和工作要求上都是不同的，因此，其岗位能力的要求也存在着很大的差异性。岗位的基本特征可以从岗位文化、岗位工作环境、岗位个性化特征三方面来分析。

1. 岗位文化

（1）岗位文化的价值特征。岗位文化是指员工根据企业的个性化文化要求，在工作岗位的实践中创造出的观念、行为，其核心是岗位员工的价值观念和价值行为。岗位文化的价值特征体现了岗位自身的客观性、独特性，并共同组成职业文化的综合特征，如爱岗敬业、包容和谐、团队意识等；构成了岗位价值文化的核心要素，如医生岗位救死扶伤的理念，就是这一岗位文化的核心。

（2）岗位文化的品牌特征。岗位文化具有历史的传承性，融入时代印记，赋予时代内涵，经过历史的积淀，形成该岗位的特色和品牌，如先锋岗、文明岗等，并具有导向性作用。

知识卡片

品牌是什么

品牌是指人们对某个组织及其产品、服务、文化价值的一种评价和认知。它能给拥有者带来增值的无形资产，是事物内在综合品格的外在表现标志，是组织的特定属性。

案例 2-1 某职业院校的校园文化

河北省某职业院校自2012年开始,吸收企业管理的一系列经验,结合职业院校专业建设的要求和学生的实际,把企业文化的要求与职业学校对学生的职业素养要求融合在一起,总结和形成了以时表(schedule)、整理(seiri)、清扫(seiso)、高效(speediness)、安全(security)、素养(shitsuke)为内容的职业学校6S管理制度。学校通过持续有效的培养活动,帮助学生不断约束自己的行为,自觉自愿地在日常生活学习中贯彻这些基本的准则和规范,养成爱心为人、规范做事的习惯。在学校的各个管理环节创新实施职业院校6S管理,形成独特的管理文化,学生的养成教育获得家长的称颂、社会的认可,成为区域的明星职业院校。

"6S"知识简介

在学校的校园文化中,所有教师和学生必须牢记以下准则。时表:守时惜时,学习生活定格化。整理:整乱齐放,事务物品统一化。清扫:精除细扫,净化美化经常化。高效:标高求效,学习任务目标化。安全:安全至上,排险除患常规化。素养:爱心善行,教养伴我常态化。

在上述规范要求的指导下,学生的行为习惯、文明素养给大家留下深刻的印象。比如,教室、实训室、餐厅等学生学习生活的场所,物品整齐划一;学生的学习积极性高涨;校园和谐文明,成为家长满意的学校。

(3)岗位文化的人文特征。岗位文化的人文特征是指满足员工的精神需求,形成有凝聚力、和谐的企业环境。缺乏人文关怀的岗位文化,就缺乏凝聚力、向心力,大家各自为政、自私自利,最终不仅危害企业的长久发展,也损害员工的个人利益。

案例 2-2 以人为本,让胖东来更加耀眼夺目

胖东来是一家集超市、电器、珠宝、餐饮等业务于一体的综合商业体,成立于1997年,总部在河南省许昌市,现在胖东来已经成为当地知名的商业品牌。这与它"以人为本"的先进文化理念分不开,顾客、员工、合作商是胖东来心目中的"三个至上",也是其商业理念的核心价值。

对待顾客,胖东来走正道,不欺骗。一句句轻声的提醒,一次次温暖的搀扶,一件件服务顾客的事例,这些都体现在细节当中;对待员工,"爱""自由""温暖"是创始人于东来经常提到的词汇。他这样界定企业的发展:胖东来的发展目的不是让企业做大做强,而是要让企业健康发展,让员工有好的理念,健全的人格,让生命更加健康、轻松、美好;对待合作商,他们以公平诚信为根基,尊重供应商,建立了科学的财务结算体系,确保稳定、快速的合作供应链。

胖东来是一家注重企业文化的公司,它把"创新、团结、卓越、责任"的企业发展

核心理念传播开来，让顾客体会到尊重、真诚和温暖，让员工感受幸福、和谐、成长，让合作商得到诚信、尊重和实惠。它担负起沉甸甸的社会责任，胖东来卖的不是商品，而是服务，是人品，是企业文化。

（4）岗位文化的禁忌特征。除了基本的岗位要求，有些行业和岗位还有特殊的要求。比如，有些岗位对保密的要求很严格，有些单位对着装有严格的标准和要求，有些餐饮行业对食材运用的禁忌等。作为一名新入职的员工，对公司的特殊要求必须熟知并遵循。

2. 岗位工作环境

岗位工作环境包括硬环境和软环境。硬环境是指办公的环境和工资、薪酬福利等；软环境则是指员工是否有良好的发展前景，比如，公司是否建立了员工的培训学习晋升机制，有没有和谐的团队工作文化和安全保障措施等。岗位工作环境的差异很大，比如，室内工作和室外工作，站着工作和坐着工作等。理想的工作环境是公平公正的，每个人都拥有广阔的发展空间，大家各司其职、和谐包容、团结协作，都可以受到足够的尊重。

案例 2-3　海尔的合作启示

一家外资企业准备在中国投资，在考察了60家企业后，决定与海尔公司合作。事后，该外资公司的总裁说了一个极其简单的原因：他在参观海尔公司的生产线时，感到了海尔公司团队的和谐。他趁人不注意摸了一下备用的磨具，竟然一尘不染。就凭这些，海尔公司赢得了和外资的合作。

还有一家公司的客商来海尔公司谈判，他们考察了车间、物流和研发部，回到会议室谈来谈去，就是拿不定主意。客商说休息一会儿，就去了卫生间。回来后，二话没说就签订了协议。后来才知道，客商访问了偶然遇见的员工，也到了让人容易忽视的地方，优雅的环境折服了客人。他是这样认为的，海尔公司的环境这么好，那么这个企业的产品一定是信得过的。

3. 岗位个性化特征

岗位个性化特征是指岗位特色对岗位工作能力提出的不同要求。比如，管理岗位强调沟通协调能力，技术岗位则要求精通技术。又比如，即使都是管理岗位，由于管理的内容不同，对管理能力的要求也是不同的。员工的职业生涯发展要与岗位的个性化特征要求相吻合。

（1）岗位劳动对象的个性化。不同的岗位应该有不同的劳动对象，生产不同的产品或提供不同的服务，这些不同岗位的职责任务，形成了具体岗位的具体工作内容。比如，理发师、幼儿园教师、厨师、企业生产质量检查员等，这些岗位劳动都具有个性化。

案例 2-4 厨师岗位的个性化

厨师岗位的个性化首先表现为热爱本职工作的敬业精神，对烹饪有极大的兴趣，愿意全心全意为人民服务。其次，厨师的工作很辛苦，不仅工作量大，而且较为繁重。无论是加工切配，还是临灶烹调，都需要付出很大的体力劳动。没有健康的体质是承受不了的。再者，厨师还要具有较强的耐受力。厨师工作与普通工作不同，往往是上班在人前，下班在人后；做在人前，吃在人后。甚至有时业务忙起来，连一顿完整的饭都吃不上。加上还要经受炉前高温、油烟熏烤，等等。这个职业劳动要求厨师要有较强的耐受力。有人把这种耐受力形象地概括为“四得”，即饱得、饿得、热得、冷得。

厨师岗位的个性化也表现为反应敏捷。厨房工作一旦开始，就呈现出高度紧张的状态。特别是业务量大的时候，表现得尤为明显。当客人点菜后，厨师就要立即做出反应，配菜烹调。此外，在生产过程中，有些菜需要急火烹制，比如炒菜类。这些菜往往要求在很短的时间内完成一系列的操作程序，这就要求厨师具有敏捷的思维、熟练的动作和充沛的精力。

厨师岗位的个性化还突出表现在着装整洁上，要求从业者正确穿戴工作服工作帽，随时维护个人卫生，不随地吐痰，不乱扔垃圾，工作区域干净整洁卫生。

（2）岗位能力、技能需求的个性化。由于岗位工作的职责任务是客观的，因此不同岗位对员工所需要的知识、技能、能力是不同的。同类的企业，由于企业的发展水平不同，其对员工的要求也有一定的差异。企业的规模大小、文化差异对岗位要求也有一定的差异性，这就会出现不同企业、不同岗位的招聘标准是不同的，是极富个性化的。

二 岗位相关要素

岗位不仅有外在的构成要素，如岗位规范、岗位资格，还有内在的构成要素，内在的构成要素对员工的职业生涯发展有着更加重要的意义。

一个人即使一辈子只从事一项工作，但随着社会的发展、科技的进步，同一工作岗位对员工的要求也会改变。因为岗位不是静态的、独立存在的，岗位间不仅存在关联性，而且是在互动中运行和不断变化的。比如，随着社会的不断进步、科技水平的提高，各种职业的技术含量越来越高，随着时代的变化发展、人们需求的增多，原来的职业也获得了新的时代内容，很多职业的科技含量越来越高。比如，理发师除了理发技术外，还需要掌握一定的形象设计理论；教师除了教学外，还需要掌握一定的多媒体技术。我们必须确立终身学习的思想，不断地提高技术水平。

知识卡片

职业岗位迁移能力

职业岗位迁移能力，是指就业者可以适应跨岗位、跨职业、跨行业的职业变动的能力，这种能力也称为“职业核心能力”。

（一）岗位的关联性

岗位间具有关联性，要求我们用发展的思维看待岗位。岗位的关联性主要包括两个方面：一是组织内部岗位与岗位在生产或工作中的互动性，影响互动效果的因素主要是非专业能力或技能；二是现有岗位的拓展性和新技术、新产品的潜在性对岗位能力、技能的潜在要求不断提升。

案例 2-5 文化和绝活相得益彰

匠人所从事的是文化事业，它最大的卖点就是文化。中国古代的工匠们特别强调图案的寓意，即所谓“有图必有意，有意必吉祥”。现在，部分工艺美术从业者把重点放在了技艺上，而很少考虑作品意义的追求。读懂我们的文化，是成为匠人的基本准则。

反过来说，对技艺的追求也要精益求精。在玉器雕刻上，中国工艺美术大师马进贵不能不提。马老先生最擅长的是金镶玉，即在已经雕好的器物上开槽，把金银丝镶嵌进去，工艺难度相当大。为使镶入的金银丝线不致掉出，沟槽必须开成外仄内宽的燕尾槽，稍有不慎，就会造成玉器破裂，技术难度极大。正是因为他掌握了这门绝技，所以他的作品价位极高。

（二）岗位的发展性

任何岗位都内含着潜在的发展因素，作为岗位员工要能够发现岗位的发展因素，创造性地工作。岗位的发展性是指岗位工作内容的变化与员工能力的调整具有共振性。是否认为到岗位的发展性正是有人在岗位上得到发展，有人却被岗位淘汰的原因。

案例 2-6 小刘的岗位发展

本节“导入案例”中提到的小刘经过在仓库管理员和寿险代理人岗位的实习经历后，他对岗位的认识也逐步提升了，他感到了岗位素养的重要。他接受院校就业办老师的建议，选择了一个公司财务管理的岗位并从头做起，很快适应了岗位的需要。

他非常认真地参加了岗位的培训，对自己从事的岗位有了更加全面、系统、深入的认识，研读了《岗位说明书》的要求，明确了岗位的责任，提升了个人的岗位素质。

小刘获得工作机会后，与以前判若两人。他努力工作，敬业勤奋，很快融入部门的工作中，受到同行的好评。

小刘还针对自己工作的感受，给主管提出了合理的建议，一些让主管头疼的老大难问题也得到解决。

小刘与同事相互学习，不断请教同事如何解决自己遇到的问题，也帮助同事解答遇到的困惑，与他人和谐相处，财务管理部门成为公司的先进班组。他本人也成为优秀员工。

职场箴言

进取的精神很贵，奋斗的身影很美，努力的样子很棒。

（三）岗位的延展性和附加值

岗位的延展性和附加值，是现代企业管理发展的重要内容。有些企业生产和出售的不是产品，而是一种文化。企业员工在岗位上生产的产品品牌，是该企业的形象。而员工在岗位上形成的文化，提升了该品牌的无形价值。这种高于岗位职能职责的岗位文化和品牌要素，对企业发展和员工发展有着重大推动作用。

案例 2-7　不断追求，争创一流的全国劳动模范——许振超

一个普通的只有初中学历的桥吊队长，却能熟练地驾驭最现代化的桥吊设备，成为一个令青岛港上上下下都十分佩服的“工人专家”，成为青岛港引进和运用现代化设备及技术中举足轻重的一员。这就是立足本职、努力学习、刻苦钻研、创新进取、争创一流的全国劳动模范——许振超。

许振超初中毕业后到青岛港当了一名码头工人，操作的是当时最先进的起重机械——门机。他勤学苦练，7天就学会了，他是在一起学习的工人中第一个独立完成操作的。然而，会开容易开好难。师傅开门机，钩头起吊平稳，钢丝绳走的是“一条线”；到了许振超手里，钩头稳不住，钢丝绳直打晃。特别是矿石装火车作业，一钩货放下，洒在车外的矿石比装进车内的还多。看到工人们忙着拿铁锨清理，许振超十分内疚。为了早日掌握这项技术，每次作业完毕，别人去休息了，许振超还留在车上，练习停钩、稳钩。四五个月后，他开的门机钢丝绳走起来也一条线了，一钩矿石吊起，稳稳落下，不多不少，正好装满一车皮。这手“一钩准”的绝活，很快就被大家传开了。后来，青岛港组建集装箱公司，许振超当上了第一批桥吊司机。在工作岗位上，他刻苦钻研。以前一台桥吊一小时吊14～15个箱子，经他反复测试并改革后能吊近20个箱子，作业效率提高了四分之一。而后，许振超任桥吊队队长时，队里的一台桥吊控制系统发生了故障，请外国厂家的工程师来修，专家一下子挣走4.3万元。这件事深深刺痛了许振超。他想，如果自己会修，这笔钱不就省了吗？许振超为了攻克这门技术，每天下了班，拿着借来的备用模板，一头扎进自己的小屋里。就这样，他用了整整四年时间，终于攻克了技术难关。近几年，经他主持修理的项目累计为青岛港节约了800多万元。

许振超以率先垂范、关爱他人的优秀品格，赢得了全队职工的广泛赞誉，他所带出的技术精湛、作风过硬的桥吊队，为青岛港的建设和发展做出了贡献。

总结案例

职高毕业的数控公司老总

赵正2017年毕业于某县职业中学，随后参加高考进入四川某职业技术学院机电专业学习，在校期间刻苦学习专业知识和实训操作，一心想着要把专业技能学够、学透。他能熟练操作机床，被当作班上的优秀实操标兵。他毕业以后到一家生产数控刀具的私营企业工作，到企业后首先掌握了该企业各个岗位工作职责，按照岗位规范，一丝不苟，融入了企业的文化。由于专业技术过硬，他在工作中顺风顺水，在一线工作了两周左右的时间，便被提拔到了技术部当技术员，随后又到销售岗位进行自我磨炼；5年时间的认真工作和深耕钻研，让赵正积攒下了丰富的经验和人脉，这为他的创业做好了水到渠成的铺垫……

工作5年后，赵正果断创业，成立了数控刀具有限公司，专业研发、生产螺纹车削刀具、螺纹铣削刀具以及切槽切断刀具。

分析：

掌握岗位职责、规范，奠定扎实的技术基础，在岗位的学习中深耕钻研，才能真正拥有一技之长，立足于世。现如今，他公司的数控刀具已远销东南亚及中东地区，在行业内得到了广大用户的认可。

活动与训练

活动2-1
企事业单位岗位职责对比研究

主题: 企事业单位岗位职责对比研究。

目标:

(1) 了解企事业岗位的基本职责和任务,分析岗位职责的异同点(可以整体性对比,也可以某些典型岗位为例),了解岗位的发展性和附加值。

(2) 提升对岗位规范重要性的认识,感受不同的企业文化。

建议时间: 2周。

活动准备:

通过互联网等途径查找相关资料,确定企事业单位中某一通用岗位,了解企事业单位的岗位基本职责和任务。

活动过程:

步骤一:访谈目标的选取。学生通过互联网查找及联系相关校友等途径,选取有代表性的企事业单位,进行访谈。

步骤二:小组讨论。将学生分成4 ~ 6人的若干个小组,以小组为单位探讨所学专业可能相关的职业,并将这些职业按照行业分类,写在彩色卡纸上。

步骤三:分组阐述。每个小组选派代表在多媒体设备上展示访谈成果,介绍单位文化,以及不同岗位职责和任务。

步骤四:自由讨论。学生自由讨论各企事业单位岗位、文化的相同点和不同点,探讨产生不同点的原因,总结单位文化对岗位职责的影响。

步骤五:教师总结。教师针对如何提升对岗位规范重要性的认识进行总结评价。

总结评价:

(1) 你心中的理想岗位是什么?你希望在哪种单位中从事哪种岗位?

(2) 通过这次讨论,你认为企事业单位岗位职责的异同点是什么?单位文化对岗位职责有什么影响?

活动2-2
撰写成就故事

主题: 撰写成就故事。

目标: 探索自己的专业技能、自我管理技能和可迁移技能,并学会应用。

建议时间: 30分钟。

活动准备:

了解技能与能力的区别,以及能力的分类和提升途径。

活动过程：

步骤一：引导学生思考自己以往最有成就感的事，越多越好。

步骤二：选择最有成就感的十件事，写明值得骄傲的理由。

步骤三：分析有成就感的十件事中自己的能力表现。

步骤四：教师总结。

总结评价：

（1）你撰写了多少个成就故事，对你的启示是什么？

（2）归纳自己的能力优势。

思考与讨论

1. 你有独特的个性化技能吗？请列举出来。

2. 以你心目中某个理想岗位为例，谈一下该岗位的基本职责和任务。

3. 小赵是采购部新到的负责产品包材采购的专员，上班第一天，部门经理便提醒小赵，一定要和市场部、销售部等部门多沟通，这样才能做好采购工作。小赵却认为："我负责包材采购，只要保证不断货不就行了吗？为什么要我和市场部、销售部多沟通呢？"你认为小赵的想法错在哪里？原因是什么？

第二节

岗位胜任素养与能力

导入案例

他们为什么会陆续被辞退

2023年7月，某科技产业有限公司招聘了21名大学生。让人始料未及的是，在随后不到4个月的时间里，该公司陆续辞退了其中的20名学生，仅仅留下了1名学生。

据该公司反映，这些大学生被辞退的主要原因是他们的专业技能、自身素质和道德修养不能胜任公司的人才需求。第一批小王等5名同学集体被“炒”，原因是发现这些学生“甚至无法制作出一份稍微像样的表格，更不用说进行网页设计和编程”。第二批被公司除名的是3名大学里的“高才生”。他们在第一次与客户谈完生意后，将价值3万元的设备遗忘在出租车上。面对经理的批评，3人却振振有词地说：“对不起，我们是刚毕业的学生。学生犯错是常事，你就多包涵吧。”两人终因修养不够、“言多语失”而被开除。第三批被公司“扫地出门”的是6名大学生，他们喜欢睡懒觉，上班经常迟到，还在工作时间上网聊天，经多次警告仍置若罔闻，最终被公司“开回家”。另有5名大学生因“张狂”而被“卷了铺盖”。他们在与客户吃工作餐时，夸夸其谈，大声喧闹，弄得客户和公司领导连交谈的时机都没有。最后被开除的是1名男生，他没与客户谈业务却借出差之机旅游去了，让公司白白花了几千元的飞机票。当领导问及此事，他却不依不饶：“我没错，是他们变卦，你是领导我也不怕！”

而唯一没有被“炒掉”的“幸运儿”是一名女大学生。在她看来，作为公司的一员，应该懂得自己的言行必须符合公司的正当利益。对自己的前途负责，首先是对自己所在单位负责、对工作负责。在她的工作记录本封面上写着两个字：用心。她介绍说，因为刚接触工作，很多东西都需要学习，自己就借公司其他员工的资料看，经常看到深夜。“我特别喜欢问，几乎公司上上下下的同事都被我问遍了，大家都笑话我是

'十万个为什么'"。正是这份勤奋和谦逊，让这名女大学生笑到了最后。

分析：

有些大学生在刚跨入社会时，其角色转化、人际关系、思想认识等都可能存在一些问题。这件事可以给大学生们提个醒，从进入大学的第一天到面对自己的第一份工作，大学生在注重调整自己知识结构的同时，也应该注重提升自己的道德修养，把握好处事分寸，从各方面提高自己的综合素质。

一　岗位胜任的基本素养

岗位胜任对员工职业素养的要求一般包括两个方面（有些特殊岗位还有特殊要求），一个是对基本素养的要求，具体有职业道德、职业礼仪、职业习惯、责任意识、团队精神等方面的要求；另一个是指对基本技能的要求，主要指从事岗位活动和生产任务所具备的专业技能。比如，对理发师岗位而言，基本素养表现为服务态度是否友好，理发是否认真，是否热爱本职工作；基本技能则表现为理发的技术。我们所讲的岗位职业素养，通常指践行社会主义核心价值观的内容，是影响个人发展的一种无形的力量。

尽管不同行业、职业和岗位的职业素养要求在核心价值上是相同的，但在文化价值上是有一定差异的，如教师把教书育人作为职业素养的重要内容，而医生则把救死扶伤作为职业素养的核心内容。二者虽然有职业岗位的差异，但必须具备的共性素养是社会主义核心价值观。因此，除了一些特殊岗位的特定职业素养，岗位的共性素养有以下几点。

（一）社会基本素养

社会基本素养是人们生活于社会之中从事各种社会活动的基础，是社会和谐有序发展的重要影响因素。社会基本素养主要体现在社会主义核心价值观上。

党的十八大提出，倡导富强、民主、文明、和谐，倡导自由、平等、公正、法治，倡导爱国、敬业、诚信、友善，积极培育和践行社会主义核心价值观。富强、民主、文明、和谐是国家层面的价值目标，自由、平等、公正、法治是社会层面的价值取向，爱国、敬业、诚信、友善是公民个人层面的价值准则，这24个字是社会主义核心价值观的基本内容。

"富强、民主、文明、和谐"，是我国社会主义现代化国家的建设目标，也是从价值目标层面对社会主义核心价值观基本理念的凝练，在社会主义核心价值观中居于最高层次，对其他层次的价值理念具有统领作用。富强是指国富民强，是社会主义现代化国家经济建设的应然状态，是中华民族梦寐以求的美好夙愿，也是国家繁荣昌盛、人民幸福安康的物质基础。民主是人类社会的美好诉求。民主是指人民民主，其实质和核心是人民当家作主。它是社会主义的生命，也是创造人民美好幸福生活的政治保障。文明是指社会进步的重要标志，也是社会主义现代化国家的重要特征。它是社会主义现代化国家文化建设的应有状态，是对面向现代化、面向世界、面向未来的，民族的、科学的、大众的社会主义文化的概括，是实现中华民族伟大复兴的重要支撑。和谐是中华优秀传统文化的基本理念，集中体现了学有所教、劳有所得、病有所医、老有所养、住有所居的生动局面。它是社会主义现代化国家在社会建设领域的价值诉求，是经济社会和谐稳定、持续健康发展的重要保证。

“自由、平等、公正、法治”，是对美好社会的生动表述，也是从社会层面对社会主义核心价值观基本理念的凝练。它反映了中国特色社会主义的基本属性，是我们党矢志不渝、长期实践的核心价值理念。自由是指人的意志自由、存在和发展的自由，是人类社会的美好向往，也是马克思主义追求的社会价值目标。平等是指公民在法律面前的一律平等，其价值取向是不断实现实质平等。它要求尊重和保障人权，人人依法享有平等参与、平等发展的权利。公正是指社会公平和正义，它以人的解放、人的自由平等权利的获得为前提，是国家、社会应然的根本价值理念。法治是指治国理政的基本方式，依法治国是社会主义民主政治的基本要求。它通过法治建设来维护和保障公民的根本利益，是实现自由平等、公平正义的制度保证。

“爱国、敬业、诚信、友善”，是公民基本道德规范，是从个人行为层面对社会主义核心价值观基本理念的凝练。它覆盖社会道德生活的各个领域，是公民必须恪守的基本道德准则，也是评价公民道德行为选择的基本价值标准。爱国是指基于个人对自己祖国依赖关系的深厚情感，调节个人与祖国关系的行为准则。它同社会主义紧密结合在一起，要求人们以振兴中华为己任，促进民族团结、维护祖国统一、自觉报效祖国。敬业是指对公民职业行为准则的价值评价，要求公民忠于职守，克己奉公，服务人民，服务社会，充分体现了社会主义职业精神。诚信是指诚实守信，是人类社会千百年传承下来的道德传统，是社会主义道德建设的重点内容，它强调诚实劳动、信守承诺、诚恳待人。友善是指强调公民之间应互相尊重、互相关心、互相帮助，和睦友好，努力形成社会主义的新型人际关系。

社会主义核心价值观是社会主义核心价值体系的内核，体现社会主义核心价值体系的根本性质和基本特征，反映社会主义核心价值体系的丰富内涵和实践要求，是社会主义核心价值体系的高度凝练和集中表达。培育和践行社会主义核心价值观，要以培养担当民族复兴大任的时代新人为着眼点，强化教育引导、实践养成、制度保障，发挥社会主义核心价值观对国民教育、精神文明创建、精神文化产品创作生产传播的引领作用，把社会主义核心价值观融入社会发展各方面，转化为人们的情感认同和行为习惯。

职场箴言

信仰是理想的精神寄托、始终不渝的定力、创造业绩的动力。

案例 2-8 承担社会责任 树立良好形象

中国加入世界贸易组织（WTO）以后，中国企业更加深入地参与国际竞争，日益成为全球市场中必不可少的一部分，发达国家的企业社会责任运动也因此通过跨国公司的商品供应链以及供应链之间的竞争传导到了许多中国企业中。在全球化的大背景下，那种只讲规模、产值、经济效益而不谈企业社会责任的做法越来越丧失竞争力。未来具有国际竞争力的企业，应该是技术领先、管理领先并且对社会负责任的企业；是把对社会、环境以及企业利益相关者的责任成功地融入企业战略、组织结构和经营过程中的企业。

在我国，一些企业的社会责任意识相对于国际竞争的要求还存在很大的差距。有些企业在经营决策时，根本就没有考虑应承担的社会责任；有些企业仅仅把履行社会责任当作标语和口号，无法真正在公司运作中承担和实现。当经济利益与社会责任发生冲突时，有些企业往往片面地追求眼前的经济利益，而忽视和故意逃避应承担的社会责任，也由此引发了大量的社会问题。当这些问题发生时，人们一般倾向于对道德规范的反省，却很少从理性上去追究怎样提升一个企业的社会责任意识。企业社会责任已经成为我国企业参与全球竞争所面临的严峻挑战，企业增强社会责任意识、切实承担起社会责任的改革刻不容缓。只有主动向国际先进企业学习经验，把对社会、环境以及利益相关者的责任成功融入经营过程中，才能使企业的发展有益于公众、有益于环境、有益于整个社会，实现可持续发展；才能树立负责任的企业形象，在国际竞争中取得有利地位。

（二）岗位职业素养

岗位职业素养和社会基本素养是不同的。岗位职业素养具有一定的职业个性，比如，救灾是社会责任，而爱岗敬业是职业责任。实践证明，社会基本素养和岗位职业素养有着内在的联动性。缺少社会责任感的人，岗位职业素养也不会高。具体来说，岗位职业素养包括以下几个方面。

（1）岗位道德素养。岗位道德素养也称职业道德，是职业人最为重要的职业素养之一，是指从业人员在工作中必须遵循的行为准则。这种行为准则是从业者必须遵循的。大学生择业就业时必须培养这种道德意识。岗位道德素养主要表现为爱岗敬业、奉献精神、质量效益意识和岗位意识。大学生从学校走向岗位，就要按照岗位道德素养的要求，不断地自我修炼。

案例 2-9　岗位素质的传奇——罗京的零差错

2009年6月5日，央视著名播音员罗京去世了。大家非常怀念他，他的事迹感动了很多人。他的敬业精神，他的德艺双馨，他的工作态度，他的平易近人，他的严于律己，都使人敬佩不已。不过，令人最敬佩的还是他从事播音工作26年来差错率为零的惊人纪录。

人毕竟不是机器，不会始终那么稳定，状态会有起伏，精力会呈强弱。所以，电视台从实际出发，在播音规定中允许播音员有差错率，当然差错率越低越好。但能把差错率降到零，26年不出任何差错，无论如何都是播音界的一个奇迹。

这个零差错率的奇迹，是罗京付出26年的兢兢业业，26年的小心谨慎，26年的一丝不苟，26年的呕心沥血，26年的全力以赴才换来的。这个奇迹实在是来之不易啊！在播音岗位上做到26年不出任何差错的，到目前为止只有罗京一人。

知识卡片

2019年10月，中共中央、国务院印发了《新时代公民道德建设实施纲要》。《新时代公民道德建设实施纲要》中指出："全面推进社会公德、职业道德、家庭美德、个人品德建设。"其中对职业道德的阐述是："推动践行以爱岗敬业、诚实守信、办事公道、热情服务、奉献社会为主要内容的职业道德，鼓励人们在工作中做一个好建设者。"

职场箴言

责任是工作的基石。责任心出新意、出智慧、出动力、出效益。

（2）岗位担当素养。岗位担当素养是指岗位责任。岗位责任意识从组织发展的层面看，是岗位精神和岗位行为准则，是社会责任和岗位责任的实现形式，因为社会奉献也需要岗位来实现。具体来说，员工要为岗位任务担当、产品质量担当、企业发展担当、岗位规范担当，也要为问题担当。拖拉、推脱责任甚至不负责任都是岗位担当素养不高的表现。当企业遇到发展困难时，员工敢于担当是其应有的素养。对大学生来说，择业就业就意味着岗位担当的开始。

案例 2-10 金手天焊——高凤林

在他的手中，焊枪是针，弧光是线，他追寻着焊光，在火箭发动机上焊出了一片天。他就是中国航天科技集团有限公司第一研究院首都航天机械有限公司特种熔融焊接工、火箭发动机焊接车间班组长，国家高级技师——高凤林。

20世纪90年代，在研制"长三甲"系列运载火箭过程中，高凤林连续奋战，凭借高超的技艺带头攻克了烧穿和焊漏两大难关。2007年9月，在长征五号火箭研制的关键时刻，高凤林凭着操作经验"盲焊"，最终成功排除了故障。2010年以后，长征五号运载火箭的研制进入新阶段，高凤林经过反复试验和实际操作成功解决了研制过程中遇到的难题。作为一名航天特种熔融焊接工，高凤林敢于创新突破，先后攻克200多项技术难关，突破国外对我国的前沿技术封锁，并带出了一支优秀的航天技术班组，为我国航天事业的发展作出了积极贡献。

（3）岗位服务素养。服务是指将自己的劳动产品或劳务提供给对方的过程，就是为自己以外的人或单位做事情。社会是由相互交换服务形成的网络。你在为别人提供服务的同时，也在享受别人的服务。因此，岗位的服务意识不能缺少，尤其是服务型岗位，服务特性则更加凸显。服务态度和服务品质是岗位服务素养的核心内涵，所以我们应将岗位的服务质量和服务的有效性，作为锤炼岗位服务素养永恒的主题并不断强化。

案例 2-11　不断成长　只为更好的服务

她叫郑艳，是2020年进入实习阶段的大学生，即将走出校门的她怀揣着梦想和忐忑步入职场大门，对于工作的唯一想法就是要把事情做到最好。通过三年的不懈努力，郑艳展现出属于她的精彩篇章，也将服务真正做到了极致。

2020年4月，南京某品牌部计划成立销售支持部，在其他两个品牌销售支持体系都已组织健全的情况下，某品牌还是一片空白，当时还是江苏销区总经办主任的徐美莉找到了她，并建议她接手该项工作。她回忆道："那段时间十分锻炼人，因为只有我自己一个人，又是一个刚接触到岗位的新人，对于怎么做一切都是空白。"就在这样的空白环境中，她坚持着，遇到问题解决问题，解决不了就请教别人，经过短短两个月的时间就收获巨大，各种实用的解决问题的方法现已成为她成功路上的基石。

2023年4月，销售部面临组织改革，销售支持工作要与物流部合并，她从品牌部调入了物流部，除了原先的销售支持工作，还需要学习结算以及物流内勤的工作内容。她从未担心工作太多，她只担心做得不够好，不能满足客户的需求。这是她与公司改革的缘分，也是她的成长之路。

在适应了物流的工作后，2023年她碰到了一名到南京某专卖店购买坐便器的客户，在坐便器配送过程中，客户分别因看到坐便器包装破旧、验货时坐便器水箱内有水痕、在拆开包装验货时发现马桶上有灰尘的问题，三次拒收。就在第四次送货前，她先与接待过该客户的店面家居顾问联系，了解了详细的拒收原因以及客户的性格特点，针对这些信息，她一一列出了解决方法，并致电给客户说明清楚，还仔细询问了客户的要求，就在第二天商品送达时，客户很爽快地就签字收货。

三年的工作时间，对于一个职场新人来说，足够得以锻炼。她说："三年的时间，最终归于坚持两个字。"在同岗位的三年坚持，使得她学到了专业技能，了解了及时沟通和独立思考的重要性。三年的坚持，让她在工作中得到了领导及同事的认可；生活中，也结交了很多朋友。

对于未知的将来，她提到还没考虑太多，只是觉得需要更多地学习相关知识，愿意接受更多的任务挑战，不断提升自我，服务好更多的客户！

（4）岗位安全素养。安全意识是岗位的第一要素。工作规程和工作规范的重要功能，就是保护员工安全、岗位生产安全和产品质量安全。没有安全就没有效率和效益。保障安全是对社会、组织、家庭及自己负责任和尽义务。一人安全，全家幸福，社会安定。

案例 2-12 高处不系安全带 工作人员把命丧

2023年6月12日上午，在某厂脱硝改造工作中，作业人员王某和周某站在空气预热器上部钢结构上进行起重挂钩作业，2人在挂钩时因失去平衡同时跌落。周某安全带挂在安全绳上，坠落后被悬挂在半空；王某未将安全带挂在安全绳上，从标高24米处坠落至5米的吹灰管道上，抢救无效死亡。

工作人员高处作业未将安全带挂在安全绳上，暴露出其基本安全素养的缺失。同时工作负责人也不在现场，没有进行安全方面的监管，没有尽到安全管理的责任。

（5）绿色环保素养。绿色环保素养是指关于人与人、人与社会、人与自然和谐相处的绿色知识、生态伦理情怀、绿色意识和绿色行为的总和。绿色知识是指对人与人、人与社会、人与自然关系的系统认识、提升、总结与凝练，其内涵既包括绿色自然科学知识，又包括与资源、环境等相关的绿色社会科学知识。生态伦理情怀是指个体在协调人与人、人与社会、人与自然关系时所形成的和睦相处、遵循自然、敬畏自然的内在情感倾向。绿色意识是指个体对待他人、自然和社会的态度及建立在此态度之上的和谐发展观。绿色行为是指把绿色知识、生态伦理情怀和绿色意识转化为外在的行为实践，是个体对他人、社会与自然的行为反应。现代化是人与自然和谐共生的现代化，既要创造更多物质财富和精神财富以满足人民日益增长的美好生活需要，也要提供更多优质生态产品，以满足人民日益增长的优美生态环境需要。学生是绿色素养提升的主导力量，必须把绿色素养与解决实际问题结合起来，真正做到学以致用，真正成为全球生态文明建设的重要参与者、贡献者、引领者。

（6）岗位学习与创新素养。在当今社会，创新已经成为国家、企业和员工个人发展的灵魂，也是社会竞争、岗位竞争的关键要素。大学生应该培养自身的创新意识，提高竞争力。近几年，企业把技能人才的岗位创新，作为技能人才岗位素养的培训内容。可以说，岗位创新素养是新一代大学生必须具备的素养。创新源于对学习和工作的钻研。

案例 2-13 劳动创新实现美好梦想——蔡凤辉

蔡凤辉说:“在天安门广场工作,既光荣又责任重大。”2012年至今,蔡凤辉带领天安门保洁班先后承担了多项重大环卫保障任务,用辛勤劳动扮靓了大国“颜面”,以无悔付出赢得了人们的尊重。工作中,她积极创新改革作业工艺,将电动捡拾三轮车引进广场保洁工作,员工作业效率提升80%;通过发明“口香糖刷”,在不伤害大理石材质地面情况下,清除了天安门广场上多年顽疾“口香糖污渍”,使整个广场地面焕然一新。她充分发挥创新精神,凭着一股子干劲、闯劲、钻劲,带领大家在平凡的工作中做出了不平凡的业绩。

二、岗位胜任的基本能力

岗位能力是非常具体的,也是职业素养的内涵所在。职业素养好的人一般都能很好地胜任岗位工作。岗位不同,其岗位职责也不同,因此,岗位能力存在很大的差异。岗位能力既有类型差别,比如会计师和建筑设计师、茶艺师和电工维修师等,也有层次差别,比如,技术工人可分为初、中、高、技师和高级技师五个等级层次,每个等级的岗位能力要求均不同。管理岗位和技术岗位,能力要求差距也很大。职业院校学生刚毕业,主要是进入技能型岗位工作,下面主要介绍技能型岗位的通用能力要求。

知识卡片

岗位胜任能力

戴维·麦克利兰是美国社会心理学家,美国心理学会杰出科学贡献奖获得者。1973年,他首次提出了胜任特征的概念,他认为胜任特征是能够区分在特定的工作岗位和组织环境中绩效水平的个人特征。也就是说,这是一种能将在某一工作中表现优秀与表现一般的人区分开来的个人特征,主要包括获取信息的技能、分析思考的技能、概念思考的技能、策略思考的技能、人际理解和判断的技能、帮助和服务定向的技能、对他人的影响技能、对组织的知觉技能、建立和管理人际关系的技能、发展下属的技能、指挥技能、小组工作和协作技能、小组领导技能等20多种胜任特征。

(一)岗位专业能力

无论你学什么专业,将来选择什么岗位,都必须具备较强的专业能力,学好专业是学生的职责,是择业的本钱。即使在就业之后,也必须不断地提升岗位专业的工作能力。如果毕业后所选择的岗位与专业不对口,那么应不断提升综合能力,拓展思路。一般来说,只要专业成绩好,学习新事物是不难的,只要你能够打开思路、找准学习方法并努力学习。关于岗位专业能力,因为个性化比较强,因此,只能因岗因人而异,学生们要结合具体情况加强专业训练。努力学习,夯实专业技能,是所有岗位能力训练必备的精神。

案例 2-14 工人信赖的专家

李锦华，船舶火工高级技师，擅长船体结构冷热成形加工技术、船用特种材料焊接变形矫正，尤擅长水火弯板工艺，2012年获全国技术能手称号、2015年获第十届“上海市职工技术创新能手”称号、2016年获第二届中国质量奖个人提名奖。

李锦华的父亲也是江南造船厂的一名装配工。父亲告诉他：“好好学技术，不能给造船人抹黑！”

李锦华练技能、学工艺，也逐渐享受着掌控钢板在他手中随心所欲改变曲线的感觉。他总是有一些新想法。有一次，看到工友用水火弯板工艺加工复杂的构件，劳动负荷大，苦不堪言。李锦华细心观察了零件的线型后，测数据、画草图、改装模具，利用冷加工方法加工，成功提高了效率、节约了能源。

李锦华经常做一些小改革、小创新、小发明，这在生产中发挥了重大作用。如今，他已取得发明新型实用专利4项，主导和参与科研项目10余项，荣获公司科技与管理创新成果奖7项，是工人信赖的专家，每天都会接到各类“技术求助”电话。

李锦华是上海市首席技师、校企培训老师、国家船体火工和冷加工的职业技能鉴定考评员、公司船体火工和冷加工技术操作培训指导。他尽个人最大能力，将船体火工和冷加工理论知识的培训与实践技能融为一体，使培训的员工成了各岗位的技术领头人。

“吃技术这碗饭，没有捷径可以走。有真本事，才能赢得别人尊重。”李锦华经常将这句话讲给自己的学员听。学员们也会用各种“疑难杂症”检验他是否有真本领。每次他都能圆满解答学员的问题。

李锦华自担任公司火工、冷加工培训导师以来，累计培训出技师12名、高级工18名、中级工65名。

（二）岗位学习能力

岗位学习能力是岗位专业能力的支柱。岗位胜任素质和胜任能力与学习能力密切相关，一个学习能力弱的人或学习意识淡薄的人，不可能有持续的岗位胜任能力，更谈不上岗位创新了。因此，对大学生而言，择业就业是人生岗位学习的开始，不是学习的终止。

案例 2-15 一名研磨工成为中国工程院院士

周勤之，男，1927年11月出生，高级工程师，浙江上虞人，中国工程院院士、机械制造工艺与设备专家、我国静压轴承和镜面磨床开创者，曾任上海机床厂有限公司副总工程师。

翻开中国工程院院士的花名册，在所有院士的简历中，周勤之院士可能是唯一没有正规文凭的一位。解放初期，他是凭一张中华工商专科学校夜校的毕业文凭，到虬江机器厂（上海机床厂前身）应聘的。时任厂总工程师，我国机床工业先驱、中国科学院资深院士雷天觉慧眼识英才，他根本不看文凭就当即录用了周勤之。

进厂后，周勤之被安排在工具车间做了一名研磨工。从那时起他把车间当成了自己成长的摇篮，当成了他研究和钻研技术的平台，在如饥似渴地向雷天觉总工程师学习技术理论的同时，不断地向老工人讨教加工技艺，不断满足自己的求知欲。凭着极高的悟性，在很短的时间里，他就成为厂里精加工技术领域的一个行家里手，一个佼佼者。为了能够顺利阅读国外专业书籍和技术资料，他自学了英、法、德、日、俄五国语言，这为他日后自行研发精密加工技术与工艺，进而成为国内静压轴承、镜面磨削、精密分度技术第一人打下了坚实的基础。

在我国机床行业，说起“镜面磨削”，那是一个里程碑。“镜面磨削”，顾名思义就是加工后的光洁度就像镜子一般，其精度达到仅有头发丝的几十分之一。

20世纪50年代，国家组织一个高级考察团去西欧考察，周勤之是其中成员之一。那时西方资本主义国家对新中国实行技术封锁，对考察设置了重重障碍。当时参观工厂时，他在白天认真学，不停地做笔记，强化记忆，晚上回到住地，再根据回忆和笔记把考察的内容系统地记录下来，几乎每天都要工作到凌晨才能休息。就是这样，他克服了种种困难，终于掌握了大量的国外先进技术信息。

在瑞士一家工厂考察时，考察团成员参观了镜面磨削机床，当时世界上只有瑞士有此尖端技术。周勤之认为，此技术是由机床、砂轮、磨削工艺三大要素组成，机床可以设法自行设计，工艺也可以逐步摸索，而特制的砂轮我国一时解决不了。于是，他用出国考察津贴购买了两个砂轮带回国。回厂后，立即组织技术人员对镜面磨削进行攻关，在磨削机床与工艺难题解决后，再将其带回的砂轮装上进行调试，经过多次试验与攻关，终于攻克了镜面磨削技术。随后，他把砂轮样品交国内砂轮厂，砂轮厂也成功研制了这种特殊砂轮。就这样，中国第一台镜面磨削机床终于在上海机床厂诞生了，从而一举打破了国外的技术垄断。

镜面磨削机床的研制成功，极大地推动了我国基础工业的发展步伐。周勤之因此被评为1954年、1955年上海市劳动模范和1956年的全国先进工作者，并出席第一届全国先进工作者代表大会，受到毛泽东主席和周恩来总理等党和国家领导人的接见。

磨齿机技术，是上海机床厂精密制造的又一品牌技术，研发历史悠久，但由于磨齿机制造工艺成本高，故难以全面推广。20世纪60年代初，周勤之开始组织有关研发人员试图开发一种“没有齿轮的齿轮磨床”来解决这个难题。经过不懈努力，研发与试验工作初战告捷。就在他们要开始设计试制原型机床之时，磨齿机试制工作被迫中止。直到20世纪80年代，周勤之再度披挂上阵，带领研发人员将电子挂轮蜗杆砂轮磨齿机试制成功。这种磨齿机与技术，当时只有瑞士才有。中国有能力自行制造，且价格只有进口同类产品的五分之一，行业内为之振奋。磨齿机在国内推广后，为国家节省了巨额外汇。

周勤之开发的动静压轴承，在高精度外圆磨床用卡盘夹磨工作圆度小于0.08微米，为当代国际最高水平，开创了国内高精度磨削技术的先河。他直接参与并组织指导研究开发的精密分度技术、接长丝杆技术、双薄膜反馈双边随动阀、磁分度技术、电子全闭环磨齿机、平面智能研磨等技术，为我国机床行业的技术进步做出了不可磨灭的贡献。

周勤之院士理论底蕴深厚，实践经验丰富，先后出版了《精密平面之产生及其测量法》《论瑞士机床》等专著，是企业乃至国内该行业中的“瑰宝”级专家。

（三）团队协作能力

大学生从学校走进企业，进入了一个新的组织，面对的组织性质、人员构成和活动方式都不同，目标方向更是不同。比如，学习可以在一个独立的空间完成，但在工作岗位上，如果脱离组织和岗位伙伴，将不可能完成自己的工作。因此，团队协作能力是必备的岗位能力。培养团队协作能力主要是学会在不同的位置上各尽所能，与其他成员协调合作，与同事进行有效沟通，具有包容心，善于发现别人的长处。

案例 2-16 只有合作才能胜出

一家著名的公司要招聘5名中层管理人员，一时间有几百人前来应聘，最后有20名优胜者有机会进入复试环节。

在复试中，这家公司将20个人分成四组，不同的市场需要5个人分工负责，然后要把调查报告填写清楚。3天后，四组中有一个小组集体交上了自己的调查报告。

最后，公司负责人对该组的5个人说：“恭喜你们，公司已经决定录用你们了。因为在这四组中只有你们这组成员互相帮助、互相使用调查的材料，以便让本组的调查报告写得更详细。”

（四）自我管理能力

对于一个新入职的大学生来说，培养管理能力主要是做好自我管理。岗位的自我管理能力是岗位发展的基础，也是团队建设的要素之一。自我管理包括自我学习的管理、工作时间的管理、岗位行为规范和岗位精神的培养等。

案例 2-17 自我管理严要求，细心工作不出错

某学院毕业生袁海梅取得注册会计师资格后，应聘到某公司从事财务工作。她珍爱工作岗位，日常财务工作做得井井有条，认真进行票据审核、费用报销、会计核算、编制财务报表等，总能及时准确向国资委、财政局、集团以及股东单位报送符合要求的会计报表资料。

作为公司的一名财务人员，她深知岗位责任重大，在工作中时刻严格要求自己，严格遵守各项财经纪律，细心审核、加强监督，坚持清正廉洁、认真严谨的工作作风，确保各项工作合法合规，维护了公司的利益。

袁海梅让大家赞赏的不仅是她专业、细致、严谨的工作作风，还有她顽强拼搏、任劳任怨的敬业精神，在短短的一年时间中就成为公司职工的楷模。

（五）岗位创新能力

具备了岗位创新意识，还必须锻炼岗位创新能力。想创新且有能力创新，这是新时代的企业对现代员工的客观要求，也是员工岗位发展的必然趋势，更是一名优秀员工的标志。大学生只有早日培养创新能力，提升自己的竞争力，才能在岗位上得到更好的发展。

案例 2-18 魏振民：从普通工人成长起来的超限运输专家

2015年底，魏振民参与了北京市最繁忙的东三环三元桥桥梁更换工程，负责设计实施旧桥和新桥的超限运输项目。对于他来说，三元桥运输工程只是20多年超限运输生涯中打赢的诸多“胜仗”之一。这位我国超限运输“领军人”，总结制定了全套超限运输、装卸的工艺流程和安全操作法，制定了诸多规范性制度，还创造了我国超限运输的多项第一、填补技术空白。即便如此，魏振民依然保持着当初入行时一名普通工人的勤奋。每次作业必到现场，随时解决突如其来的难题。

魏振民最引以为傲的一次超限运输，是2008年北京奥运会、残奥会的转场运输。这是他职业生涯中遭遇的最严峻考验。54个小时里完成七大类、三万余件规格不同的货物运输——此次转场运输的工作量和时间要求是历届奥运会都不曾出现的。距离北京奥运会开幕仅一个月时，祥龙公司接下了这项“不可能完成的任务”。一拿到通行证，魏振民就直奔鸟巢。他每天工作十几个小时，精心设计并修改调整了20余次技术方案。开幕式一结束，当时已52岁的魏振民硬是带着138部运输设备和400多人，连轴转了两天两夜，最终比规定的运输时间提前12个小时完成任务，而且零差错。

“遇到问题从不会绕着走，而是寻找一切办法创新方案，解决难题。”这成为魏

振民一生受益的财富。22岁那年,魏振民转业进入国有企业祥龙公司成为一名普通工人。他觉得,虽然上不了大学,但可以通过勤奋、刻苦的学习,掌握一门技术,让自己成为对社会有用的人。搬运、修理、擦车……魏振民从基础工种做起,几年下来,跟着师傅们走南闯北,成了公司的技术骨干。1992年,公司领导把管理特种车的重任交到了魏振民手中。20多年来,魏振民养成了一个习惯:每次随队出车,一定要随身带上一个本子、一支笔和专业书。不论遇到什么问题,他都记下来,晚上休整时再拿出书本来研究解决方案,第二天带着问题实践。

刷新国内滚装运输最高纪录、改革人工装卸车工艺、运用高超技术化解一次次风险……魏振民在解决超限运输难题的道路上走得执着而坚定。仅在2006年和2009年的两个超大型设备运输项目中,他就进行了30项技术创新。

魏振民"成为行业的领跑者"给人的第一印象是"竹竿一般消瘦的身形,后背微驼但走路迅速"。这位超限运输"智多星",凭借多年经验,总能迅速判断故障原因,并设计出合理的应急处置方案。

魏振民从一名普通工人成为国内超限运输专家,靠的是开动脑筋破解难题的"创新思维",靠的是刻苦钻研的学习习惯,他的职业价值都记录在一项项大工程、一次次技术创新中,如此,才能成为行业的领跑者。

(六)岗位沟通能力

沟通是人生重要的生存和工作技能,岗位工作也需要与各方沟通才能完成。沟通的目的是通过交流思想和想法,互相理解,互通信息,消除误会,提高效率,使大家更加诚信,使组织更加协调。

案例 2-19 遇事多沟通,合作能相容

张莉莉在一家销售公司做秘书,快到元旦的时候,按照公司的惯例,经理们交给她一大堆名片,并将一些精美的明信片亲自挑选出来,要她逐一打印出来及时寄出。接过明信片,张莉莉发现有些客户的地址已经变化了,而且公司与很多客户都已经没有了往来,她提醒经理是不是将这些明信片挑选出来。但是经理不耐烦地说:"要把明信片给每个客户都寄到!"两天后张莉莉把已经打印好的明信片交给他过目时,他却大声指责她将一些没有往来的客户错误地打印在了"最精美"的明信片上。张莉莉觉得非常委屈,哑口无言。

在同事的建议下,张莉莉利用休息的时间把自己的想法告诉了主管经理,试着向经理解释,只有通过融洽的沟通才会使双方的工作更加有成效。经理在明白了她的意思后,对她负责任的态度很赞赏。从此,两人工作合作得更愉快,效率也更高了。

总结案例

敬业奉献　创新“成都味道”

1989年，高中毕业的赵新进入某财贸学院烹饪专业学习，每天坚持从最基本的烹饪技巧开始练起，对难点进行反复琢磨，夜以继日不断积累，使自己对各种烹饪技法了然于胸。

“识季节、善烹饪、会用料、懂人心。”这是赵新的从业心得，更是他25年厨艺生涯的真实写照。1992年从财贸学院毕业后，赵新来到他厨师生涯的第一站——四川省成都市某饮食公司。从打下手开始，再转战到炉前灶台，他总是事事亲力亲为，兢兢业业。此后，技法渐精的他先后进入到成都少城饭店、芙蓉餐厅、北京长城饭店等企业学习，一心专注于川菜菜品研究，创造出别具一格的“成都味道”。他总结了人生成功的金句：“尊师重道、努力学习、敬业工作、奉献社会！”

活动与训练

活动2-3
自我能力探索

主题：自我能力探索。

目标：了解自己的专业知识技能、自我管理技能和可迁移技能，明确能力的应用与提升途径。

建议时间：25分钟。

活动准备：

通过互联网等途径查找10个以上的成就故事；查阅“木桶原理”的内容。

活动过程：

步骤一：将成就故事中的能力进行分类、归纳。

步骤二：参考成就故事中的能力分类，确定专业知识技能，明确专业知识技能的习得应用和提升途径。

步骤三：参考成就故事中的能力分类，确定自我管理技能，明确自我管理技能的习得应用和提升途径。

步骤四：参考成就故事中的能力分类，确定可迁移技能，明确可迁移技能的习得应用和提升途径。

步骤五：教师总结。用木桶原理总结岗位能力的增强与约束，使学生明确提升综合能力的途径和方法。

总结评价：

（1）你是否了解自己各个方面的能力？

（2）为了提升岗位综合能力，你认为自己在哪些方面的能力需要提高？

（3）你想通过哪些活动提高自己的能力？

活动2-4
专题讲座

主题：与本专业相关的岗位胜任素质与能力的专题讲座。

目标：

（1）增加对本专业岗位胜任素质和能力的认识。

（2）培养提升自我素质的意识，有针对性地提高专业素质。

建议时间：45分钟。

活动准备：

结合所学知识，通过互联网及其他途径查找相关资料，加深了解本专业岗位胜任所必需的基本素质和能力。

活动步骤：

步骤一：讲座嘉宾邀请。首选校友，可以通过系部毕业生数据库查找，邀请在工作岗位上有出色表现的优秀毕业生作为讲座嘉宾。

步骤二：小组讨论。将学生分成4～6人的若干个小组，以小组为单位探讨所学专业可能从事的职业，并将这些职业按照行业分类，写在彩色卡纸上。

步骤三：分组讨论。全班分为若干个小组，小组成员以自己熟悉的人物为例，找出其能够胜任或不能胜任岗位需求的原因，提出合理化建议。

步骤四：个人作业。要求每人结合讲座内容，根据自己目标岗位的素质与能力需求，寻找自身存在的差距，制订一个培养自身素质和提升工作能力的计划。

步骤五：教师总结。教师针对讨论结果以及学生的个人作业，就如何提升岗位胜任能力进行分析、反馈并给予评价。

总结评价：

（1）如果想胜任你心目中的理想岗位，需要具备哪些方面的素质和能力？

（2）你打算通过哪些方式来提升你的岗位胜任能力？

思考与讨论

1. 岗位胜任的基本素养有哪些？对照自己，还需要从哪些方面入手来提升自己的岗位胜任的基本素养？

2. 你认为哪一项岗位胜任能力是最重要的？为什么？

第三节

员工岗位成长因素分析

导入案例

正确认识岗位　实现自我成长

高等职业教育是我国高等教育的重要组成部分，为我国培养了大批社会主义现代化建设人才。当前，由于市场经济的发展和社会竞争的日益激烈，社会对人才提出了更高的要求。近年来，随着高职院校办学规模的扩大，越来越多的学生进入了大学校门，但同时面临着毕业后就业难的问题，影响了社会的稳定。

王耀于2018年9月进入某市技师学院机电专业技师班。毕业后开始了人生的社会实践。他先是在一个工厂做钳工一职，但是由于其心高气傲，工作时经常愤愤不平，无心工作，还始终认为自己怀才不遇；这份工作没做多久，他又找了一份房屋中介的工作，没想到他因过于追求利益，反而业绩不够理想：随后，他又入职了一家保险公司，成为一名保险推销业务员，半年后，他感到自己并不适合这份工作，便向经理递交了辞呈。经过这段时间，王耀认识到自己对就业的认识、自我的认识还不够明确，就向学校就业中心的老师寻求帮助。

就业中心的老师告诉王耀，首先是他对自己的定位不清晰，把自己估计得过高，对自身缺乏正确的了解；其次，受社会大环境的影响，当前正处于市场经济发展的高速时期，一味地追求高薪行业并不符合实际。在2023年，终于在学校的帮助和支持下，他从工厂的操作员做起，先后从公司工艺员、设计员、助理工程师一步一步走到项目经理的位置，付出了比别人更多的辛勤和努力。

一、岗位成长的个人素质

岗位成长，是员工职业生涯发展的主要内容。岗位成长是否顺利主要取决于员工的个人素质和能力。俗话说，师傅领进门，修行在个人。在同等环境下，不同员工的发展结果有着很大的差异性，造成这种差异的根源就在于员工个人成长的内在因素。

（一）树立正确的岗位发展观念

高校毕业生第一次择业就业，是由学生向员工转化的第一步，是员工岗位发展和成长的关键节点。因此，树立正确的岗位发展观念是十分重要的。正确的做法应该是，把工作岗位作为新的学习园地，不放弃每个学习机会，重新确立新的学习目标，培养并树立正确的岗位意识。树立正确的岗位意识就是要对本职工作岗位的工作环境、管理风格、工作目标、岗位职责、过程管理、晋升路径、人际关系等有正确的认知和理解，调整自己的心态并努力适应工作岗位。

案例 2-20 扎实走好第一步

2023年6月，已经顺利拿到"汽车维修工高级证"和"汽车维修工上岗证"的某学院学生胡文，终于要告别3年校园生活了，他是2023届汽车维修专业毕业生。当时他面前有多个大城市的工作可以选择，经过再三考虑，胡文放弃了在大城市工作的机会，选择了就职于老家的某汽车有限公司。虽然前3个月试用期的工资还不到3 000元，但是胡文并不为自己的选择感到后悔：同这家公司签约后，他先在销售汽车的4S店里学习修理常销车型，两个月后他开始在这家公司旗下的维修站学习修理其他车型。现在，刚出校园不到半年的胡文，已经基本上能修理好几种车型了。

对于未来的职业前景，他满怀乐观地说："虽然现在工资不高，但我相信，如果耐心地学到扎实、过硬的汽车修理技术，将来肯定会越来越好。"随着当地对各类技能型人才的需求一路扩大，他对自己的职业前景非常看好。

（二）提升岗位适应能力

提升岗位适应能力，无论对新员工还是老员工来说都是必修课。刚入职的大学生，进入新的环境后，一是要适应环境，重新构建人际关系，融入团队；二是发现自己与岗位需求的差距，制订学习提升计划；三是选定学习师傅，积极参加培训活动，构建在工作中终身学习的理念，把岗位能力提升作为不断适应岗位发展的支柱。现代人需要树立终身学习的意识，处处学习，时时学习，通过点点滴滴、持之以恒的学习不断提高自身的工作能力，提升岗位适应能力。

案例 2-21 新入职的小许

小许是新入职的一名应届大学毕业生。在工作中，她觉得力不从心，很多看起来很简单的事情，她做起来却很吃力，而且频频出错。除此之外，她发觉自己大学学到的东西根本用不到工作中去，她不禁对自己的能力及专业知识水平产生了很大的怀疑。渐渐地，她做事越来越没自信，甚至害怕去上班，害怕领导交代她做事，每天的情绪都处于低落状态，甚至想到了辞职。

小许的压力主要是来自对工作业务不熟悉所产生的焦虑、自卑、紧张和怠工。她应该学会自我调节，培养自身的抗压能力，平时可以多向老员工请教，和同事和睦相处，平时多听听舒缓的音乐，看看积极向上的书籍等。

（三）制订合理的个人岗位发展规划

职场箴言

智者总是从改变自己开始，让自己适应环境，而不是让环境适应自己。

组织（企业）的发展规划和个人岗位发展规划是一个统一体。它们的共振是现代管理发展的重要理念。组织（企业）职业规划的目的是“把人才用到合适的岗位上”，个人岗位规划的目的是“保持对岗位的兴趣”，二者的结合点是在合适的岗位上，发挥合适人才的优势。只有这样，才能使组织（企业）的需求与员工的需求相吻合，才能使员工和组织（企业）同呼吸、共命运。

科学制订自己的岗位发展规划，是员工自身职业发展的重要前提，也是能否实现个人岗位发展的重要手段。要想实现岗位发展，必须重视岗位发展规划。制订岗位发展规划的重点，是制订个人的岗位学习与岗位能力提升计划，这也是职业生涯发展的核心内容之一。

（四）融入工作团队

职场箴言

团结可以变渺小为伟大，团队可以变平凡为卓越。

谁都知道，一根火柴远远没有多根火柴聚在一起划亮后所产生的光亮和热能大。岗位成长必须在团队中实现，脱离了团队，岗位成长则是无所依托的。树立岗位发展意识，提升岗位适应能力，目的就是能够在团队中更好地工作和发展。融入工作团队，需要接纳团队文化，还要遵守团队制度等。作为员工有必要提升自己的参与意识，融入团队，发挥集体力量，以此增强团队凝聚力，形成星火燎原之势，推动组织取得更大的绩效。

案例 2-22 张亮错在哪里

张亮在学校时是优等生。他参加工作后，常常恃才傲物，认为别人都不如自己，不仅与同事关系不融洽，工作时也没有团队意识，常常是独自作战，听不进他人意见。同他一起进入公司工作的还有李响，李响在校也非常优秀，但入职后他收敛了自己的锋芒，经常向公司的老员工请教，主动热情地和同事交往，很快就赢得了同事和上司的信任与认可。

在年终优秀员工的表彰大会上，李响由于业绩优秀和同事支持而得到了表彰。张亮在工作上也非常努力，甚至工作成绩比李响还略胜一筹，可是由于他与同事关系不融洽，在工作中缺乏团队意识，没评上优秀员工。后来，张亮认为自己不受重视，感觉英雄无用武之地，因此辞职而去。离开这家公司后，他换了几份工作，但都因无法与别人共事而以失败告终，他为此深感困惑。

二、岗位成长的外部因素

个人素质和能力是员工岗位发展和成长的重要内在因素。然而，并不是努力了就一定能够实现个人岗位发展，因为岗位不是孤立的存在，而是社会经济发展的产物，与国际国内环境、企业文化环境息息相关，与企业内部人员之间的相处也有关联。岗位发展受外部因素的影响，比如，经济危机、国家产业调整、技术的革新进步等都会影响岗位的发展。个人的成长发展离不开岗位，企业给员工创造了积极向上的成长环境，同时企业也就有了发展的动力。

（1）为员工选择合适的岗位，使人尽其才、才尽其用，激发员工的工作热情，实现企业的目标，使员工和组织达到“双赢”，这些都要求打通员工晋升通道，让员工看到每个岗位类别都有通过绩效考核进行升级升档的空间；还要建立持续培训机制，不断提升员工的业务素质和综合能力，提高其工作热情和自主性，使员工更好地适应岗位和工作需要。

（2）管理者要知人善任、善于营造良好的工作氛围，成为员工内心认可和钦佩的、具有带领团队取得工作业绩能力的精神领袖，这对持续提升员工的工作积极性起着至关重要的作用。

（3）通过绩效考核，奖优罚劣，使先进员工有成就感，落后员工有危机感，在组织内营造良好的比学赶超的正确导向。

（4）企业文化是企业可持续发展的重要因素，是理念形态文化、物质形态文化和制度行为文化的综合体。要持续提升员工的工作积极性，就要发挥企业文化的支撑作用，满足员工的精神需求。同时，将企业文化与员工的个人发展紧密结合。将企业文化中的价值观、愿景、使命等核心内容与员工的个人发展和切身利益紧密结合，使之成为员工职业生涯和人生目标的思路和行动指南，使员工在企业文化建设中由被动变为主动，产生极大的满足感、荣誉感和责任心，使员工个人目标和企业战略目标的有机融合，促进企业的可持续发展。

三、岗位发展与岗位匹配

岗位匹配是指人和岗位的对应关系。每一个工作岗位都对任职者的素质有各方面的要求。只有当任职者满足岗位的这些要求时，才能更好地胜任这项工作，实现岗位匹配。岗位匹配是双重匹配，即岗位要求与人的知识、能力相匹配，工作报酬与人的工作动机相匹配。总之，岗位匹配是关系工作效率、个人成长及岗位工作幸福感的重要因素，是个人职业生涯发展和企业发展的重要因素，我们必须高度关注。

知识卡片

能岗匹配是指人的能力与岗位需求的合理匹配，是指把合适的人放在合适的岗位上，相应的岗位找到相应的人。能岗匹配处于人力资源管理的核心位置，贯穿人力资源管理的整个过程。能岗匹配包含两个方面的含义：一是指某个人的能力完全胜任该岗位的要求，即所谓人得其职；二是指岗位所要求的能力这个人完全具备，即所谓职得其人。能岗匹配原则是指应尽可能使人的能力与岗位要求的能力实现匹配。

（一）岗位匹配的主要要素

1. 岗位特征与个人特征匹配

职场箴言

只有适应才能发展，善于调整才能成熟。

由于不同行业、不同岗位的工作内容及职责差异，适合岗位的个体个性特征也会不一样。比如，对于销售类岗位来说，乐观、活跃、人际敏感度高的人更有利于从事此类岗位；对于财务类岗位来说，有条理、谨慎的人更有利于从事此类岗位。由于行业和岗位的差异，个体个性特征中优势特征和劣势特征也会不同，所以，企业会根据自己用人的要求，来优先选择具有某类岗位优势个性特征的个体。

2. 岗位要求与个人素质匹配

岗位要求是指岗位文化、价值观、岗位规范和岗位职责等，员工的个人素质只有达到岗位要求时，才能实现匹配。务实、忠诚、积极，有奉献精神，以及认同企业的价值文化，是岗位匹配的必备素质要求。

3. 岗位要求与个人能力匹配

个体差异普遍存在，而每个岗位由于其工作性质、环境以及条件的不同，对个人的能力有着不同的要求。

个人能力可以是通过培训和学习提高的。大学生可以根据自己的择业目标有意识地培养自己的能力和素质，也可以根据自己的能力水平，选择合适的岗位。

（二）增强员工岗位匹配的主动意识

企业在发展的同时，应使员工各方面也获得发展，因为员工成长是企业未来生存的基础，正所谓“小河有水大河满”。企业和员工双赢，这是企业人力资源管理的目标，也是企业文化建设的价值所在。企业应为员工精心设计培养方案，开展职业训练，同时为他们提供施展才华的舞台，让员工从起步到成长，进一步到成才，直至成功。总之，通过双赢方案，既能实现员工个人的理想，又能为企业未来生存添砖加瓦，为企业发展注入不竭的动力。

1. 主动适应环境

对于刚入职的新员工来说，周围的一切都是陌生的，如何快速适应环境、适应工作、适应岗位，关键在于自己是否主动。职场不比校园，不会有老师不断地主动去教，许多时候学不学、能学多少完全在于自己是否主动学，是否能够主动地发现问题。

第一，跟“指导人”或“师傅”多沟通，明确自己的岗位职责，围绕自己的岗位职责，在纸上一一列出自己的行动困惑，然后带着问题去向周围同事请教。第二，写工作计划与总结是新人快速适应岗位、做好工作的前提。写工作计划对梳理工作思路、提升工作效率很有帮助。将计划与执行情况加以对比，就可以总结出自己工作的不足，有助于进行经验总结，制订改进计划。第三，学会欣赏团队中的同事。作为新人一定要保持空杯心态，学习用欣赏的眼光看待他人，只有这样才能收获得更多。

案例 2-23 快乐的小天使

李婷是一个职业院校旅游专业的毕业生，她到人才交流会上找工作总是无果而归，有的觉得她专业不对口，有的认为她没有工作经验。李婷最终在院校指导老师的推荐下，进入一家小型旅行社，做起了办公室文员工作。她十分珍惜这份工作，经常跟同事请教、学习各个景点的实操技能，在接触顾客的同时，甚至当起了义务导游员，受到了同事的称赞。后来公司调整岗位，领导让她做起几个重点景点的导游工作，也接待外国的游客。她在工作中如鱼得水，成为快乐的小天使，把中国悠久的文化介绍给了外国的客人，公司的声誉也因为李婷的工作而越来越好。

2. 注重能力拓展

能力与知识、经验、个性特质共同构成人的素质，成为胜任某项任务的条件。很多公司会使用一些办法帮助员工提升个人能力，其实岗位能力的拓展主要还得靠个人的努力。有以下几个努力方向可供参考。

（1）学无止境。学习内容主要包含三个方面：一是文化基础知识；二是社会人际关系；三是专业技能知识。

（2）用心观察。观察上司、优秀的同事的工作技巧，有意识地总结自身问题，找到提升的途径。

（3）积极进取。机会越多，得到的锻炼就越多，学会不断在工作中提升自身能力。

（4）独立承担。摆脱对他人的依赖，自己独立发现并解决问题，这是非常重要的自我提升过程。

（5）参加培训。参加优质的培训。俗话说，“听君一席话，胜读十年书”。

（6）理想指引。没有理想，没有长远的追求，就不会产生永续前进的动力，学习与工作也是如此。

案例 2-24 某科技有限公司的理想追求

“仁爱、诚信、担当、创新”是某科技有限公司的核心价值，无论在什么岗位、无论在工作的什么环节，该公司员工都将其铭记在心、外化在行。公司鼓励员工要有社会担当和不断创新的精神，助力企业成为国家级高新技术企业。

该公司在新员工入职培训、晨会、例会等场合，让员工树立做大格局、做厚文化、做优价值的信念，成为有梦想、有责任、有担当的企业主人。公司在无人机的设计研发、生产销售、技术培训方面以“仁爱之心”承担社会责任。公司在植物保护、航拍航测、海事作业等工作上，以“诚信作为”赢得客户好评。

职场箴言

创新是发展的不竭动力，只有创新才能超越、才能突破、才会卓越。

（三）岗位创新

创新是一种观念，是一种取之不尽、用之不竭的生产力，是企业在市场竞争中决胜的王牌，是员工的使命和责任，也是员工素质提升的关键要素。创新首先体现在“创”字上，要善于在原有的工作中发现不足，想办法解决，而不是畏难和回避，也就是所谓的先要立地，再来顶天。这就要求员工具备敢于进行岗位创新的精神，敢于挑战自己，在日常的工作中，不断进步，点滴变化，日久成新，不能满足于现状，只有这样，才有可能实现岗位创新。

（四）岗位匹配的问题

在岗位管理中，常会出现人岗不匹配的现象，这主要与管理上的失误有关，主要问题可能出在：对岗位的工作内容和职责缺乏清晰、详尽的说明；对从事该岗位的人员所需具备的特质、能力和资格缺乏足够的了解；缺乏有效的方法来衡量员工的工作效能；员工缺乏提升素质的环境、动力和压力；对员工缺少科学正规的指导。

（五）能岗匹配的原则

在人才价值实现过程中，能岗匹配机制十分重要，因为能岗是否匹配以及其匹配程度会最终影响人力资本的使用效率。能岗匹配是指在人的能力与其所从事的工作岗位之间建立良性适应关系的过程。它包括以下几个原则。

1. 按能配岗

按能配岗是指根据每个人的能力模型和能力水平（能级）将其安排在相应的岗位上，这是因为人有能级的区别。能级，是指一个人的知识、专业、能力、经验、性格、心理素质、意志力、品德等多方面的要素。不同的能级应承担不同的责任，同时应具备承担不同工作的特质。

2. 因岗选人

因岗选人是指根据岗位所要求的能级安排相应的人员，这是因为不同岗位对能级水平和能力结构有不同要求。不同岗位由于所处的组织层次不同，承担的作用不同，岗位责任和权利也不尽相同，所要求的能力结构和大小也有显著区别。处于同一组织层次的不同系列岗位，对能力的要求也有不同。

3. 用人之长、避人之短

每个人都有独特的才干、独特的行为方式、独特的优势。最优的匹配就是发挥个人优势，这样才能充分调动个人的积极性和兴趣。

4. 动态性原则

能岗匹配具有相对稳定性，员工上岗后的一定时期内，岗位与人的能力之间的适应处于相对稳定期。但从发展的观点看，能岗匹配是不断调整的动态平衡过程。

四　职业生涯规划的四种著名理论

比较有影响力的职业生涯发展阶段划分理论主要有以下四种。

（一）彩虹理论对不同生涯维度的影响

职业生涯规划大师舒伯将生涯发展阶段与角色彼此间交互影响的状况，描绘出一个多重角色生涯发展的综合图形。这个具有生活广度和生活空间的生涯发展图形，被命名为“生涯彩虹图”，如图2-1所示。

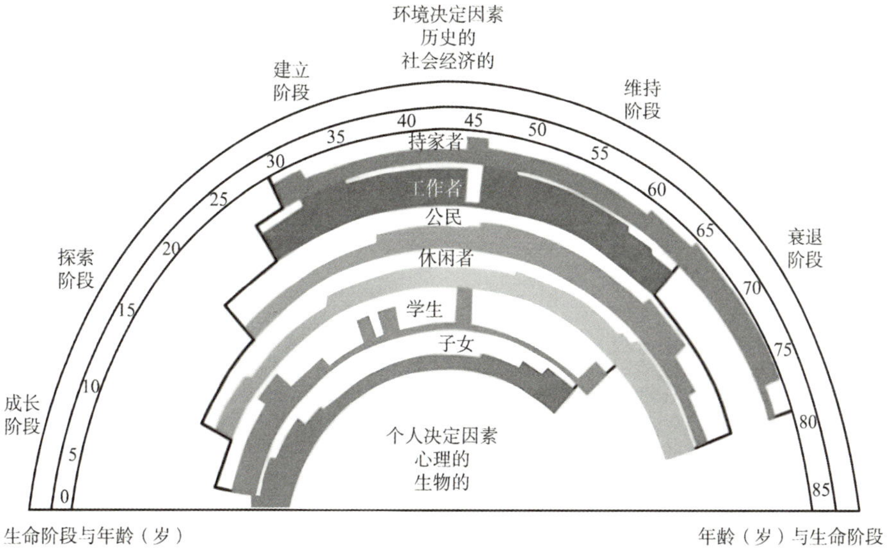

图2-1　生涯彩虹图

1. 横贯一生的彩虹——生活广度

在生涯彩虹图中，横向层面代表的是横跨一生的生活广度。彩虹的外层显示人生主要的发展阶段和大致估算的年龄：成长阶段（约相当于儿童期），探索阶段（约相当于青春期），建立阶段（约相当于成人前期），维持阶段（约相当于中年期），以及衰退阶段（约相当于老年期）。在这五个主要的人生发展阶段内，各个阶段还划分了小的阶段。舒伯特别强调各个时期年龄划分有相当大的弹性，应依据个体不同的情况而定。

2. 纵贯上下的彩虹——生活空间

在生涯彩虹图中，纵向层面代表的是纵贯上下的生活空间，是由一组职位和角色所组成。舒伯认为人在一生当中必须扮演六种主要的角色，依序是：子女、学生、休闲者、公民、工作者、持家者。

案例 2-25　技术经理小李的工作瓶颈

小李因为工作优秀，新近被提拔为公司的技术经理。可是在担任经理期间，小李发现自己的工作效率有所下降，在管理和维护人际关系方面虽花费了大量的时间但收效甚微，而技术上也没有任何长进。小李想：自己是否适合做管理？

同事在和小李深入交流时，发现他已经30岁了，却还没有交过女朋友，在谈到将来的梦想时，他希望自己能成为大公司的总裁，却没有谈到任何生活和家庭的因素。

（二）金斯伯格的职业生涯发展阶段理论

金斯伯格将职业生涯分为以下三个阶段：幻想期、尝试期和现实期。幻想期是指11岁以前的儿童时期，儿童对所接触到的职业充满好奇，幻想着自己长大从事什么职业，并极力效仿。但这只是单纯的兴趣爱好，没有考虑自身的条件和机遇，完全是幻想。尝试期从11岁到17岁，是指从少年向青年过渡的时期，分为兴趣阶段（11 ~ 12岁）、能力阶段（13 ~ 14岁）、价值观阶段（15 ~ 16岁）和综合阶段（17岁）。此阶段个体的知识和能力得到增长，逐渐形成自己的价值观，初步了解社会，开始结合自身的条件和机遇考虑职业。现实期是指17岁以后的青年期和成年期，分为试探阶段、具体化阶段和专业化阶段。这个时期个体能客观地将职业愿望和实现条件结合，有具体和现实的职业目标。

（三）格林豪斯的生涯成长要点理论

格林豪斯研究了不同年龄段职业生涯所面临的主要任务，将职业生涯发展划分为五个阶段：职业准备阶段、进入（或查看）组织阶段、职业生涯初期、职业生涯中期和职业生涯后期。

1. 职业准备阶段

0 ~ 18岁为职业准备阶段的典型年龄段，此时个体的主要任务是发展职业想象力，对职业进行评估和选择，接受必需的职业教育。

这个阶段的主要任务就是了解社会上的各种职业，并且在理论和实践上对职业进行体验、评估，结合个人偏好或目标进行大概的职业选择，同时为了达到相应的职业要求，接受校内外的教育和培训，以取得相应的从业证书和基本的职业能力。

2. 进入（或查看）组织阶段

18 ~ 25岁为查看组织阶段。这一阶段的主要任务是在获取足量信息的基础上，选择一种合适的、较为满意的职业，并在一个理想的组织中获得一份工作。

这个阶段可以理解为“找工作、找到工作、找到适合的工作”。个体依据内在的职业倾向和外在的职业信息，确定个人所适应的企业类型，在适应企业文化中与组织达到同步发展，避免频繁跳槽。

一般来说，在25岁之前是很难找到适合的工作的。由于对职业与企业不了解，新职员在这个阶段主要是适应和学习，如果不适应就会离职换工作。所以，25岁甚至30岁之前都是职业体验期，即通过做更多的工作来了解自己的职业兴趣，评估各类职业。

3. 职业生涯初期

这个时期的典型年龄段为25 ~ 40岁。学习职业技术，提高工作能力；了解和学习组织纪律和规范，逐步适应职业工作，适应和融入组织；为未来的职业成功做好准备是该时期的主要任务。

有的人一辈子都在做着自己不喜欢的工作，但因为“路径依赖”导致转换成本过高，所以只能盼着退休。从这个层面来讲，只有当个人找到了自己的“天职”（即天赋之职）时，才开始自己的真正的职业生涯。

4. 职业生涯中期

40 ~ 55岁是职业生涯中期阶段。这一时期的主要任务是对早期职业生涯重新评估，强化或改变自己的职业理想；选定职业，努力工作，有所成就。

一个人在经过十几年的工作之后，也有了寻找“天职”的念头，以前是为生存工作，现在开始考虑为内心工作，因此有了重新评估和选择的想法。对“天职”的准备最好还是在职业生涯初期就开始，否则四五十岁的人家庭负担很大，不容易转换职业与组织。

5. 职业生涯后期

从55岁开始直至退休为职业生涯的后期。继续保持已有职业成就，维护尊严，准备引退，是这一时期的主要任务。

维持原有辉煌成就是很不容易的事，这一时期的人大多发挥最后的余热，同时规划退休后的生活。

（四）施恩的职业生涯发展阶段理论

施恩根据人在不同时期的特点和所面临的问题，将职业生涯分为九个阶段：成长、幻想、探索阶段，进入工作世界阶段，基础培训阶段，早期职业的正式成员资格阶段，职业中期阶段，职业中期危险阶段，职业后期阶段，衰退阶段和离职、退休阶段。成长、幻想、探索阶段是从0岁到21岁，充当的角色是学生、职业工作的候选人。进入工作世界阶段是从16到25岁，充当的角色是应聘者和新学员。基础培训阶段是从16岁到25岁，充当的角色是实习生和新手。早期职业的正式成员资格阶段是从17岁到30岁，充当的角色是组织新的正式成员。职业中期阶段是从25岁到40岁，充当的角色是正式成员、任职者、终生成员、主管、经理等。职业中期危险阶段是从35岁到45岁。职业后期阶段是从40岁到55岁，充当的角色是骨干成员、管理者、有效贡献者等。衰退阶段是从50岁到退休。离职、退休阶段是退休后的时期，不同的人进入不同阶段的年龄有所不同。退休，离开组织或职业的具体年龄因人而异。

职业规划对职场发展非常重要，虽然不同学者划分的职业生涯阶段不太相同，划分的阶段数、划分的年龄有差异，但是基本的规律一致，揭示了从兴趣到参与、从参与到熟练、再从熟练到衰退的过程。认识职业生涯规律、了解各阶段的特征，将有利于组织引导、协调、支持职业生涯规划。

总结案例

“蛟龙号”上的“两丝”钳工顾秋亮

“蛟龙号”是中国首个大深度载人潜水器，有十几万个零部件，组装的最大难度就是保证密封性，精密度要求达到了“丝”级。而在中国载人潜水器的组装中，能实现这个精密度的只有钳工顾秋亮，也因为有着这样的绝活儿，顾秋亮被人称为“顾两丝”。

“蛟龙号”的载人球是在俄罗斯定制的，安装的难度是在球体跟玻璃的接触面，要控制在0.2丝以下。0.2丝，只有一根头发丝的1/50。除了依靠精密仪器，更重要的是依靠顾秋亮自己的判断。用眼睛看，用手摸，就能做出精密仪器干的活儿，顾秋亮并不是在吹牛。他即便是在摇晃的大海上，纯手工打磨维修的潜水器密封面平面度也能控制在两丝以内，因此人称“顾两丝”。

“蛟龙号”潜航员以生命相托。2004年，“蛟龙号”开始组装，顾秋亮和他师傅级的前辈们一起被抽调到这个项目上。而且凭着“两丝”的功力，顾秋亮被任命为装配组组长。他们最大的挑战就是确保潜水器的密封性。“蛟龙号”是中国首个大深度载人潜水器，组装时没有可以借鉴的经验，顾秋亮他们只能一点点摸索。时间长了，顾秋亮两只手基本上没有纹路了，打卡都成问题。目前在中国，深海载人潜水器有两个，组装工作都是由顾师傅牵头。4 500米载人潜水器或许是他组装的最后一台潜水器，载人舱的玻璃装好了，他还是那么精细，那么专注，反复确认它的安全性。

让人信任一次两次、一年两年容易，要信任一辈子很难。40多年来，顾秋亮用他做人的信念，埋头苦干、踏实钻研、挑战极限，追求一辈子的信任。这种信念，让他赢得潜航员托付生命的信任，也见证了中国从海洋大国向海洋强国的迈进。

分析：

一个成功的职业人，必须具有过硬的岗位能力和良好的岗位素养。大国工匠钳工顾秋亮40多年来，精益求精、刻苦钻研，凭着“顾两丝”的绝活，赢得了信赖，为国家的海洋事业做出了贡献。

活动与训练

活动2-5
职业生涯规划

主题：职业生涯规划六步走。

目标：

（1）明确什么是职业生涯规划，积极为自己进行职业生涯规划。

（2）掌握职业生涯规划的方法与步骤。

建议时间：30分钟。

活动准备：

了解职业生涯规划的作用和意义。

活动步骤：

步骤一：小组讨论以下问题。

（1）是否明确了职业生涯规划的意义？是否愿意为自己做出职业生涯规划？

（2）是否对自己的性格、兴趣、能力、价值观有所了解？探索结果如何？

（3）是否对工作世界进行了探索？是否了解行业、职业、工作和岗位？

（4）是否掌握了科学的决策方法，学会了如何设定目标？

（5）是否了解求职行动的方法和技巧？

（6）是否明确了职业生涯规划的步骤？自己目前在什么位置？

步骤二：教师总结。引导学生了解职业生涯规划的步骤，强调规划不是一成不变的，需要不断地反馈和调整。

总结评价：

（1）你认为运用职业生涯规划六步走的方法进行职业规划有哪些好处？

（2）目前你处于职业生涯的哪个阶段？还需要做哪些努力？

活动2-6
选择岗位辩论会

主题：职场环境要素对比分析。

目标：

（1）辩论分析环境要素的优劣。

（2）对自己选择的岗位有初步认识。

活动准备：

分十个小组，按辩论主题收集相关材料，讨论形成小组的辩论观点。

活动步骤：

步骤一：主题可以选择“大城市和小城市”“互联网行业和传统行业”“大公司和小公

司”“专业和兴趣”“收入和成长”。

步骤二：按抽签顺序对台辩论主题。

总结评价：

（1）教师综合各组观点并进行分析点评。

（2）学生形成自己的岗位意向。

思考与讨论

1. 岗位成长的个人素质包括哪些内容?
2. 增强岗位匹配的主动意识，意味着要做好哪些事情?
3. 岗位匹配应注意哪些问题?

第三单元

组织结构与组织文化

引导语

组织是人们从事社会活动、工作或生产的基本形式，其存在是不以人的意志为转移的。作为社会的成员，必然要参与社会活动或进行生产、工作，也只有将自己置身于社会组织之中，才能找到自己职业发展的立足之地，才能发挥自己的专业能力、组织能力、领导能力。因此，职业院校的学生们应在择业、就业或创业前，认识组织结构及组织文化。这是职业生涯发展基础建设的重要内容之一，也是职业院校学生培育职业素养的必修课程。

学习目标

- 了解不同组织的组织架构及特点。
- 理解优秀组织的特征与文化内涵。
- 培养对组织文化的认知能力。
- 熟知不同组织及岗位对员工的个性化要求。

第一节

组织的产生与发展

导入案例

海尔的发展

企业只有适应时代的要求，不断变革才能获得生存和发展。海尔集团发展壮大的秘诀在于充分把握时机，不断整合企业资源，及时调整经营战略。

海尔集团从1984年创业至今，经历了名牌发展、多元化发展、国际化发展、全球化发展和网络化发展五个阶段。

在名牌发展阶段，海尔集团严抓产品质量，实施全面质量管理，提出了“要么不干，要干就干第一”的经营理念，凭借差异化的品质赢得竞争优势。

在多元化发展阶段，采取“海尔文化激活休克鱼”的方式，打破文化僵局，盘活有形资产，实现了相关产业多元化的经营与规模扩张。同时，提高产品差异化服务质量，率先建立星级服务体系，从而形成海尔服务竞争优势。

在国际化发展阶段，海尔集团实行“走出去、走进去、走上去”的“三步走”战略，首先在发达国家的市场中创立名牌，然后再从发达国家市场进入发展中国家市场，这种“先难后易”的市场开拓思路，促使海尔在海外市场迅速建立起了集设计、制造、营销“三位一体”模式，为海尔集团的发展奠定了坚实的基础。

在全球化发展阶段，海尔集团紧抓互联网的机遇，以满足用户个性化需求、创造用户满意体验为目标，采取“人单合一双赢”的管理模式，整合资源，创建全球知名品牌。

互联网发展阶段，在“人单合一双赢”管理模式的基础上，海尔集团以用户为中心，采取实行“企业无边界、管理无领导、供应链无尺度”的管理方式。海尔集团连续五次调整企业发展战略，不仅有效地改善了企业生存的环境，开拓了生存空间，而且为自身长期可持续发展奠定了良好基础，从而极大提高了企业的竞争力，使其发展成为全球知名家电品牌，并在家电领域稳居全球销量前列。

分析：

一个公司只有根据形势的变化不断改变自己的发展战略和策略，才能够立于不败之地。

组织是人类社会生活中最普遍的社会现象，它的产生源于人类的生产斗争和社会斗争。原始社会早期，由于生产力低和个人能力不足，一个人很难对付那些凶猛的野兽，人们就自发集合起来，推选一位能干的人当首领，其他的人听其指挥，一起劳动，共同生活。这就产生了最原始的组织。原始组织的产生是由于个人有所期望，但又无力实现这一期望，往往需要和他人相互依存、相互合作、共同行动。人们的这种合作的要求和期望促使了组织的出现，从这个意义上看，组织是适应社会环境的变化、回应社会的需求才产生的。

由此可见，组织是在一定的环境中，为实现某一共同目标，按照一定的结构形式、活动规律和规则结合起来的，具有一定功能的集合体。构成组织的基本要素包括人、目标、管理。

一　组织变革

组织变革，是指组织根据内外环境变化，及时对组织中的要素（如组织的管理理念、工作方式、组织结构、人员配备、组织文化及技术等）进行调整、改进和革新的过程。这种变革的范围包括组织的各个方面，如组织行为、组织结构、组织制度、组织成员和组织文化等。

（一）组织结构变革的原因

组织结构变革的原因在于以下几个方面。

（1）企业经营环境的变化。企业经营环境的变化主要包括：国民经济增长速度的变化、产业结构的调整、政府经济政策的调整、科学技术的发展引起产品和工艺的变革等。企业组织结构是实现企业战略目标的手段，企业外部环境的变化必然要求企业组织结构做出适应性的调整。

（2）企业内部条件的变化。企业内部条件的变化主要包括：技术条件的变化，如企业实行技术改造，引进新的设备要求技术服务部门的加强，以及技术、生产、营销等部门的调整；人员条件的变化，如人员结构和人员素质的提高等；管理条件的变化，如实行计算机辅助管理，实行优化组合等。

（3）企业本身成长的要求。企业处于不同的生命周期时对组织结构的要求也各不相同，如小企业成长为中型或大型企业，单一品种企业成长为多品种企业，单厂企业成为企业集团等。

（二）组织变革的征兆

企业中的组织变革是一项“软任务”，有时候组织结构不改变，企业也能运转下去，但如果要等到企业无法运转时再进行组织结构的变革就为时已晚了。因此，企业管理者必须抓住时机，及时进行组织变革。

当一个企业出现以下征兆时，应及时进行组织诊断，用以判定企业组织结构是否有加以变革的必要。

（1）企业经营业绩下降。如市场占有率下降，产品质量下降，消耗和浪费严重，企业资金周转不灵，经营利润下降，顾客意见增多等。

（2）企业生产经营缺乏创新。如面对市场激烈竞争，企业缺乏新的战略和适应性措施，缺乏新的产品和技术更新，没有新的管理办法或新的管理办法推行起来困难等。

（3）组织机构本身缺陷的显露。如决策迟缓，指挥不灵，信息交流不畅，机构臃肿，职责重叠，管理幅度过大，“扯皮”增多，人事纠纷增多，管理效率下降等。

（4）职工士气低落，不满情绪增加。如管理人员离职率增加，员工旷工及病、事假率增加等。

（三）组织变革的策略

组织变革是一个系统工程，涉及方方面面的关系，因此必须讲究策略。组织变革的方法策略主要包括：

（1）改良式的变革。这种变革方式主要是在原有的组织结构基础上修修补补，变动较小。它的优点是阻力较小，易于实施，缺点是缺乏总体规划、头痛医头、脚痛医脚，带有权宜之计的性质。

（2）爆破式的变革。这种变革方式往往涉及公司组织结构重大的，以致根本性质的改变，且变革期限较短。一般来说，爆破式的变革适用于比较极端的情况，除非是非常时期，如公司经营状况严重恶化，一定要慎用这种变革方式，因为爆破式的变革会给公司带来非常大的冲击。

（3）计划式的变革。这种变革方式是通过对企业组织结构的系统研究，制订出理想的改革方案，然后结合各个时期的工作重点，有步骤、有计划地加以实施。这种方式的优点是：有战略规划、适合公司组织长期发展的要求；组织结构的变革可以同人员培训、管理方法的改进同步进行；员工有较长时间的思想准备，阻力较小。为了有计划地进行组织变革，应该做到以下几点：专家诊断，制订长期规划，员工参加。

案例 3-1　华为公司的组织变革

1987年，任正非与五位合伙人共同出资2万元成立了华为公司。在华为当初成立的时候，只有6个人，还无所谓的组织结构。到了1991年，公司也才二十几个人，所有员工都是直接向任正非汇报。直到1992年，销售规模突破亿元大关，员工人数达到了200人左右。1994年，华为的销售额突破8亿元，员工人数600多人。组织结构也开始从直线型组织结构转变为直线职能制的组织结构。在这种结构下，所有的市场营销策略都可以第一时间从公司高层直接传导给一线，从而完成营销任务。华为的这种直线职能制组织结构，可以集中调度公司任何资源，并在第一时间内形成对研发战略的支撑。20世纪90年代后期，直线型组织结构的优势已经变成发展的劣势：一方面没有专门的职能结构，管理者负担变得越来越重，部门之间的协调困难。另一方面，华为的员工数量极速增加，1998年员工总数接近8 000人，销售规模接近90亿元。如果沿用原来的组织结构，肯定会制约公司的进一步发展。因此，华为开始进行管理变革，从划小经营单位开始，建立了事业部与地区部相结合的二维矩阵式的组织结构：事业部的职能一是在企业宏观领导下得到充分授权，拥有完全独立的经营自主权、实行独立经营、独立核算；二是产品责任单位或市场责任单位，对产品的设计、生产制造及销售活动的一体化，负有统一领导的职能。后来，华为将组织结构从事业部与地区部相结合的组织结构，转变成以产品线为主导的组织结构，产品线形式的采用能够更有效地和顾客就产品展开广泛的交流，并及时发现和满足客户需求，从而有力增强了华为的国际市场竞争力。

目前华为已经是一家多元化企业，形成了运营商业务、企业业务、消费者业务三大业务体系，组织结构在未来依然还会保持这样一种矩阵型的组织结构。而这个巨大的矩阵组织结构也是动态的，是随时会跟随着战略的调整而调整的。正所谓战略决定结构，结构也在反作用于战略，华为30年的发展历程，也非常好地诠释了这一理念。

二、组织发展

组织发展是指以变革的方式改进组织行为、提高组织效率的过程。组织变革与组织发展是相互区别又紧密联系的两个概念。组织发展要通过组织变革来实现，变革是手段、发展是目的。

（一）组织发展的一般规律

组织发展通常考虑的是如何利用自身有效的资源或资产，在适应市场变化的环境下去满足市场的需求，以资源为本、以单位利益或社会效益为导向是组织发展的基本规律。

（1）资源为本规律。以资源为本，就是企业累积和控制难以复制的资源，确保该企业在不完全的市场条件下，赚取超出一般水平的利润及保持企业长久的竞争优势。根据资源为本理论，企业的所有资源可分为有形资源、无形资源和人力资源三类。

职场箴言

企业的核心资源是人力资源；个人资源的优劣、多寡决定了个人进步的快慢和发展平台的大小。

（2）利益导向竞争规律。在利益驱动和利益导向下，企业在竞争的过程中不断发展壮大，这已成为企业类组织发展的基本规律。企业在发展过程中，考虑如何利用自身有效的资源或资产，在充满竞争的环境下去满足顾客的需求，从而实现价值的创造，这是不能违背的客观规律。作为一个企业人，必须认识到这是自己的责任，并必须具备某种适应市场变化和发展的能力，从而在企业的团队中为企业发展发挥作用。

（3）顾客为本规律。提供市场需求的客户服务，是企业持续发展的外在动力。研究顾客需求和满足顾客需求是企业战略的出发点。正如战略专家克尼奇・欧米所说：战略始于顾客，顾客决定产品。成功的战略要找到更新的、更有效的方法去满足顾客的需要和欲望。以顾客为本的战略思维把顾客视为企业的一部分，它把顾客与企业互动中给企业所带来的利润作为顾客价值的度量，亦作为企业盈利能力的度量。因此，发现或引导（甚至是创造）顾客需求、满足顾客需求、维系顾客关系便成为企业战略的重点。企业根据顾客来调整企业的各种资源组合和经营行为，以便为顾客提供更多的服务价值。

（二）未来组织发展的主要模式

（1）虚拟型组织。企业与企业之间的暂时组织形式，是不同的企业通过合作所组建的“战略联盟”。所加盟的各个企业，可以充分发挥自己的竞争优势，共同开发一种或几种新产品，并迅速将其推向市场。它们共同分担所有的成本费用，共同享有开发产品所研制的高新技术。一旦实现联盟的目标，先前组建的虚拟组织即告解散，而为了新的战略与目标，经过重新组合，又会形成新的虚拟组织。因此，虚拟型组织只是一个概念上的场所，并不具有实体性，是一种既没有明确的组织边界，也不存在固定结构的有机的组织模式。

（2）团队型组织。团队是由少数有互补技能、愿意为了共同目的、业绩目标和方法而相互承担责任的人们组成的群体。其基本要素有以下几点：人数不多，有互补的技能，有共同的目的和业绩目标，有共同的方法，相互承担责任。

（3）变色龙型组织。“变色龙在不断地适应环境”。由于企业所处环境的不断变化，“未来的组织最终也可能是一个适应性机体，其形式及外貌会随环境及组织变化的需要而随时变化”。变色龙型组织具有极大的灵活性、对个人的承诺、充分运用团队、扎实的基本功底和尝试多样性五大重要特征。

（4）可塑型组织。之所以建立可塑型组织，是因为竞争优势通常会持续性降低。一旦优势难以持久，行使战略的组织也就难以持久。在这种情况下，要想在竞争中取胜，就需要不断转换经营战略，以创造出一系列连续的短期优势。

可塑型组织是实施这种不断转换战略的最佳组织模式。可塑型组织具有三种特征：拥有广泛的内部跨单位网络；运用价格、市场以及像市场一样的机制来协调大量以营利为中心的单位；与合作伙伴建立外部联系网络。要建立起可塑型组织，需要有一套统一的政策能对其内、外部能力进行组织和重塑，因为只有有能力不断创造短期优势时，可塑型组织才是有效的。

（5）学习型组织。学习型组织是指通过培养组织的学习气氛、充分发挥员工的创造性思维能力而建立起来的一种有机的、高度柔性的、扁平的、符合人性的、能持续发展的组织。

学习型组织有六大要素，包括：拥有终身学习的理念和机制；建立多元回馈和开放的学习系统；形成学习共享与互动的组织氛围；具有实现共同愿景的不断增长的学习力；工作学习化使成员感受到生命的意义；学习工作化使组织不断创新发展。

知识卡片

学习型组织六项必要行动

1. 创造不断学习的机会。
2. 促进探讨和对话。
3. 鼓励共同合作和团队学习。
4. 建立学习共享系统。
5. 使成员迈向共同愿景。
6. 使组织和环境相结合。

总结案例

华为的发展

华为技术有限公司是一家生产销售通信设备的民营通信科技公司，创立于1987年，是全球领先的信息与通信(ICT)基础设施和智能终端提供商，共有20余万名员工，遍及170多个国家和地区，为全球30多亿人提供服务。

华为在创立初期，面临着资金紧张和技术壁垒等众多挑战。华为团队凭借着对技术的执着追求和敢于突破的精神，打破了国外企业的垄断，逐渐在通信设备市场崭露头角。进入21世纪，华为凭借其领先的技术和卓越的产品质量，逐渐成为全球通信设备的领导者。在2008年全球金融危机时，华为更是一举超越了国外竞争对手，奠定了其全球领先地位。为了摆脱对国外芯片供应商的依赖，华为开始投入巨资研发自己的芯片。2018年，华为推出了自家研发的麒麟芯片，受到了业界和消费者的一致好评。

华为是全球领先的信息与通信技术解决方案供应商，专注于信息与通信技术领域，在电信运营商、企业、终端和云计算等领域构筑了端到端的解决方案优势，为运营商客户、企业客户和消费者提供有竞争力的信息与通信技术解决方案、产品和服务。2022年华为实现销售收入6 423亿元。

分析：

华为是在国家经济技术发展的背景下，形成自己的组织的。它之所以能够在短短十几年的时间里得到快速增长，成为世人瞩目的高新技术企业，一个重要的原因就是其成功地制订了企业的发展战略并实现了战略要求。

活动与训练

活动 3-1
企业发展方案

主题：如何使企业发展得更好。

目标：

（1）让学生深刻认识组织结构及其特点。

（2）体会企业发展的一般规律和成功要素。

建议时间：45分钟。

材料准备：

教师和学生共同选择与本专业相关的备选企业，了解其基本情况。

活动步骤：

步骤一：选择企业。根据教师列出的不同企业备选单，学生按照兴趣选择不同企业，选择同一企业的学生为一个小组。

步骤二：小组讨论。以小组为单位，上网查找该企业的发展历史及组织架构变更史，画出其企业组织变更的演化图。

步骤三：讨论自己及团队如若进入该组织，将在哪些方面对企业发展起到促进作用，并形成发展方案。

步骤四：分组阐述。各个小组选派代表在多媒体设备上展示小组设计方案，阐述设计理念。

步骤五：拓展探讨。通过教师引导，探讨企业发展的一般规律，以及企业成功需要哪几方面要素。

步骤六：教师针对讨论结果，进行分析、反馈、给予评价。

步骤七：活动成果。小组完善发展方案，形成小组报告（约3 000字）。

总结评价：

（1）思考企业组织发展的基本要素，探讨企业发展与个人发展的关系。

（2）通过此次讨论，你认为一个企业要想发展壮大需要遵循哪些基本规律？

思考与讨论

1. 组织产生的基本要素有哪些？

2. 以华为公司为例，谈谈组织在发展壮大过程中其组织结构规划的重要意义。

第二节

组织的构成及架构

导入案例

某机械公司的困惑

某机械公司是一家传统国有企业，公司的规模和技术处于国内领先地位，但由于经营不善，2019年公司被迫进行了破产重组，任命了王总担任公司的董事长兼总经理。王总上任后一方面加强了公司的市场营销工作，另一方面也进行了一些适应市场的内部管理改革，经营状况逐渐好转。2022年，公司顺利实现赢利，并取得了较快发展速度，到2023年底，公司员工1 800多人，年销售额5亿多元，利润3 600万元。

随着公司的发展，王总意识到一方面市场竞争越来越激烈，特别是外资企业越来越重视中国市场，使得公司的技术优势荡然无存，反而变成了劣势；另一方面，随着国家整个制造业的快速发展，对机械的需求也必将大量增加，公司同时面临着一个快速发展的机遇期。

在内部管理方面，公司虽然经过了资产重组和减员整顿，但由于公司的组织架构没有进行大的调整，也没有进行科学的定岗定编，因此仍然存在着机构林立、人浮于事、效率低下的情况，加上员工年龄结构偏大，员工观念普遍跟不上企业发展要求。

分析：

某机械公司王总通过加强市场营销与内部管理改革，使一家经营不善、破产重组的企业获得了较快发展。但面对激烈的市场竞争，由于公司组织架构没有进行调整，企业及员工的发展仍然受到了限制。这个案例说明了合理调整公司组织架构的重要性。

一、组织的结构及其类型

组织的内涵是丰富多样的，功能也各不相同，不同组织通过不同结构特色来实现组织功能。无论就业还是创业，学生毕业后都想找一个适合自己的工作，因此，毕业生进入组织前势必要对该组织的结构有所了解，特别要了解组织部门和岗位设置，了解岗位对不同人才的需求，个人发展空间和发展平台如何，还要了解自己的能力是否适合该组织发展的需要，减少职业发展的盲目性。

组织类型五花八门、各具特色，比如，各类企业、机关事业单位等。而每一个组织运行又是通过组织内部岗位的具体职能、职责细化来实现的，这些不同的岗位和职责，组成组织内部运行的网络图和关系网，通过互相制约和相互影响产生作用。员工就是在这样的关系网中工作、生存和发展的。

职场箴言

企业中的人都在这个网中，时时刻刻与自己的同事发生着横向或者纵向的联系。

（一）组织结构

组织是由人、财、物、信息、管理等要素或资源组成的，是为了实现共同的目标和任务，按照一定的联结形式（即组织结构）组合而开展活动的社会单位（或社会实体），如企业单位、机关事业单位、社会团体，等等。

组织结构是组织资源整合的有机体，通常由任务、工作流、责任关系和连接组织各部门的沟通渠道构成，它是一个框架体系。

案例 3-2 某公司的部分组织结构图

某公司的部分组织结构如图3-1所示，最高层为董事会，下有总经理，下设人力、财务、营销、市场、生产、研发六个部门，各个部门负责某一块业务，业务模块分割明晰，所有的部门都围绕总经理这个职位来安排开展业务，总经理向董事长负责。企业作为一个特定的组织，必须由相应的几部分构成，具体下设多少分支和机构，由这个企业的规模和企业业务发展需要来决定。

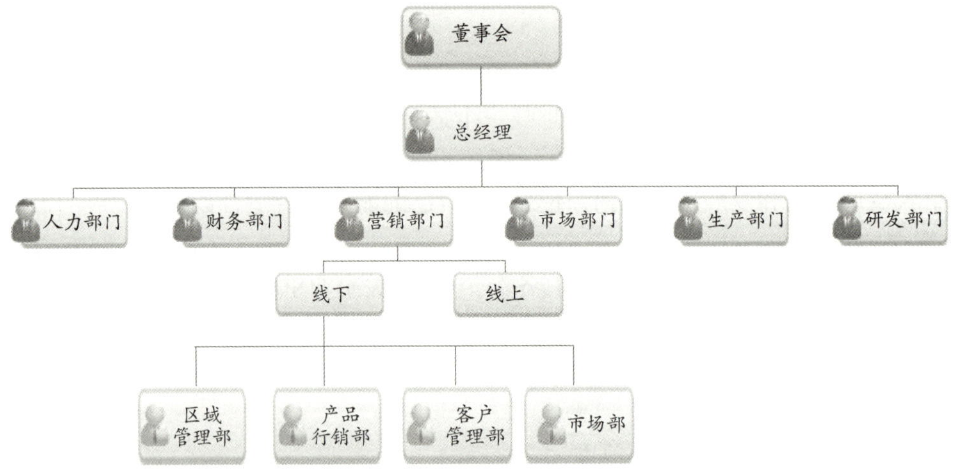

图3-1　某公司的部分组织结构图

（二）组织结构的主要类型

不同的组织内部组织结构、职能部门的构成是不同的，但其基本内涵是一致的，应主要体现岗位职能（做什么）、职权（岗位权限）、职责（承担责任）这三个方面，构成岗位的责、权、效、利，并与不同岗位相关联，最终形成这个组织的关系网络图。组织内部每一个职能部门的运行都对组织的整体运作产生影响。

以企业为例，组织结构类型主要有直线制结构、职能制结构、直线职能制结构、事业部制结构、矩阵制结构五种主要形式。

1. 直线制组织结构

直线制组织结构是一种最早、也是最简单的组织形式，如图3-2所示。它的特点是企业各级行政单位从上到下实行垂直领导，下属部门只接受一个上级的指令，各级主管负责人对所属单位的一切问题负责。不另设职能机构（可设职能人员协助主管人工作），一切管理职能基本上都由行政主管自己执行。

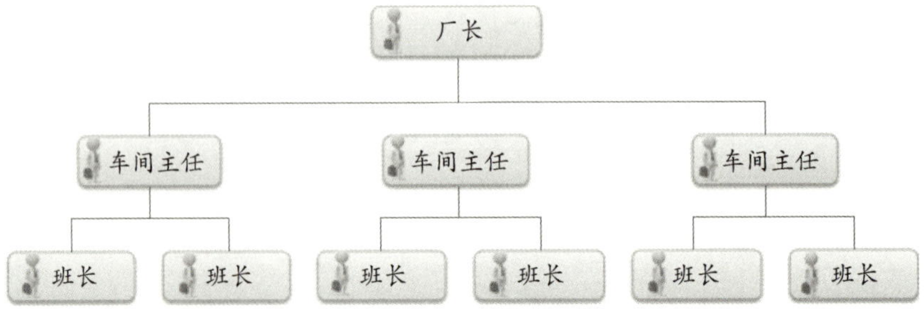

图3-2　直线制组织结构图

直线制组织结构的优点是结构比较简单，责任分明，命令统一；缺点是要求行政负责人通晓多种知识和技能，亲自处理各种业务。这在业务比较复杂、企业规模比较大的情况下，把管理职能都集中到最高主管一人身上，对最高主管来说显然是难以胜任的。因此，直线制只适用于规模较小、生产技术比较简单的企业，比如，初创小型生产企业，对生产技术和经营管理比较复杂的企业并不适用。

2. 职能制组织结构

职能制组织结构是各级行政单位除主管负责人外，还相应地设立一些职能机构，如图3-3所示。

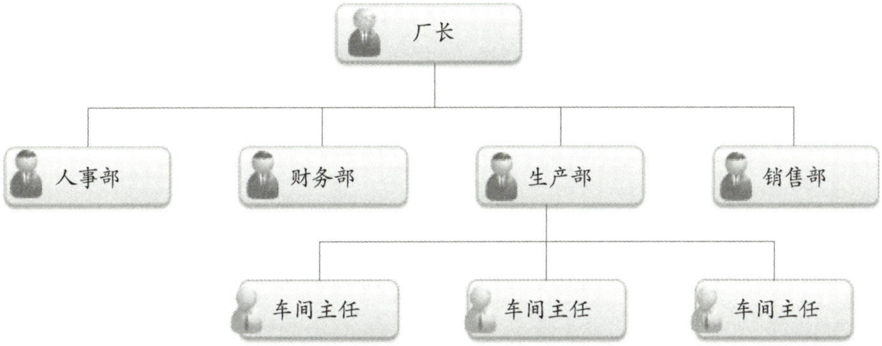

图3-3 职能制组织结构图

如在厂长下面设立职能机构和人员，协助厂长从事职能管理工作。这种结构要求行政主管把相应的管理职责和权力交给相关的职能机构，各职能机构就有权在自己业务范围内向下级部门发号施令。因此，下级行政负责人除了接受上级行政主管人指挥，还必须接受上级各职能机构的领导。

职能制组织结构的优点是能适应现代化生产技术比较复杂、管理工作比较精细的企业；能充分发挥职能机构的专业管理作用，减轻直线领导人员的工作负担。但缺点也很明显，它妨碍了必要的集中领导和统一指挥，形成了多头领导；不利于建立和健全各级行政负责人和职能科室的责任制，在中间管理层往往会出现“有功大家抢，有过大家推”的现象。

3. 直线职能制组织结构

直线职能制也叫生产区域制，或直线参谋制，如图3-4所示。

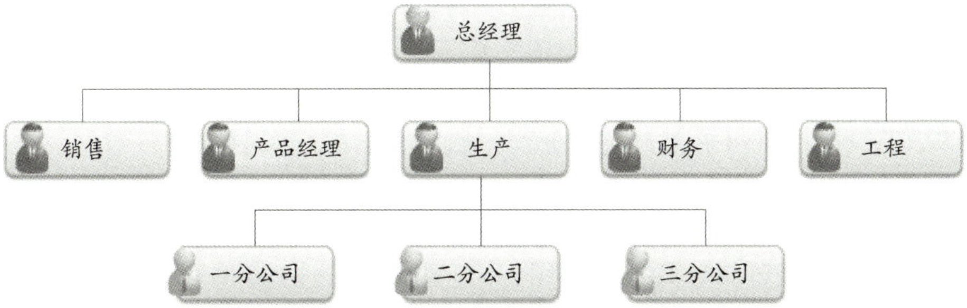

图3-4 直线职能制组织结构图

这种组织结构形式是把企业管理机构和人员分为两类，一类是直线领导机构和人员，按命令统一原则对各级组织行使指挥权；另一类是职能机构和人员，按专业化原则，从事组织的各项职能管理工作。直线领导机构和人员在自己的职责范围内有一定的决定权和对所属下级的指挥权，并对自己部门的工作负全部责任。而职能机构和人员，则是直线指挥人员的参谋，不能直接发号施令，只能进行业务指导。

直线职能制组织结构的优点是既保证了企业管理体系的集中统一，又可以在各级行政负责人的领导下，充分发挥各专业管理机构的作用。其缺点是职能部门之间的协作和配合性较差，职能部门的许多工作要直接向上层领导报告请示才能处理，这一方面加重了上层领导的工作负担，另一方面也造成办事效率低下。

4. 事业部制组织结构

事业部制组织结构是一种高度（层）集权下的分权管理体制，如图3-5所示。它适用于规模庞大、品种繁多、技术复杂的大型企业。

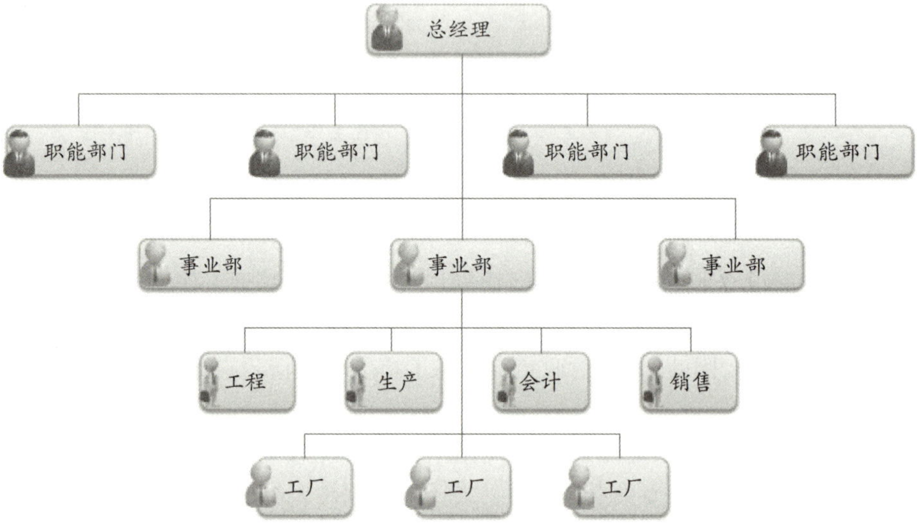

图3-5　事业部制组织结构图

近几年，我国很多大型企业集团或公司引进了这种组织结构形式。事业部制是分级管理、分级核算、自负盈亏的一种形式，即一个公司按地区或按产品类别分成若干个事业部，从产品的设计、原料采购、成本核算、产品制造一直到产品销售，均由事业部及所属工厂负责，实行单独核算、独立经营，公司总部只保留人事决策、预算控制和监督大权，并通过利润等指标对事业部进行控制。也有事业部只负责指挥和组织生产，不负责采购和销售，实行生产和供销分离，但这种事业部正在被产品事业部取代。

5. 矩阵制结构

在组织结构上，把既有按职能划分的垂直领导系统，又有按产品（项目）划分的横向领导关系的结构，称为矩阵制组织结构，如图3-6所示。

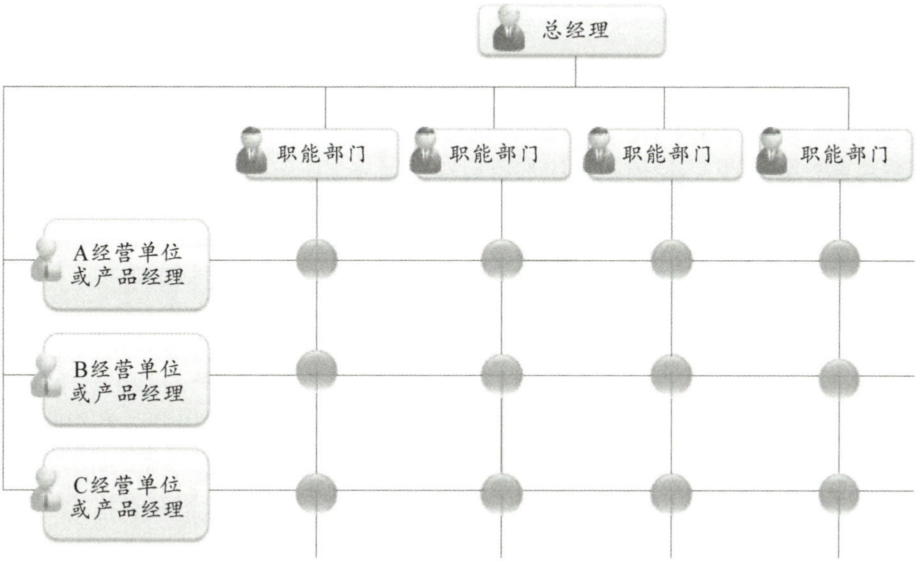

图3-6 矩阵制组织结构图

矩阵制结构的优点是机动、灵活，可随项目的开发与结束进行组织或解散。由于这种结构是根据项目组织的，任务清楚，目的明确，各方面有专长的人都是有备而来的。因此在新的工作小组里，每个人能沟通、融合，能把自己的工作同整体工作联系在一起，为攻克难关，解决问题而献计献策，从而有利于项目目标的实现。矩阵制结构还加强了不同部门之间的配合和信息交流，克服了直线职能结构中各部门互相脱节的现象。

矩阵制结构的缺点是项目负责人的责任大于权力，因为参加项目的人员都来自不同部门，隶属关系仍在原单位，只是为"会战"而来，所以项目负责人在对他们的管理上有困难，没有足够的激励手段与惩治手段，这种人员上的双重管理是矩阵制结构的先天缺陷；由于项目组成人员来自各个职能部门，当任务完成以后，仍要回原单位，因而容易产生临时观念，这也会对工作有一定影响。

矩阵制结构适用于一些重大攻关项目。企业可用来完成涉及面广的、临时性的、复杂的重大工程项目或管理改革任务。特别适用于以开发与实验为主的单位，比如科学研究单位，尤其是应用性科学研究单位等。

职场箴言

无论就业或创业，组织是个人的进步台阶和发展平台。

二、组织的分类

依据不同的标准，组织可以分为不同的类型，常见的组织分类有以下几种。

（一）按组织的规模程度，可分为小型组织、中型组织和大型组织

比如，同是企业组织，就有小型企业、中型企业和大型企业；同是医院组织，就有个人诊所、小型医院和大型医院；同是行政组织，就有小单位、中等单位和大单位。按这个标准进行分类是具有普遍性的，不论何类组织都可以这样划分。以组织规模划分组织类型，是对组织现象的表面的认识。

（二）按组织的社会职能，可分为文化性组织、经济性组织和政治性组织

文化性组织是指人们之间相互沟通思想、联络感情，传递知识和文化的社会组织，各类学校、研究机构、艺术团体、图书馆、艺术馆、博物馆、展览馆、纪念馆、报刊出版单位、影视电台机关等都属于文化性组织。文化性组织一般不追求经济效益，属于非盈利组织。经济性组织是指追求社会物质财富的社会组织，它存在于生产、交换、分配、消费等不同领域，工商企业、银行、财团、保险公司等社会组织都属于经济性组织。政治性组织是指为了某个阶级的政治利益而服务的社会组织，国家的立法机关、司法机关、行政机关、政党、监狱、军队等都属于政治性组织。

（三）按组织内部是否有正式分工关系，可分为正式组织和非正式组织

如果一个社会组织内部存在着正式的组织任务分工、组织人员分工和正式的组织制度，那么它就属于正式组织。政府机关、军队、学校、工商企业等都属于正式组织。正式组织是社会中主要的组织形式，是人们研究和关注的重点。如果一个社会组织的内部既没有确定的机构分工和任务分工，没有固定的成员，也没有正式的组织制度等，这种组织就属于非正式组织。非正式组织可以是一个独立的团体，比如，学术沙龙、文化沙龙、业余俱乐部等，也可以是一种存在于正式组织之中的无名而有实的团体。非正式组织是一种事实上存在的社会组织，这种组织现在正日益受到重视。在一个正式组织的管理活动中，应特别注意非正式组织的影响作用。对这种组织现象的态度，将会影响到组织任务的完成和组织运行的效率。

职场箴言

不同类型的组织，对员工的就业及其岗位能力有着个性化的需求。

案例 3-3 三个和尚的新故事

从前有一个三个和尚的故事，故事中说一个和尚挑水喝，两个和尚抬水喝，三个和尚没水喝。可是，现在情况不同了。

现在有三个庙都离河边比较远，庙里的和尚要怎么解决喝水问题呢？

第一个庙，由于离河边比较远，和尚一天挑一担就累了。于是三个和尚商量，咱

们接力赛吧，每人挑一段。第一个和尚从河边挑到半路，停下来休息。第二个和尚继续挑，又转给第三个和尚，挑到缸里倒进去，空桶回来再接着挑。这样一搞接力赛，大家都不觉得累，水很快就挑满了。这是采取协作的办法。

第二个庙，老和尚把三个和尚徒弟叫来，说我们立下了新的庙规，引进竞争机制。三个和尚都去挑水，谁挑得多，晚上吃饭加一道菜；谁挑得少，只能吃米饭，没菜。于是，三个和尚拼命去挑，一会儿水就满了。这个办法叫引进激励机制，实现了“体制创新”。

第三个庙，三个和尚商量，天天挑水太累，咱们要想新办法。山上有竹子，把竹子砍下来连在一起，竹子中心都是打通的，然后买一个辘轳。第一个和尚把一桶水摇上去，第二个和尚专管倒水，通过漏斗进入水管，流入庙内水缸中。第三个和尚在庙里看看水缸，这个缸装满了，就把水管移到别的缸里，一会儿水就灌满了。这叫“技术创新”。

由此可见，三个和尚要喝水，就要协作，要采取办法搞体制创新、技术创新。办法在变，观念也在转变。

三 组织活动的主要特征

组织活动的特征，需要注意把握以下两个方面：一是不同组织的活动特点，二是组织内部不同职能部门的活动特点。比如，生产型企业和商业服务型企业虽然类型都是企业，但其活动特点差异很大。又比如，同是社会团体，但活动的内容也会有所不同。就是一个组织内部，不同的岗位由于职责任务不同，其活动（工作、生产）特点也不一样。所以，大学生在择业、就业、创业前，一定要先了解不同组织和组织内岗位职责的活动特点，才能择好业，就好业，创好业。

生产活动是一个企业的核心内容。进行生产活动的部门通常称为生产车间或生产部门，该部门主要任务是根据产品要求，设计工艺流程，进行生产管理。具体内容包括：生产组织工作，是指布置车间、组织生产线和生产性活动、设置生产管理系统等；生产计划工作，是指编制生产计划、生产技术准备计划和生产作业计划等；生产控制工作，是指控制生产过程的进度、生产库存、生产质量和生产成本等。生产部门根据这些工作内容特点设置不同的岗位，安排合适的人员从事相关生产活动。

如果说企业生产活动可以用“产”这个字来概括的话，那么营销活动则体现的是企业的“出”，企业的营利也正体现在“产”与“出”之差上。因此，营销活动也是企业生存的重要举措。通常，企业都会设立营销部以帮助企业的竞争与创新。企业的营销部门发挥着不可替代的作用，正是由于它的存在，企业才能在激烈多变的市场竞争环境中立于不败之地。

总结案例

张元的晋升路径

张元是一名职业院校机电专业的学生，毕业后被推荐到上海一家机械厂工作。刚入职时他被安排在制品部制造一科BC机（生产摩托车配件的设备）加工一线的后勤岗位，每天干的工作是打扫车间、清洗机床、搬运生产用料等杂活。三个月后，他被调入生产车间担任机修工。起初，他对这些进口设备操作方面的专业技术一无所知，学校学的知识无法用到，张元很着急，他意识到，要成为一名合格的机修工，当务之急是尽快熟悉这些生产设备的机械构造和操作流程。于是，张元先是虚心向技术人员学习基本的安装、调试、维修要领，再向老员工请教相关的工作经验。不久，张元就可以单独进行一些故障检修和设备的安装工作了。

两年后，张元开始担任制造一科底筒加工班班长兼技术辅导，他率领班组通过设备改造和广泛开展质量管理、生产改善等活动，提高生产效率，为厂里直接创利500多万元。当时，厂里生产的汽车减震器的外筒焊接在市场上出现很多质量问题反馈，为解决这个问题，张元经过两个星期的调查，很快找到了问题所在，为厂里解决了这一难题。因此，张元被厂部任命为该科科长。为了调动员工的工作积极性，他制定了部门工作制度，严格地按照出勤天数、工作量、失误率打分，每天张榜公布。经过一年多的生产管理和设备管理完善工作，他的举措改善了该科在生产管理和设备管理上的一些问题，使产品不良出品率降低了90%，每年可节约成本近50万元，生产日完结率在一年内就从64%提高到99%，生产体制由三班生产转为两班生产，直接创利近300万元。张元还在不同级别的刊物上发表过多篇研究性论文，并多次获奖。张元出色的工作表现得到了厂领导的重视，后来他被提拔为厂部技术项目部经理。

分析：

通过张元的职业成长历程，我们可以看到，对于任何一个组织内的成员来说，要想获得成功，首先要了解组织结构，了解组织岗位的设置、晋升的机会及晋升的条件等。张元凭借自身的努力，一步步打开了自己职位晋升的通道。

活动与训练

活动3-2
了解组织结构

主题：组织结构图谱。

目标：了解不同组织的结构、每个职位基本素质要求；了解企业员工和寻找自己潜在的成长通道。

建议时间：45分钟。

材料准备：

了解企业（外企、国企、民企）、事业单位、政府机关、高校等组织的结构。

活动步骤：

步骤一：学生自愿组合成4～6人的小组，小组内确定一类目标组织。

步骤二：组内同学根据确定的目标企业，绘制结构图，并进行角色扮演。

步骤三：小组分享。分享不同类别的组织架构及成长路径的共性与差别。

步骤四：寻找适合自己的组织，分析其组织结构，模拟制订自己喜欢的企业组织结构图和未来个人企业成长规划。

步骤五：教师总结。引导学生了解目标组织，制订自己的职场发展规划。

总结评价：

（1）你适合哪类组织？不同岗位的职能区别是什么？

（2）你的职场成长计划是什么？

思考与讨论

1. 结合你熟知的组织，探讨并改进它的构成。
2. 你认为组织内部的职业生涯发展道路是怎样的？结合实例说明。

第三节 组织文化

导入案例

三鹿集团的“家长式”企业文化

2008年，原三鹿集团董事长田文华因生产、销售伪劣产品被判了无期徒刑。

田文华是一个典型的“家长式”的企业管理者，她从基层做起，一步一个脚印，逐渐赢得了企业员工的信任。在她的带领下，三鹿取得了前所未有的成功，所以她所做的各种决定都被企业员工普遍接受，公司的各种方案、计划、制度、决定等都要她“拍板”，其他人只会遵照执行，不会发出不同的声音。

当时，在奶粉中添加三聚氰胺这件事她是知道的，但是她没有提出异议，企业的其他人员也只是遵照她的“意思”没有提出异议，最终导致了这场无可挽回的灾难。不仅企业失败了，更严重的是造成了巨大的社会不良影响。

分析：

三鹿集团这种“家长式”的企业文化在企业初创阶段是很高效的，有利于企业迅速决断摆脱危机，但当企业发展到一定规模时，就必须建立起严格的分工协作企业管理机制，注重企业产品的品牌建设，这相当于分散企业管理的风险。“家长式”企业文化过于依靠领导人的个人能力与魅力，一旦领导人失误，企业的方向就可能出现偏差，最终导致企业走向衰亡。

一、组织文化的构成要素

组织文化是指组织成员的共同价值观体系，它使组织独具特色，并区别于其他组织。这种价值观体系是组织所重视的一系列关键特征，也是本质所在。一个组织通常通过价值取向、占主导地位的领导风格、语言和符号、日常程序和成功的定义来体现这个组织的独特性。

组织文化一般分物质文化、制度文化和精神文化三个层次。

(一) 物质文化

物质文化是指由组织员工创造的产品和各种物质设施等构成的器物文化，它是一种以物质为形态的表层组织文化，是组织行为文化和组织精神文化的显现和外化结晶。如企业标识(企业名称、企业象征物等)、生产或服务(生产制造出质量可靠、性价比高的商品)；工作环境或厂容(办公环境、经营环境整洁、明亮、舒适)、技术装备(配置先进、适用的机器设备)、后援服务(为服务对象提供无微不至、主动、便利的服务)、人才资源(通过培训使员工均达到行业优秀水平，人尽其才)、福利待遇(员工通过辛勤劳动获得行业和当地领先的工资、福利待遇)。

(二) 制度文化

组织的制度文化是指由组织的法律形态、组织形态和管理形态构成的外显文化。合理的制度必然会促进正确的组织经营观念和员工价值观念的形成，并使员工形成良好的行为习惯。组织目标是以组织经营目标形式表达的一种组织观念形态的文化。制度是一种行为规范，是任何一个社会及组织团体正常运转所必不可少的因素之一。它是为了达到某种目的，维护某种秩序而人为制定的程序化、标准化的行为模式和运行方式。

(三) 精神文化

精神文化是组织在生产经营中形成的一种组织意识和文化观念，它是一种意识形态上的深层组织文化。

1. 组织哲学

组织哲学的根本问题是组织中人与物、人与经济规律的关系问题。

2. 组织价值观

组织的价值观是指导组织有意识、有目的地选择某种行为去实现物质产品和精神产品的满足的思想体系。

3. 组织精神

组织精神是指现代意识与组织个性结合的一种群体意识。“现代意识”是现代社会意识、市场意识、质量意识、信念意识、效益意识、文明意识、道德意识等汇集而成的一种综合意识。“组织个性”，包括组织的价值观念、发展目标、服务方针和经营特色等基本性质。

4. 组织道德

组织道德是指调整组织之间、员工之间关系的行为规范的总和。组织道德的一般本质是一种组织意识，而其特殊本质则表现在它区别于其他组织意识的内在特质上。

组织文化作为一种无形资源，越来越受到组织管理者的重视。良好的组织文化最终会体现在组织乃至员工的日常行为中，它会塑造员工的工作态度，提高组织凝聚力、战斗力，提高组织成员对组织的认同度和忠诚度，有利于培养一批诚信、忠诚、正直、文明、善良的高素质员工，有利于将组织使命细化为员工个人的奋斗方向，以高效地实现组织战略。

二、组织文化的特点

不同组织的文化内容是截然不同的，这种差异性主要与创办人的理念和组织的资本构成及组织形式有直接的关系。

（一）追求直接效益

企业是一种自主经营、自负盈亏的经济组织，靠自身的力量实现经营的连续性，追求利润是组织的根本属性。因此，企业文化为企业发展服务，为企业效益服务，它注重投入和产出之间的变换，以追求自身的盈利，实现积累。

（二）以团队为呈现形式

企业文化大部分是企业发起人打造的，但不是发起人自己的文化观念，还是要求组织内所有成员都必须践行约定、在组织内实现的合力的一种团队文化。团队文化是企业发展的核心文化。

（三）企业文化和社会文化是相互作用的

企业文化是在社会文化或民族文化这一大的文化背景下形成的，以约束和规范企业内个体行为、群体行为和企业行为的亚群体文化。作为一种特定组织的文化，它一般并不主动地去影响企业以外的社会成员的思维和行为。但是，蕴藏在企业文化中那些人类共同的道德意识、积极的价值观和美好的精神境界、思想修养，以及企业在生产经营中所积累的先进的科学技术和创新观点，也必将通过自己的产品、服务和员工慢慢地渗透到整个社会中，将会对社会文化的变革产生重大影响。同时，社会文化也会对企业文化产生强有力的制约作用。

知识卡片

企业的愿景、使命、价值观

企业愿景是指企业的长期愿望及未来状况，是组织发展的蓝图，体现组织永恒的追求，回答的是“去哪里”的问题。

企业使命是指企业由社会责任、义务所承担的或由自身发展所规定的任务，回答的是“我们为什么去”的问题。

企业价值观是指企业及其员工的价值取向，是企业在追求经营成功过程中所推崇的基本信念和奉行的目标，回答的是“怎么去”的问题。

三、组织文化的功能

组织文化是一种社会黏合剂，它通过为组织成员提供言行举止的恰当标准，而把整个组织聚合起来。组织文化作为一种意识形态和控制机制，能够引导和塑造员工的态度与行为。

（一）价值导向功能

企业要想长足发展，就必须使员工产生同企业一致的价值观和思维方式。世界五百强企业都有各自卓越的价值观，比如，向顾客提供一流的产品和服务；强调充分发挥人的主动性、创造性；重视员工互相沟通和协作；提倡敢于冒险的精神，允许失败，以开创发展机会、增长才干等。

如果一个企业中自由懒散成风，员工自然也不会在意自己的行为，表现给顾客的就是一个懒散的企业形象，最终会使企业失去顾客的信任，走向衰落。这就是企业文化所带来的共同价值观的影响。

（二）凝聚功能

凝聚功能是指由组织文化产生的员工同心协力，为了实现共同的目标而奋勇拼搏、开拓进取的观念、行为和文化氛围。如果组织形成了凝聚力，将产生源源不断的动力，提高劳动生产效率。而凝聚力涣散，就会出现大量的人员流动，老员工消极的思想意识也会潜移默化地影响新员工。

案例 3-4 经营之道

某公司创始人提出“公司要发挥全体员工的勤奋精神”，不断向员工传递“全员经营”“群智经营”的思想。

为打造坚强的团队协作组织，某公司在每年正月的一天，由领导带领全体员工，头戴头巾，挥舞着旗帜，把货物送出。在目送几百辆货车壮观地驶出厂区的过程中，每一个工人都会升腾出由衷的自豪感，为自己是这一团体的成员感到骄傲。正是因为这家公司充分认识到团队力量的重要，并在经营过程中处处体现这一思想，所以这家公司的每一个员工都把工厂视为自己的家。在这样的组织文化中，每个员工都把自己看作工厂的主人。纵使公司不公开提倡，各类建议仍会源源而来，员工随时随地——在家里、在火车上，甚至在厕所里，都会思索建议。

某公司与员工之间建立起可靠的信任关系，使员工自觉团结在一起，产生为公司做贡献的责任感，焕发出了高涨的积极性和创造性，也形成了极大的亲和力、凝聚力和战斗力，使这家公司从一个小作坊发展成世界上最大的家用电器公司之一，而且是电子信息产业的大型跨国公司，其产品品种之多、市场范围之广、成长速度之快和经营效率之高都令人惊叹。

（三）激励功能

组织文化的核心是关心人、尊重人和信任人，强调非理性的感情因素在组织管理中的重要作用，并以此为出发点来协调人的行为，因此能最大限度地激发组织员工的积极性和创新精神，使其为实现组织目标而努力工作。积极向上的企业文化可以使员工形成强烈的使命感和持久的动力。

（四）辐射功能

企业是社会的细胞，通过企业文化建设以及员工与外界的交往互动，可以把组织的优良作风和良好的精神面貌辐射到社会，给社会带来正能量。而一个文化特征鲜明的企业也往往会给人们留下深刻的品牌印象，提高企业的知名度和辨识度。反之，没有独特的企业文化及产品的企业将会逐渐淹没在大众的视野中。

（五）约束功能

组织文化是组织在特定环境下形成的一种氛围，是约定俗成的，会潜移默化地影响员工的行为。制度、纪律也会约束员工的行为，但并不是面面俱到的，也不会使员工从内心深处达到共鸣，还无形中加大了企业管理的成本，如果监督、执行不得力还会丧失凝聚力。而文化对组织的作用正好弥补了这一缺陷，它促使员工进行自我约束，使员工自觉自愿地维护组织的纪律，按照组织的行为准则行事。

四　班组与班组文化

进入企业，其中第一站就是班组。现代企业管理结构一般都可以分为三层：高层、中层、基层。高层“动脑”，属于决策层；中层“动口”，属于管理层；基层“动手”，属于操作层。班组就是企业的基层组织。

（一）班组及其作用

在企业中，班组是生产经营活动的基本单位；是企业的最基层管理单位，是提高职工素质的基本场所，是生产流程的衔接要素。同时，班组可以成为激发创意、解决问题的团队。

1. 班组是企业管理的基础

企业先进的管理理念、科学的管理制度、合理的劳动组织、完善的安全措施，都要靠班组去贯彻落实。企业千根针、万条线，最后都要落实到班组。企业的任何管理只有落实到了班组才算是有效的管理。

2. 班组是企业的细胞

企业是一个经济组织，班组是企业里最小的效益单位，离开了班组，企业就谈不上生产，更谈不上效益。班组文化是为企业效益服务的，企业竞争到最后就是看企业文化。

总之，企业的所有生产活动都在班组中进行，所以班组工作的好坏直接关系着企业经营的成败。只有班组充满了勃勃生机，企业才能有旺盛的活力并能在激烈的市场竞争中立于不败之地。因此，现代企业尤其是大型的知名企业，都非常重视班组建设。

（二）班组的特点

1. 结构小

班组是企业最基层的单位，结构最小，不能再分。

2. 管理全

班组要管理生产、安全、质量、劳动纪律等，麻雀虽小，五脏俱全。

3. 工作细

班组工作非常具体，需要耐心、细致。

4. 任务实

企业所有管理内容最终都要落实到班组。

5. 群众性强

班组成员是企业最基层的员工，班组活动是群众性最强的活动。

（三）班组文化

班组文化是指班组结合自身实际所承接的本企业的文化理念。班组将其传递到每一个班员的意识中，溶化于血液里，使之外化为班组员工自觉的言行，外化到工作责任心、积极性、班组气氛、工作质量，外化到班组的休息室和工作场所等方方面面。班组文化和企业文化是支流和主流的关系。班组文化是企业文化的重要部分，是企业文化的重要基础。可以说，企业文化建设的重点在于班组文化建设。

（四）班组文化建设

1. 班组文化的组成

班组文化由班组的思想文化、团队文化、安全文化、创新文化、创业文化等组成。

思想文化。班组思想文化是对党的路线、方针、政策，相关法律法规，以及企业精神、企业作风、经营理念等的学习与贯彻。

团队文化。班组成员在一起工作，大家相互尊重、相互支持、相互关怀、团结协作。

安全文化。安全是最大的经济效益，必须遵守安全规定和劳动纪律，圆满完成各项目标任务。

创新文化。没有创新，员工缺乏工作动力，企业发展缺乏活力，与同类企业竞争处于劣势，长期下去企业将被市场淘汰。

创业文化。创业不仅仅是企业老板一个人的事情，现代企业应该是全员创业，每个部门都要行动起来，特别是企业的核心基础单位班组，更应该是企业创业的基础。华为的快速发展，得益于其每个基层班组的创新创业。

2. 培养班组的精、气、神

班组的精、气、神，就是指班组的精神风貌，是班组优良传统、价值观念、道德规范、工作作风和生活态度的总和，是班组内部团结和谐的凝聚力与班组发展前进的驱动力，是班组文化的核心。培养班组的精、气、神能够促进班组的和谐建设与发展。

3. 营造班组的特色文化

有的班组突出“家文化”，让员工在班组有回家的感觉；有的班组突出“活力文化”，使班组充满生机活力；有的班组则重点抓好“金牌文化”，事事争一流。班组员工会被班组内的氛围感染，体验到工作、学习的快乐。

4. 塑造班组的形象及风格

班组形象包括班组的生产安全形象、质量品牌形象、服务水平形象、工作环境形象、班组成员的员工形象，以及完成各项工作任务时所表现出来的工作作风。干净整洁的工作场地，摆放有序的配件及器量工具，清一色的工作装……这种形象，这种风格，无一不让人感到舒心和放心，使人备受激励。

5. 在各种活动中体现班组风貌

通过职工合理化建议活动、班组质量管理活动，发动职工参加劳动竞赛活动、参加各种文体竞赛，有助于增强班组成员的参与感，提升班组活力，提高班组的集体荣誉感和凝聚力。

案例 3-5　有团队特点的宝钢班组文化

宝钢注重打造有团队特点的班组文化。宝钢班组从以前简单的服从分配式，经过20多年的发展，过渡到了团队组合式。班组成员间互相信任、合作密切，提供的产品或服务是合作的结晶；组员间的合作是否愉快成为评价一项工作优劣的考量因素。总之，宝钢的班组是分享工作、分享工作快乐的团队。

在如今宝钢的员工中，知识型员工占相当比例，有近三成的宝钢员工具有大学学历，他们除了具备岗位知识和技能外，还对信息技术、经济、管理等各方面的知识有一定的了解。他们有较强的自主性，不再是传统工厂中大机器的一颗螺丝钉，不再满足于被动地适应设备，他们更倾向于拥有自主的工作环境；他们不愿意受制于物，更愿意自我引导。面对知识型员工，要充分尊重他们的个性，只有在一个好的团队里才能凝聚这种个性、调动这种个性。

6. 发挥班组长的主帅作用

班组长是企业最前沿的指挥官，处于“兵头将尾”的位置，其素质的高低直接决定了班组文化建设的优劣。班组文化建设要发挥班组长的主帅作用，对班组长提出下要求：一是要有事业心和责任感；二是要熟悉业务、技术过硬；三是要以身作则、起模范带头作用；四是要坚持原则、敢于管理；五是要关心员工生活、维护员工利益；六是要提高自身的文化素养。有文化素养的班组长，更能发动和组织班组其他成员工作之余去读书、去“充电”。

总结案例

华为公司的“狼性文化”

企业文化是一个企业的无形资产。华为公司的“狼性文化”作为其标志性的企业文化，对其创建和发展都起到了至关重要的作用。“狼性文化”强调竞争，鼓励不屈不挠的奋进精神，这样的企业氛围促使每一位员工和管理者都不由自主地积极参与竞争，从而产生向上的进取意识。华为公司的“狼性文化”对于管理层的行为处事活动有着极大影响，而管理层的管理方式与企业文化是相互影响的。华为公司优秀企业文化的构建，是依据创始人及管理层的管理方式与策略逐渐转化形成的，任正非个人独特的管理方式造就了“狼性文化”的产生与发展。华为公司根据这一企业文化，创建了新的管理方式：通过将工号、职位等信息写到工牌上，提醒员工积极进取，以获得靠前的工号，从而获得更多的股权与公司福利。这一制度体现了“狼性文化”激发员工的工作欲望，通过激发员工获得更高荣誉与奖励的进取心，促进员工工作效率的提升，促进企业实现其经济目标。与其他企业不同的是，华为公司的组织结构采取首席执行官轮值制度，通过分散权力促使管理层时刻保持危机意识，也提醒每一名员工加强危机意识，促使企业持续快速发展。在寻求高质量人才方面也具有敏锐的意识，通过建立完善的人才培训机制，达到人岗匹配的目的，这点也体现了其“狼性文化”中极强的判断意识。实施末位淘汰制，排名最后的员工会被转换到其他岗位，重新学习和培训，如果还是无法胜任相关工作就会被淘汰，公司会通过一定的经济补偿予以解聘，从而确保每一个工作岗位上的员工都适合且能胜任本职工作。“狼性文化”衍生的相关激励制度，不仅促进了员工的进取精神，给员工积极工作提供了动力，也促进了企业的不断进步与发展。华为公司的企业文化极大地激发了员工的工作热情，也促进了企业人才管理的有效性。

分析：

从华为的案例，可以看到组织文化的重要性，能够精诚团结全体员工向同一个方向发力，促进企业的快速成长。同时，优秀的企业文化能给组织带来强大的动力与活力，让组织立于不败之地。

活动与训练

活动 3-3
了解企业文化

主题：企业文化案例分析。

目标：

（1）通过对企业文化的分析探讨，认识组织文化的构成要素及特点。

（2）比较不同企业的文化，提出企业的文化差异，认识企业文化对企业发展的影响。

（3）为未来自己的企业拟定组织文化。

建议时间： 45分钟。

材料准备：

教师准备几个著名的企业文化标语，供学生参考；学生自己收集企业文化案例。

活动步骤：

步骤一：信息和材料准备。课前学生收集至少两个不同类型企业的组织文化案例。

步骤二：个人展示。学生逐一展示案例，结合实际生活中对这些企业的了解，谈谈对这些企业文化的认识，以及不同企业文化的差异。

步骤三：自由讨论。学生自由讨论不同企业文化的差异性，探讨原因，总结企业文化对企业发展的重要性。

步骤四：学生为未来自己的企业拟定组织文化（至少包含企业的愿景、使命、价值观三项内容）。

步骤五：教师对学生拟定的组织文化给予评价。

总结评价：

（1）为什么企业文化建设对企业发展特别重要？

（2）你最欣赏哪些企业的组织文化？你希望自己将来处于什么样的组织文化中？

思考与讨论

1. 企业文化对于企业的长远发展有什么影响？请结合案例加以说明。

2. 如果你是企业的管理者，你认为哪种企业文化是必要的？

第四
单元

职场奋斗与工匠精神

第一节 工匠精神与职业价值

第二节 新时代工匠精神

第三节 技能竞赛与工匠之路

引导语

工匠精神是职场奋斗的核心动力与关键优势，唯有发扬以“执着专注、精益求精、一丝不苟、追求卓越”为深刻内涵的工匠精神，才能在错综复杂的职场中取得胜利。青年人涉足职场犹如逆水行舟，不进则退。职场是一个自我修炼的过程，日复一日勤奋地工作，可以起到锻炼心志、提升素质的作用。随着心志的提升，每个人的人生价值随之提升。职场成功都是奋斗出来的。职场奋斗的过程就是工匠精神日臻成熟的过程。在此过程中，工匠精神萌发、增长、完善、成熟、升华，职场人学会做人、做事，再获得成功与幸福。正是这种辉煌与光环下的“升华”，让许多职场新人“不鸣则已，一鸣惊人”。唯有精进不已，才能在貌似平凡的岗位上建功立业。古往今来，工匠精神一直在改变着人们的生产与经营方式，热衷于技术传承与发明创造的工匠精神是企业活力的源泉。各行各业不断涌现大国工匠，国家的复兴之路才能平稳安康。人类社会经济发展和科技进步都不能缺失工匠和工匠精神，中华民族伟大复兴需要工匠精神，中国企业的创新驱动发展呼唤工匠精神，新时代赋予工匠精神广阔的舞台。

学习目标

- 了解工匠精神的深刻内涵。
- 践行工匠精神，培育新时代的新人才。

第一节
工匠精神与职业价值

导入案例

中国历史上的能工巧匠

春秋时期的鲁班，在机械、土木、手工工艺等方面都有发明。现在木工用的手工工具，如锯、钻、刨子、铲子、曲尺、墨斗等，据说都是他发明的，鲁班因此成为后世公认的"工匠始祖"。

三国时期的马钧是中国古代科技史上最负盛名的机械发明家之一，他还原了指南车。马钧年幼时家境贫寒，不善言谈却精于巧思，后来在魏国担任给事中的官职。指南车制成后，他又奉诏制木偶百戏，称"水转百戏"。接着马钧又改造了笨重的丝绫机，工效提高了四五倍。马钧还研制了用于农业灌溉的工具龙骨水车（翻车）。

隋朝李春设计并建造的赵州桥，历经1 400多年的风霜，经历了无数次的重压和冲蚀、多次地震及战争，却依然屹立至今。

我国历史上像他们一样著名的工匠还有很多。

中国有悠久的手工业传统，工匠延绵不绝。这些伟大的古代工匠是成就了中华文明辉煌的重要因素。今天，新一代中国工匠们又以"人无我有、人有我优、技高一筹"的智慧，再一次释放出了惊天动地、感动世人的奇迹效应和技能效应，让中华民族流传了几千年的技能得到了继承和发扬。

工匠精神原指工匠对自己产品精雕细琢、精益求精的精神理念，是工匠在生产实践中凝聚形成的务实严谨、专注专一的可贵品质。2016年3月5日，《政府工作报告》中提到："鼓励企业开展个性化定制、柔性化生产，培育精益求精的工匠精神，增品种、提品质、创品牌。"这是工匠精神首次出现在政府工作报告中。

工匠精神是劳动者最可贵的品质之一。中国人从古至今一直对工匠精神有着执着的追求。当今社会中，个别企业心浮气躁，追求“短、平、快”带来的即时利益，忽略了产品的品质灵魂，导致其在市场竞争中处于劣势地位。因此企业需要具备工匠精神，才能在长期的竞争中获得优势。

工匠精神是实现职业价值的有效途径，大国工匠是支撑中国制造的人才平台，形成工匠精神是职业奋斗的高层次阶段。工匠精神需要在年轻一代当中普及传承，取得实质性的回归。各行各业需要倡导并植入工匠精神，以实现高技能、高素质人才培养的目标。

一　工匠

工匠是指掌握一定技术技能的劳动者，他们通过产品质量的不断提升，在较大的范围内来稳定自己的社会地位与民间口碑，从而谋取更多的利益。在中国古代，工匠主要被分为两类：官匠和民匠。中国自古以来是“工匠之国”，有“技进乎道”的文化源流，有“匠心独运”“精雕细刻”“精益求精”的大批工匠。有人认为工匠是一种机械式劳动的工作者，实际上，“工匠”意味深远，代表着一个时代的气质，与坚定、踏实、精益求精相连。工匠的技艺水平往往代表着时代的科技水平。从石器时代、青铜时代、铁器时代到蒸汽时代，催生这种革命的都是以工匠为主导的科技发现和技艺改良。如果没有大批杰出工匠的创造性劳动，人类的一切奇思妙想都将是空中楼阁。工匠的身份地位、生产方式和技术水平不断变化发展的过程，也在塑造着工匠精神的萌发、增长和成熟。历代工匠这个庞大群体不断变迁，以自己的生产实践和产品形态形成了其固有的职业特点。这些职业特点，不但在历史的长河中被继承、被弘扬、被创新，而且对今天的工业化大生产产生了深刻影响。

二　工匠精神及其演化

工匠精神是一种职业精神，是职业道德、职业能力、职业品质的体现，是从业者的一种职业价值取向和行为表现。工匠精神的基本内涵包括敬业、精益、专注、创新等方面的内容。工匠精神是追求完美、发挥极致最真实的表达，更是精益求精的精神理念。

案例 4-1　京商文化中的工匠精神

北京有许多老字号企业，也就是人们耳熟能详的一些百年老店。老字号企业的工匠精神既有与全球知名企业的相同之处，又具有地方特色。相同之处就是执着追求的精致理念，独特之处是多朝古都的文化韵味。北京的工匠因为身处中国之首都，受皇城文化的影响，透露出不同寻常的精细和大气。

千百年来，京商文化穿越了历史长河，汇聚了不同文化因子，是我国地域型商业文化的典型代表。和徽商、晋商文化一样，京商文化具有独特性和不可替代性，融汇了工匠精神的精髓。以京作家具为例，它取广、苏二作之长，融百工之巧思，化西洋之风为己用，达到中国古典家具制作的高峰。在近现代，京作家具更是凭借着明朝御用监和清朝造办处流传下来的宫廷手艺独领风骚，深得红木家具爱好者的倾心。在老北京，无论山西屋、北京屋、山东屋，都有自己的前店后场。前店搞经营，专管应酬买主，招揽顾客。后场搞生产，负责加工订货。前店的伙计多为东家的同乡，他们享受的待遇比后场的工人高些。后场工人的技术等级很鲜明，最高是掌作，由技术高、工龄长的老师傅担任，大多是东家信得过的工人。他们负责技术指导，并管理后场工人，平时干活不多，关键时才亲自动手。其次是二掌作，也叫二头，负责给前店上货，掌作不在时，二掌作管事。二掌作以下叫伙计。新来的学徒叫力把，重活、脏活都是力把的事，还得为掌作递茶倒水，等到技术熟练后，才能慢慢往上升。生产中，坚持按配方下料，严格按规程操作。讲求一个诚信，选原料只认一个标准。制作工艺绝不偷工减料。

从康熙年间的一家小药房，到供奉御药，再到今天扬名海内的现代中医药集团——同仁堂经历了300多年风雨。历代继承者们恪守着“炮制虽繁必不敢省人工，品味虽贵必不敢减物力”的祖训，在患者心中铸造了一块“金字招牌”。历代同仁堂人以“同修仁德，济世养生”为己任，讲究仁心仁术之道，深得海内外顾客信任，使得同仁堂长盛不衰。

这些百年老店能传承至今，靠的就是执着、精致、大气的北京老字号企业工匠精神。这种雏形化的匠人精神是自发的，还比较质朴，与植根于现代工业制造的工匠精神内涵有所差别，但是彰显了中华文化中的精益求精和执着追求。寻根问祖，深度挖掘北京老字号企业工匠精神的经典，使之成为引导职场奋斗升级转型的范本，以智慧点亮前程，以工匠精神激励职员，具有深远的意义。

工匠精神是从人类学会制造工具和使用工具萌芽的，工匠精神就是工匠本人对器物等工作对象产生强烈感觉，专注、执着以至产生的精神层面的追求。工匠精神的伦理起点应是强烈的情感意愿，表现为工匠对器物的长期坚守不放弃、一丝不苟的匠心品格。从某种角度说，工匠精神源于工匠本身的情感意愿，经过漫长的演化，才逐渐形成具有一定价值导向，和中华优秀传统文化相匹配的价值符号，并成为中华优秀传统文化的重要组成部分。中华优秀传统文化蕴含着对生命、自然、规矩、伦理的敬畏意识，构成工匠精神最高的伦理层次，构筑工匠对器物精益求精的信念、信仰，成为工匠执着器物的最强的源源不断的内生动力。

在当代中国，工匠的概念不仅仅是“掌握特定专业技能的手工业从业者”，更多地指向了各行各业“具有精湛技艺、诚信敬业、追求极致的劳动者群体”。这一概念的泛化与我国社会的发展变迁有着密不可分的关系，背后也折射出了中国工匠精神形成与发展的社会性逻辑。

（一）社会地位的提高

我国宪法明确规定“中华人民共和国公民在法律面前一律平等”。《中华人民共和国劳动法》规定职工拥有的各项权利和义务，从法律层面上摒弃了把各职业阶层分为不同优劣等级的陋习。由此，曾经被视为三教九流之末的工匠，不再受到来自匠籍制度的严苛限制和种种奴役，社会地位得到明显提升，生产积极性被极大地激发。他们从被动地迫于生计而劳作，向主动地追求个人职业发展转变，在产品中融入自我价值，成为中国特色社会主义建设的主力军。

（二）工作目标的转变

古代传统工匠，尤其是为官府工作的手工业工匠，其创造活动往往是以满足统治阶级的奢靡享受而展开，因此许多生产活动是调动各方资源、不计成本而作，背后是一套完整而严格的生产技术要求和监督管理制度。而随着中华人民共和国的成立，当代工匠彻底摆脱了不平等的人身依附关系，积极探索自我价值。其工作目标从服务于特权贵族转向服务于人民、国家和社会发展，工作范围由旧社会的手工作坊向学校、企业、社会扩展，将自身发展融入时代进步中。

（三）社会发展的要求

跨入近代以来，我国社会逐渐从传统的手工业时代、工业大机器时代过渡到电子信息化时代。在现代工业的生产流水线上，手工操作将会逐步被机器人替代，呈现出自动化、智能化、流水线的大趋势。面对当下经济产业结构升级的迫切要求，劳动者需要朝着知识化、技能化、专业化的方向发展，必须适应瞬息万变的社会发展，自觉接受系统的现代职业培训，具备更专业的技术储备、更广阔的发展视野，拥有更强的适应能力和责任意识。

总之，当代中国工匠更多地指向参与社会实践生产活动的劳动者群体，是中国社会文化环境发展与进步的产物，既体现了劳动者身份的转变和地位的提升，也反映了现代社会对于高素质人才的需求，使得中国工匠精神展现出鲜明的时代性特点。

案例 4-2　中医世家的追求

长春中医药大学终身教授、主任医师、吉林省名中医黄永生在育人过程中践行工匠精神，既传播医术，更传递医风。教学中，他毫无保留地将自己丰富的临床经验和学术体会都传授给了学生，对学生以一丝不苟的治学态度进行严格管理。黄永生的学生、长春中医药大学主任医师郭家娟说：“老师常告诫我们，为医之道，生死攸关，绝不可草率从事，不能有半点马虎。”出诊时，黄永生从不以医谋私，对患者从不分贫富贵贱。遇到经济困难的病人，他还常常解囊相助，或助之以诊，或资之以药，这些都给学生留下了深刻的印象。郭家娟说:“老师以丰富的学识充实了学生的头脑,更以高尚的人格照亮了学生的心灵,激励着我们努力做一名好医生。”从1994年起,黄永生教授带领全科医生掀起了科研创新的高潮,先后承担国家级、省部级课题十余项。其中,他带领科室研制成功的治疗病毒性心肌炎的新药投放市场后填补了国内空白。他带领科内医生承担的国家“八五”攻关课题——“复律保心口服液治疗急性心肌梗塞合并心律失常的临床及实验研究”,纠正了中医不能治疗急症的世俗偏见,成果获省科技进步奖二等奖。如今,已年过古稀的黄永生,仍工作在临床、教学、科研第一线。不仅每周出诊,进行教学及疑难病例查房,还定期开展学术讲座,将宝贵经验毫无保留地传授给学生。黄永生培养了60多名博士、硕士研究生,6名全国老中医药专家学术经验继承人也都成了业务骨干,他们传承着老师严谨求实的治学态度,正在中医药战线上努力拼搏。当青年的敏感和独创精神与成熟的科学家丰富的知识和经验相结合时,就能相得益彰。工匠精神的内核虽然经历时代变迁,但是总能在各个领域激励一代又一代人的拼搏与攻坚。要研究事实、对比事实、积聚事实,让工匠精神在求真务实中拓展道路。

三 工匠精神的职业价值

职业价值是指从事某方面工作能够体现出的人的自我价值。工匠精神追求“心合于道”“登峰造极”“出神入化”的技艺境界,秉承“体知躬行”“德艺兼求”的态度,丰富了技艺的思想和价值含义。当代工匠精神的职业价值主要表现在以下三个方面。

1. 促进经济发展的价值

工匠精神追求卓越的产品品质,一丝不苟,精益求精,在生成过程中注重每一个细节,生成出来的产品质量高,影响力强,能够有效提升产品竞争力,让企业在发展中立于不败之地,促进社会经济发展。

2. 推动社会进步的价值

工匠精神源于古代手艺人传承下来的精神遗产,无论是产品还是产品背后的精神都已经成为一种文化符号,指引着社会前进与发展,激励着一代一代人不懈努力。特别是在今天的中国,工匠精神已经成为一种职业精神深入社会的方方面面,形成了以改革创新为核心的时代精神。

3. 塑造国家竞争力的价值

工匠精神在当代的特征是强调创新,并在实践中培育了大量具有创新能力的人才,他们不仅在自身领域发挥重要作用,还能够引领社会整体创新能力的提升,最终能够为国家科技创新、科技整体实力提升做出重要贡献。同时,一个国家整体创新能力的提升也是一个国家品牌形象的重塑过程。党的十八大以来,我们国家持续推动创新发展,中国制造已经成为国家实力的象征,也正被世界各国认可与接受,成为我国国家形象和实力的重要体现。

案例 4-3 焊工的贡献

张翼飞是沪东中华造船公司的一名焊工。他潜心研究焊机设备的操作技术，在全国技术比赛中，屡屡获得殊荣。数年前，沪东中华从日本引进一批先进焊接设备，日本专家几经调试也无法使设备的某些位置技术参数达到施工要求。张翼飞解决了这个问题，保证了新的生产线如期投入生产。现在，张翼飞已掌握了一百多种焊材的焊接技术，成为企业的一名“焊神”。工匠精神是代代传承的社会宝贵财富，也是推动高质量发展的重要力量。在新时代，要使我国从制造大国变为制造强国，就必然需要大力培养当代工匠。中国工匠可以做到精益求精，注重细节，追求完美和极致。工匠精神也会在中国工匠之间不断传承，汩汩流淌。当代中国工匠也会在一丝不苟服务企业的过程中获得个人职业生涯的成功。一流的工匠，透过磨砺心性，使人生变得丰富多彩。他们为自己、为组织、为社会工作，生命也将熠熠生辉。

四 工匠精神促进职场奋斗

工匠精神不应该是电视节目中那个让众人仰慕崇拜的对象，不应该是散落在角落里的珠玉，而应该是潜移默化到每个职场中人骨子里的一种职场奋斗精神。工匠精神能够帮助职场人士增技能、识时务、定准位。这当中最重要的是提升精准定位能力。定位准确了，才能聚焦核心事物，排除心理困扰。很多人事业上发展不顺利，不是因为能力不够，而是选择了并不适合自己的工作，很多人并没有认真地思考一下“我是谁”“我适合做什么”，也因为不清楚自己要什么，而无法体会如愿以偿的感觉。工匠精神可以帮助你在了解自己和了解职业的基础上进行准确定位。具备工匠精神的职场奋斗能焕发出一种生气、一种激情、一种使命感，能充分发挥出自己的聪明才智。所以，职场的发展是潜心积累的结果，是对事业不断追求的结果，是在某一个领域坚守的结果。用工匠精神一直钻研、积累、持续下去，你就可以走到顶端，成为不可替代的人。

总结案例

太空之吻

2011年11月3日凌晨1时37分，中国人完成了一次举世瞩目的“太空之吻”——神舟八号飞船与天宫一号目标飞行器成功实现交会对接。王曙群，就是缔造“太空之吻”对接机构装调团队的核心人物，国内唯一的载人航天对接机构总装组长。王曙群说，对接装置有4个插头，每个插头有55个芯，一共是220个插孔，交会对接需要同时将220个插孔准确并同步插入插座。实际情况比王曙群讲述的更困难——插头上的针的直径只有1毫米左右，插针对接的位置、姿态稍有偏离就会被撞弯，造成信号消失。如此一来，地面便无法判定两个飞行器的姿态，易导致对接任务失败。为了实现交会对接，王曙群和团队分析了150万个数据。“对接机构上有118个测量动作、位置、温度的传感器，291个传递力的齿轮，759个轴承组合，1.1万多个紧固件，数以万计的导线、接插件、密封圈和吸收撞击能量的材料……”各种各样的接插件，密密麻麻的电缆线，王曙群和团队从不敢有片刻懈怠。1995年，王曙群以一名电气安装技师的身份参加对接机构研制，直到2011年11月3日首次对接成功，他用16年将自己打造成了中国航天科技集团最年轻的特级技师。

分析：

在现代高科技背景下，工匠精神依然发挥着重要作用。工匠精神不是宗师巨匠们的特有殊荣。每个在岗位上兢兢业业、用心钻研的劳动者都是当代工匠精神的诠释者、传承者。弘扬工匠精神，要从坚守本分做起。事实证明，王曙群的攻坚团队历经磨难，功到自然成。他们不仅在技术上是拔尖的，而且有着强烈的工匠精神，有着坚定的理想和信念，有着一颗赤诚的爱国之心，有着一种大无畏的责任担当，也只有如此，才能顺利实现航天工业的一个个奇迹。

活动与训练

活动4-1
工匠故事分享

主题：讲工匠故事，悟工匠之道。

目标：

（1）通过分享工匠故事，了解工匠的职业活动。

（2）能够理解故事中杰出工匠的职业理想与情怀。

建议时间：45分钟。

活动准备：

（1）到图书馆，或者利用网络进行资料搜索。

（2）选定自己喜欢的一个大国工匠故事。

（3）将故事加工成有利于自己讲述的文字形式。

活动步骤：

步骤一：主持人宣布活动主题和活动规则（本次活动主要由10名同学各用3分钟讲述一个工匠故事；“好故事”公投参考标准：工匠的职业特点及理想情怀）。

步骤二：10名同学依次上讲台讲述自己准备好的故事。
步骤三：全班投票选举1个“公认的好故事”。
步骤四：以“一个工匠故事带给我们的启示”为题写一篇150字左右的文段。
步骤五：每名同学将自己的作品发送到班级微信群或其他班级群。

总结评价：

（1）这个活动由哪几个部分组成？各个部分之间是怎样的关系？
（2）“做一个合格的工匠不容易，做一个优秀的工匠更加难。”这话有道理吗？为什么？

活动 4–2
“我用工匠精神造福社会”演讲比赛

主题：工匠精神是职业人的基本素质。

目标：

（1）通过演讲活动，增强技术服务社会、造福社会的意识。
（2）能够理解技术与工匠精神之间的相互融合。
（3）培育职业操守和工匠精神。

建议时间：45分钟。

活动准备：

（1）到图书馆，或者利用网络进行资料搜索。
（2）选定一个自己演讲的视角。
（3）准备好演讲的演示文稿（PPT）。

活动步骤：

步骤一：主持人宣布活动主题和活动规则。
步骤二：每个小组选出代表同学依次上讲台演讲。
步骤三：全班同学为这些演讲者打分排序。
步骤四：请演讲的同学和听众代表发表感言。
步骤五：老师进行活动总结。

思考与讨论

1. 传统工匠的职业特点有哪些？请分别举例说明。
2. 从工匠精神的价值角度，谈谈职场奋斗所应秉持的精神特质和行为准则。

第二节

新时代工匠精神

导入案例

陈行行：技校走出来的大国工匠

全国五一劳动奖章获得者、全国优秀共青团员、全国技术能手……很难想象，拥有这些“头衔”的，竟是一个出生于1990年的年轻人。陈行行，中国工程物理研究院机械制造工艺研究所加工中心特聘高级技师，从事核武器非核零部件加工，“人生不拼不精彩，少年不拼枉少年”是他的人生格言，他说是拼搏成就了自己。陈行行的老家在微山湖畔的一个小乡村。初中毕业后，为了减轻家庭负担，陈行行放弃了读高中的机会，到山东机电学校学汽车维修。中专毕业后，陈行行来到山东技师学院学习现代模具制造与维修技术。正是这段技工院校的学习经历，让他“找到了值得努力一生的方向”。一次偶然的机会，陈行行意识到一技傍身的重要性，他立志多学一门手艺，做复合型的高技能人才。中级焊工、中级钳工、中级制图员、高级制图员、数控铣高级工、数控车技师、加工中心技师和模具设计师……他成了同学眼中名副其实的“考证达人”。“技多不压身，通过考证，让自己多掌握一门技术，为工作打好坚实的基础。”陈行行说，“一专多能”让他在解决生产难题时，比别人多了些思路和方法。在他看来，技术的提升就是一层窗户纸，需要不断学习钻研去“点破”，也就是所谓的“难者不会，会者不难”。现在，除了练技术，“泡”图书馆成了他另一大爱好。“整个社会都在飞速前进，自己更要不断学习，终身学习，在数控加工领域永葆创造力和竞争力。”陈行行说。

分析：

陈行行是一位奋战在国家重大工程领域的大国工匠，他向人们展现着现代产业工人“为国筑梦”的精湛技艺、卓越匠心和执着坚守、默默奉献的家国情怀。他以自己的事迹诠释了“劳动光荣、技能宝贵、创造伟大”的时代乐章。技能是职业院校学生就业的核心竞争力之一，同学们要充分抓住各种机遇锻炼和提高自己，努力拼搏，发挥自己的潜力，证明自己的价值。

一、新时代工匠精神的内涵

工匠精神的深刻内涵，即“执着专注、精益求精、一丝不苟、追求卓越”。劳模精神、劳动精神、工匠精神是以爱国主义为核心的民族精神和以改革创新为核心的时代精神的生动体现，是鼓舞全党全国各族人民风雨无阻、勇敢前进的强大精神动力。

（一）执着专注

在社会分工越来越细、专业技艺越来越精的时代，如果一个人把自己的精力分散开来，那他就很难收获成功的果实。成功与失败的最大区别不在于一个人做了多少工作，而在于他做的工作有多大意义。现代工匠是精通一件事情的人，在这件事情上可以比其他任何人都做得出色，形成“人无我有，人有我精”的比较优势。伟大的工匠是那些锲而不舍、全力以赴的人，他们一锤又一锤地敲打着同一个地方，直到实现自己的目标。当代的成功者是那些在自己的领域无所不知，对自己的目标坚定不移，做事精益求精、专心致志的人。执着专注包括锲而不舍、专心致志、注重细节等品质。

案例4-4 高凤林的追求

高凤林，1980年7月于某技工学校焊接专业毕业后，成为中国航天科技集团公司第一研究院的一名焊工，这一做就是数十年。在我国火箭制造过程中，高凤林是第一个给火箭“心脏”关键部件进行焊接的人。0.16毫米，是火箭发动机上一个焊点的宽度；0.1秒，是完成焊接允许的时间误差。直到现在，已经六十多岁的高凤林还在继续着他的工作。刚入行时的高凤林就知道，焊接质量对于火箭来说意味着什么。所以，那时对基本功的训练，高凤林可以说到了如痴如醉的地步，连吃饭也会下意识地用筷子练手感、练呼吸、练状态、练心境。高凤林很快就出名了，国内外很多知名企业都试图用高薪挖他，都被他婉拒了。高凤林说，每每看到我们生产的发动机把卫星送到太空，就有一种成功后的自豪感，这种自豪感用金钱买不到。2006年11月，由16个国家参与的反物质探测器项目在研制中遇到了焊接形变的大难题，高凤林应邀前往解决。高凤林不但提供了一揽子解决方案，而且被委任以特派专家的身份，督导项目实施。2014年11月，在奖项含金量最高的纽伦堡国际发明展上，来自中国航天科技集团公司的高凤林，一举获得3个发明金奖。中国制造业只有发扬工匠精神，才能把一个人的精华血脉注入产品，经得起市场的考验。经过几十年的发展，中国经济正摆脱低端竞争格局，中国制造正在向中高端迈进，锲而不舍的工匠精神正是中国制造亟待补上的“精神之钙”。精良产品或服务来自精良的职业锻炼和职业道德。中国制造要崛起，需要脚踏实地的匠心，在这个充满机遇的时代，需要一种不投机取巧的拙朴，才能创造出真正经得起挑剔检验的好产品。

（二）精益求精

精益求精是工匠精神的核心内涵。作为一个古老的成语，精益求精的意思是已经把事情做得非常出色了，但还要追求更加完美。而作为一种精神，精益求精是优秀的工匠们共同具有的思想特质和从业准则，那就是“要做，就要做到最好”。他们以严谨的工作态度、纯粹的专业眼光严苛地审视自己的工作，酝酿最完善的工艺流程和技术关键，不允许有任何的疏漏；他们一板一眼、一丝不苟地做事，杜绝任何投机取巧的行为，甚至将“捷径”看作最大的“弯路”，把“敷衍”看作对自己的“犯罪”；他们在精、细、实上下足功夫，不允许自己的产品有任何的瑕疵；他们用心工作，在每个微末细节上都精雕细琢，直到穷尽自己的心智；他们追求极致，力求让手中所出的每一件都是精品乃至极品，并融入自己独特的技艺特色和精神气质。严谨求实是精益求精的基本要求，是工匠精神的基本态度。

案例 4-5 新时代中国工匠精神代表人物——胡双钱

新时代中国工匠精神的代表人物——胡双钱，男，汉族，1960年7月生，中国商飞上海飞机制造有限公司数控机加工车间钳工组组长。他技校毕业后进入中国商飞上海飞机制造有限公司。在大型客机这个处于现代工业体系顶端的产业里，他的工作就是对飞机重要的零件进行最后的细微调整：打磨、钻孔、抛光，将精度做到精密机床也无法达到的设计标准。一架飞机有数百万个零件，当它们组合到一起时，飞机就有了生命。而只要其中的一个零件出了哪怕一丝差错，就有可能付出生命的代价。为此，他“每天睡前都喜欢‘放电影’，想想今天做了什么，有没有做好，能不能做到更好”。这是胡双钱对自己数十年工作心得的简单总结。但在这个最简单的总结背后，是他自己构建的一道道确保零件质量万无一失的“防火墙”：不管在他看来是多么简单的一个加工，都要在干活前看透图纸，熟透零件在安装到飞机上所起的作用；在接收待加工的零件时，必定对照图纸要求，检查上道工序是否符合技术标准和工艺规范；自己加工时，从画线开始，就采用自创的“对比复查”“反向验证”法校验自己的工艺步骤是否规范、标准、精确。航空工业，要的就是精细活。大飞机零件加工的精度，要求达到十分之一毫米级别。胡双钱就是靠着他所总结的最“简单”的心得，在30多年的钳工生涯里竟然没有出过一个次品，经他的手制造出来的精密零件被安装在近千架飞机上，飞往世界各地。一个个生冷、坚硬的金属零件，就这样被他赋予了生命和灵魂。

（三）一丝不苟

一丝不苟是通向精益求精的重要路径，体现在始终严格遵循工作规范和质量标准上，兢兢业业做事，一板一眼工作，把每个操作要求和工作步骤都落实到位，不投机取巧，不寻求“捷径”，不敷衍了事，不放过任何一个细节和细微之处，确保操作结果符合标准甚至高于标准，没有瑕疵，不留缺憾。对一个优秀的工匠来说，一丝不苟不仅是一种工作态度，还是一种行为习惯、一种职业操守。其中包含以下三个要素：一是高超的技术技艺，没有这个要素，无论你如何认真，也不可能将事情做好；二是工艺规程，没有这个要素，认真就没有了依据，没有了方向，甚至会出现南辕北辙的现象；三是质量标准，没有这个要素，认真的程度可能就会失去底线。

案例 4-6 港珠澳大桥

港珠澳大桥工程中最大的挑战就是在茫茫大海中修建一条5.6千米的海底隧道，这条隧道是用33节水泥沉管在海底一一对接而成的。一节沉管长180米，宽38米，高11.4米，重量近8万吨，这么重的东西下沉到四五十米的深海中与另一根对接，误差要以毫米计算，可以说是在海底绣花。因此，一些经验丰富的老技师都面临着全新的挑战，钳工管延安就是其中的一个。管延安安装的设备中有一种叫截止阀，当沉管对接时，它的作用是控制入水量，调节下沉速度，从而让两节隧道在深海中精准对接。同样是安装阀门，如果是普通设备，只需要牢固稳定就行了，但在深海中操作，要做到设备不渗水、不漏水，安装接缝处的间隙就必须小于一毫米。这样的间隙无法用肉眼判断，管延安只能凭手感来操作。为此，干活的时候他很少戴手套。他说，戴手套隔着一层布，对螺栓的感觉就会差一些，精度就会受影响，特别是对螺栓和螺孔、螺栓和垫片以及所连接的两个阀口之间配合关系的感觉对精度的影响尤为重要。

（四）追求卓越

追求卓越是精益求精的过程管控，工匠精神是一种追求卓越的敬业精神，对自己的手艺拥有一种近于自负的自尊心，并为此不厌其烦、不惜代价，但求做到完美、再完美。卓越是更好的质量、更优的品质、更高的境界、更完美的事物；是人们心中更高的目标，更理想的状态。追求卓越的过程就是追求“没有最好，只要更好”的过程。历代杰出的工匠都有“要做就做最好”的信条。工匠对技艺和品质有着能达到“极致”的严苛要求，他们不以生产合格品为目标，而以生产精品为目标，不刻意追求当下而是放眼长远，他们不断改进工艺，提高品质效能，力求能在业内长久地领先同行，造福于世。工匠精神是追求完美、发挥极致最真实的表达，更是精益求精的精神理念。

二 新时代工匠精神的特点解读

我国社会的发展变迁推动了当代工匠概念的泛化。根植于传统文化社会土壤的工匠精神，为了回应现代社会发展的新要求，也会发生动态性变化，既有对过去的一脉相承，展现传统行业中敬业奉献的历史价值，也有对当下的与时俱进，体现了现代社会以人为本的现实意义。

（一）职业维度

爱岗敬业，尽职尽责。所谓敬业，就是敬重自己所从事的职业，认同自己所从事的职业，珍惜自己所从事的职业，热爱自己所从事的职业。爱岗敬业、尽职尽责是劳动者必须具备的职业素养之一。它摒弃了当下浮躁跟风、急功近利的不良风气，以打造优质产品、提供优质服务为目标，始终以认真负责的态度对待工作，坚守岗位、主动担当、无私奉献，将自己的青春奉献于现代化建设的伟大事业中。

（二）目标维度

精益求精，持之以恒。精益求精、追求卓越是劳动者在工作生涯中的追求目标。它要求劳动者专注于自身技艺的提高，在产品的设计和生产中投入大量时间和精力。劳动者要在最细微处下功夫，持续专注于产品和服务的质量，时刻保持对品质的高标准、严要求，对每个产品进行反复打磨、不断完善，争取做到极致。

（三）技能维度

开拓创新，锐意进取。新时代，具有工匠精神的劳动者善于在学习前人智慧、总结自身实践的基础上，了解市场需求和发展趋势，对产品和服务进行改进和创新。他们既不满足于已有的成果荣誉，也不拘泥于古板的思维模式，而是通过长期的学习、实践、反思等方式培养创新意识、提高创新能力，从而实现自我提升、自我突破。

（四）道德维度

以人为本，知行合一。新时代的工匠精神不仅在技艺层面上要求个体能力素养的提升，更在道德层面上要求个体遵循职业操守，坚持道德和技艺相并重。它要求劳动者必须遵循职业道德和社会公德，坚持“以人为本”的信念，主动将个人的命运与人民的需求、社会的发展紧密联系在一起，内化为个体职业发展的内驱动力，最终达到“知行合一”的境界。

（五）传承维度

尊师重道，薪火相传。在手工作坊时代，师父向学徒传授技艺之道，形成尊师重道的传统美德。进入现代社会，传统师徒模式被职业教育取代，但尊师重道的美德依然需要被传承下去。它既表现于职业教师、行业前辈的技艺传承，又表现于技术精英、大国工匠的模范作用，使得新时代工匠精神实现代际传承，从而在时间上得以赓续、在空间上发挥积极作用。

三　呼唤新时代工匠精神

工匠精神契合了中国经济发展新常态下的转变经济发展方式、产业结构转型升级、经济增长动力转换和供给侧结构性改革的客观需求。同时，其在精益求精等基本含义上赋予了许多新的价值内涵，直接连接当下社会新的生产方式和组织形式，精准展现了这个时代的现实需求及价值取向。工匠精神是一种职业文明和高境界的服务文化，培育新时代工匠精神并非“一日之功”，需要持续优化制度供给。培育新时代的工匠精神意义重大而深远。

（一）发展方式向集约转型需要工匠精神

发展方式转变是中国经济新常态的基本要求，在这个过程中，实现发展方式由粗放向集约转型，需要追求完美、耐心专注、一丝不苟和不走捷径的工匠精神来引领。目前，中国的劳动力成本和资源环境优势正在衰减，粗放式、高能耗、高污染的传统增长方式难以持续，必须依托工匠精神培育以质量、技术、品牌、标准、服务等方面的新竞争优势，进而实现向高效型、集约型、技术型的现代增长方式转型。

（二）产业结构向中高端迈进需要工匠精神

当前，中国正在由制造大国向创造大国转变。中国经济需要以工匠精神内化的追求卓越、不断精进的品质引领高端制造业和现代服务业发展。淘汰粗制滥造的落后产业和“僵尸企业”，加快产业转型升级，需要工匠精神引领企业精致化生产和精细化管理，进而推动产业在全球价值链分工体系中迈向中高端市场。

（三）增长动力向创新驱动转换需要工匠精神

技术创新的增长引擎作用更加凸显，工匠精神是制造业在“干中学”实践中的创新，在技术“引进、消化、吸收、再创新”的过程中发挥着重要作用，大批基层技术人员和产业工人既是创新的构思者，也是创新的践行者。与此同时，工匠精神不断追求、永不满足的创新精神持续催生着新的技术、新的服务、新的标准和新的品质，直接推动着技术升级、质量升级和产品升级，进而推动经济发展动力向创新驱动转换。

（四）推动供给侧结构性改革需要工匠精神

当前，中国经济结构调整中诸多行业存在无效和低端产能，中高端产品供应严重不足，供给端无法满足社会日益增长的多元消费需求，造成大量购买力向海外流失。这就客观上需要弘扬工匠精神，重塑产品自身独特的专业品位和专业价值，让企业根据客户不断升级的消费需求对产品精心设计打磨，对品牌精心培育维护，让职工对工作一丝不苟、追求卓越的精神渗透到每一件产品，实现产品升级。培育新时代的工匠精神要优化制度供给。一是搞好制度顶层设计，建立健全各种配套的制度体系（政治制度、经济制度和社会制度）的同时，也应注重法律、制度、契约的保障激励作用与日常行为规范、行事准则、企业文化和价值取向等非正式制度的引导有机结合。二是优化政府服务，提高政府效能，激发市场活力和社会创造力，利用高效率的制度安排来激发企业和职工追求极致、奋斗创新、尽善尽美的价值取向。三是完善育人用人体制机制，培养一流的“工匠”队伍。四是优化市场竞争环境，让工匠精神引领创新创业。对粗制滥造、假冒伪劣要“零容忍”，极力避免“劣币驱逐良币”现象，提高制假贩假的违法成本，依法保护“工匠”的知识产权，确保其投入与回报的均衡。

四 新时代工匠精神展示中国自信

中国迈入世界制造强国之列，需要新时代的工匠精神来支撑，需要工匠精神的特质展示中国质量、中国品牌、中国创造、中国服务和中国自信。

（一）工匠精神展示的是“中国质量”

工匠精神是一种精致化生产的要求，不惜花费时间精力，不断精进，反复改进产品，追求完美和极致，把99%提高到99.99%，不断提高产品档级，其目标就是打造本行业最优质的产品。目前，尽管中国有一些产品质量达到国际先进水平，但总体水平依然不高，与国内外消费者的期望及制造强国的地位相比，尚有明显差距。中国产品的质量升级需要工匠精神注入强劲动力，需要工匠精神展现中国质量。中国企业的产品之所以能在海外市场站住脚，一个关键原因就是他们非常注重卓越的质量管理。

（二）工匠精神展示的是“中国品牌”

品牌是一个国家制造业和国家竞争实力的象征，世界级品牌的溢价能力、竞争优势不言而喻。以往中国制造业的发展推崇的是速度和规模，缺乏的是质量、服务和技术创新，导致制造业品牌建设严重滞后，世界知名品牌数量及影响力与发达国家相比存在较大差距。今天，消费需求呈现个性化、多元化、品牌化特征日趋明显，中国迫切需要工匠精神中的精雕细琢、精进技艺和追求卓越的品质培育世界品牌，需要专注执着、精耕细作和追求完美的精神锻造品牌，需要工匠精神展示中国品牌。

（三）工匠精神展示的是“中国创造”

工匠精神的核心就是企业不断追求科技创新、技术进步，不断吸收最前沿的技术，创造出新成果。工匠精神的实质是一种传承与创新的并举，是在传统工艺的基础上不断创造新工艺、新技术的过程。可以说，创造创新是工匠精神的延伸和拓展。当前，我国制造业产业体系完善，规模位居世界首位，出口竞争力和国际分工地位不断提升，对世界制造业产业链、供应链的影响逐步增强。当我国正从全球制造业大国向制造业强国迈进的过程中，更需要加强创新，需要工匠精神来展示中国创造。

（四）工匠精神展示的是“中国服务”

工匠精神塑造的是一种有高境界、高度责任感的职业文明和服务文化，是一种商业伦理文化的传承和创新，是一种精心打磨、专注精细的奉献精神，顾客价值最大化是其服务的最高境界和价值取向。由于缺乏企业服务文化理念的塑造，服务品牌的意识淡薄，“山寨”制造、假冒伪劣时有发生。因此，我们强调工匠精神，不仅是对民间手艺的传承和技术创新，更是呼唤对职业“一以贯之”的敬畏、对顾客“敬若神明”的尊重和对产品“止于至善”的追求。

（五）工匠精神展示的是“中国自信”

工匠精神的自信理念表现为从容独立、踏实务实、摒弃浮躁、精致精细、宁静致远和执着专一，传递的是一种品质自信、技术自信、工艺自信和服务自信。在全球制造业蓬勃发展的今天，工匠已不再是一种技艺传承和机械重复的职业，工匠精神也被赋予了新的时代内涵，代表着一个时代行业的严谨、一丝不苟、耐心、专注、坚守、专业、敬业的气质和自信。实现制造大国迈进制造强国，必须通过弘扬时代工匠精神展示中国自信，需要在基础研究、技术创新和工业文化精神培育等层面踏踏实实地下功夫，不好高骛远、不贪多求快、不惜余力、不怕费事的精耕细作精神，引领中国制造坚守自信、不断精进、走向精致。“青年兴则国家兴，青年强则国家强”。青年最富有朝气、最富有梦想，应该成为弘扬工匠精神的主力军和先锋队。实现中华民族伟大复兴的中国梦，需要一代又一代有志青年接续奋斗。历史和现实都告诉我们，青年一代有理想、有担当，国家就有前途，民族就有希望。

总结案例

工匠的创新

巩鹏是中国航天科工三院的一名钳工，板锉、钻头、榔头、刀具等物件是他过去近30年里始终相伴的“老战友”。精密加工水平会直接影响导弹武器系统的性能。寒来暑往，他和班组成员共同完成了20余项技术革新，直接和间接地创造经济效益近2 000万元。同事们给这种加工方法起了一些外号——巩氏研磨法。促使他不断去探索加工奥秘的动力不仅是兴趣，更是对强大国防的向往。他通过技能大师工作室这个平台，将推陈出新精神传承给了一千多人。

程少春是中国石油长庆油田的一名采油工人，经过17年的反复修改，用160多次失败换来了如今的第十代程少春光杆密封器。新仪器的参数更精确，结构更合理。

分析：

中国创造需要基层创客的推陈出新。当代工人中的大师们用智慧启迪智慧，用创新点亮工艺。过去说工人有力量，现在是工人推陈出新才更有力量。因为具备新时代工匠精神的技术工人是技术创新最直接的探索者、实践者、推动者和受益者。创新工作室是凝聚创新力量的新载体，是弘扬工匠精神的大平台，是培育高端人才的孵化器。它让蕴藏在工匠中的智慧和潜能有了释放的空间和平台，还为新成员尽快融入团队、快速成长拓宽了新渠道。创新工作室能够传承经验，更能激发创新。工匠精神永远是一股强大的创新力量。工匠精神永远是推动一个国家发展创新的动力。在新时代，要充分发挥工匠精神，有助于提升产业的技术水平，并形成竞争能力。

活动与训练

活动4-3
箴言遴选

主题：精于工、匠于心、品于行——自我勉励。

目标：

（1）归纳、提炼或创作一条职业箴言。

（2）能对职业箴言进行深度理解、诠释、推介或评价。

（3）能够从职业箴言中获得思想启迪，并能自我勉励。

建议时间：25分钟。

活动准备：借阅或下载《咫尺匠心：新工匠是怎样炼成的》《工匠精神读本》和《古今中外工匠精神故事汇》等书籍，摘抄职业箴言。

活动步骤：

步骤一：个人在小组内发表箴言，阐述意义，争取获得认可。

步骤二：将小组公认的箴言写在纸条上，张贴在白板上，由小组代表进行1分钟阐述。

步骤三：全班投票选举大家最喜欢的箴言1 ~ 3条。

步骤四：以全班公认的最佳箴言为内容，写一段话，推送至自己的朋友圈。

总结评价：

（1）什么是箴言？你的职业箴言所表达的核心意思是什么？

（2）有人说，工匠精神就是职业箴言的升华。对此，你是否赞同？为什么？

活动4-4
匠心独运

主题：培养学生精益求精的能力。

目标：

（1）能根据要求，利用给出材料快速形成设计理念。

（2）能解决关键的技术难点。

建议时间：15分钟。

活动准备：棉花糖（1个）、意大利面条（10根）、胶带（1卷）、细线（30厘米）、剪刀（1把）。

活动步骤：

步骤一：分组（每6人一组），并确定组名、负责人。

步骤二：在8分钟内搭建一个高度最高的结构，保证棉花糖在结构最上方。

步骤三：教师最后根据搭建情况进行评价。

总结评价：在活动过程中体会创新进取和精益求精的精神。

活动4–5
读书心得

主题：培养学生践行精益求精的精神。

目标：

（1）能根据要求，从电子图书资源库中搜索反映工匠精神的书籍。

（2）能根据章节内容，结合电子书制作书摘心得。

建议时间：25分钟。

活动准备：

（1）电子图书阅览器或者智能手机。

（2）无线网络链接。

活动步骤：

步骤一：分组（每6人一组），并确定组名、负责人。

步骤二：教师宣布规则。在10分钟内，利用给出的关键词，搜索出一本电子书。

步骤三：编写书摘。

步骤四：展示书摘，并且发表心得。

步骤五：教师根据书摘展示情况进行评价。

步骤六：学生发表感言。

思考与讨论

1. 大国工匠都具有哪些共同的特质？请举例说明。

2. 为什么说“精益求精”是工匠精神的核心内涵？

第三节 技能竞赛与工匠之路

导入案例

通过技能竞赛走向工匠之路

毕业于广东机电职业技术学院的"90后"小伙钟乐华，如今是广东一家大型工业机器人制造公司研发团队的重要一员。他当初在校期间，成绩稳居前三，并获得2012年全国职业院校技能大赛高职组广东选拔赛自动化生产安装与调试项目一等奖，后又获得2017年广州开发区第九届技术能手大赛可编程控制系统设计师项目一等奖。每天给工业机器人设计编程"造大脑"，钟乐华完成了一次次的人生"逆袭"。在这家企业里，钟乐华感觉到自己在飞速成长。参加工作的第一年，他就独立完成了澳门隧道的自控系统。几年时间里，他还独立完成了许多大型项目，为国家大型粮油生产企业粮油自动生产线进行了设计编程。看似烦琐复杂的工序，钟乐华却干得起劲。钟乐华"玩"的就是技术。在他看来，开发出一款新产品，"技术和质量过关已经是基本要求，如何能使用一些新方法，去节省成本，才是技术'大牛'。"

分析：

钟乐华的成功表明，技能竞赛不但能让青年学生不断获得奖励，改善心理层面的自我效能感，而且对于今后的求职晋升都有强大的助推作用。青年工匠将更有信心实现技能强国梦。竞赛及其相配套的人才培养制度，促使学生确立正确的生活态度、工作规划、知识技术等，培养出的人才更受社会各界的青睐。经过多年的淬炼，唯有在技术和心性方面磨炼成熟的人，才能被认定为工匠。层层选拔的竞赛也最终促成了年轻学生跻身一流工匠之列，实现了类似"鲤鱼跳龙门"般的奇迹。

一、技能大赛逐级选拔

技能大赛呈现金字塔型结构，由校级竞赛—市级竞赛—省级竞赛—国家竞赛—世界竞赛，层层选拔。世界技能大赛被誉为“世界技能奥林匹克”，是竞赛的最高层级，其竞技水平代表了当今职业技能发展的世界先进水平。此赛事在提高国家和企业的知名度和信任度方面有着无法估量的作用。参赛选手代表国家参赛，成绩的好坏直接说明所代表国家的青年一代的最高工艺水平。

广泛开展职业技能竞赛，是加快高技能人才选拔和培养的重要途径，也是激励广大一线产业工人学习和提高技能的重要手段，是选拔高技能拔尖人才的重要平台，对带动社会各方面，特别是各类职业院校和行业企业广泛开展岗位练兵和技能竞赛，加快培养经济建设急需的高技能人才，为营造尊重技能、尊重技能人才的社会氛围起着重要的引导和示范作用。职业技能大赛代表职业技能的水平和新技术的发展，与生产实际紧密联系。大赛规程是基于专业基础和职业技能标准及企业岗位能力需求设计的。它不仅体现了现代生产工艺和技能要求，还包含了安全文明生产和职业道德等相关内容。将技能大赛与院校日程教学有机结合，将技能大赛规程标准有机地渗透到日常教学中去，有利于学生职业素养和职业技能的培养。技能竞赛让崇尚技能的社会氛围更加浓厚，让精益求精的工匠精神更加深入人心，为产业发展打下坚实技能人才基础。中国制造业正在经历由制造大国走向制造强国的转型，万众期盼大国工匠涌现，这就离不开职业技能教育系统来培养各类技能人才。技能大赛能为技能青年提供切磋与交流的平台，也能展现职业教育成果，进而推动职业教育的发展。

知识卡片

世界技能组织前身是“国际职业技能训练组织（IVTO）”，成立于1950年，由西班牙和葡萄牙两国共同发起，后改名为“世界技能组织”（World Skills International）。目前注册地为荷兰阿姆斯特丹，截至2023年10月，共有86个国家和地区成员。其宗旨是通过成员之间的交流合作，促进青年人和培训师职业技能水平的提升；通过举办世界技能大赛，在世界范围内宣传技能对经济社会发展的贡献，鼓励青年投身技能事业。其主要活动为每年举办一次世界技能组织大会和每两年举办一次世界技能大赛。世界技能大赛被誉为“世界技能奥林匹克”，代表了职业技能发展的世界先进水平。迄今为止，世界技能组织已成功举办了46届世界技能大赛。世界技能大赛比赛项目共分为6个大类，分别为结构与建筑技术、创意艺术和时尚、信息与通信技术、制造与工程技术、社会与个人服务、运输与物流，共计46个竞赛项目。这些竞赛项目是随着工业化进程不断调整的结果，早期对参赛选手没有年龄限制，现在大部分竞赛项目对参赛选手的年龄限制为22岁及以下，制造团队挑战赛、机电一体化、信息网络布线和飞机维修等4个有工作经验要求的综合性项目，对选手年龄限制为25岁及以下。

二 中国技能世界展示

2010年10月7日，中国正式加入世界技能组织。2011年10月4日，第41届世界技能大赛在英国伦敦开幕，我国首次派代表团参赛即实现了奖牌零的突破，标志着中国技能正式登上世界舞台。2013年7月2日，第42届世界技能大赛在德国莱比锡开幕，中国派出26名选手参加22个项目的竞赛，最终收获1银3铜。2015年8月11日，第43届世界技能大赛在巴西圣保罗开幕。中国收获了5金6银3铜。第44届世界技能大赛于2017年10月在阿联酋阿布扎比举行，中国以15枚金牌列金牌榜首位。2019年8月，第45届世界技能大赛在俄罗斯喀山举办，中国代表团荣登金牌榜、奖牌榜、团体总分3个第一。2022年，世界技能大赛各竞赛项目的比赛在世界技能组织多个成员国家和地区举行，统称为“2022年世界技能大赛特别赛”。2022年9月27日，中国上海获得2026年第48届世界技能大赛主办权。

中国作为世界第二大经济体和重要的发展中国家，积极参与世界技能大赛等活动，有利于深化中国与世界各国和地区在职业技能领域的交流合作，提高中国职业教育培训水平，有利于大力弘扬精益求精的工匠精神，营造尊重劳动、崇尚技能的社会氛围，有利于展示中国经济社会发展成就，提升中国国家影响力。同时，经国务院批准、人力资源和社会保障部主办的中华人民共和国职业技能大赛（简称全国技能大赛）从2020年起，每两年举办一届。2023年9月16日至19日，由人力资源和社会保障部主办，天津市政府承办的中华人民共和国第二届职业技能大赛在天津举办。本次赛事的主题为“技能成才、技能报国”，这是新中国成立以来，规格最高、项目最多、规模最大、水平最高、影响最广的综合性国家职业技能赛事。本次赛事设置世赛选拔项目和国赛精选项目共计109个，经过层层选拔，共有4 045名选手参与本届大赛，其中世赛选拔项目选手2 052人、国赛精选项目选手1 993人。参赛选手技展匠心、艺绽津门，充分释放了技能人才创新创造活力，生动诠释了劳模精神、劳动精神、工匠精神，掀起了尊重劳动、崇尚技能、激励创造的新热潮。

三 职业技能水到渠成

技能大赛已成为职业教育的一大特色，技能大赛与职业教育发展紧密相连，大赛在赛项设置上均融入最新的生产技术要素，代表行业生产发展水平。以技能大赛为载体促进青年职业能力的提升，为高技能人才的培养构建了一条快速通道，也为弘扬工匠精神，提升国家创新能力提供了展示平台。世界技能组织在全球的影响力日益扩大，也从一个侧面反映出越来越多的国家和地区普遍认识到提高劳动者职业技能水平的重要性，更加认同世界技能组织提出的“通过技能的力量让世界更美好”的理念。通过参加世界技能大赛，引领带动我国职业技能竞赛事业的发展，进而以赛促训、以赛促评、以赛促奖、以赛促建，推动我国技能人才工作更好发展，为经济社会发展提供高素质技能人才支撑。2022年，中共中央办公厅、国务院办公厅印发《关于加强新时代高技能人才队伍建设的意见》提出，要“完善以世界技能大赛为引领、全国职业技能大赛为龙头、全国行业和地方各级职业技能竞赛以及专项赛为主体、企业和院校职业技能比赛为基础的中国特色职业技能竞赛体系”。这充分体现出党和国家对职业技能竞赛工作的重视，也对进一步做好世界技能大赛参赛等工作、发挥好世界技能大赛的引领作用提出了更高的要求。中国首次参加世界技能大赛至今不过10余年历程，但技能成才的价值观念日益深入人心，集中开放的办赛模式逐渐成为主流，标准规范的办赛规则提升竞赛质量，中国特色的职业竞赛体系不断健全，这必将激励和带动更多青年人走技能成才、技能就业、技能报国之路，为中国制造和中国创造注入新的活力，进一步推动经济社会高质量发展，以中国式现代化全面推进中华民族伟大复兴。

总结案例

张志坤——世界技能大赛获奖选手

2011年，初中毕业的张志坤走进广东省机械技师学院的校门，就读数控铣专业。去广州读书的前一晚，他和父母促膝谈心，确立了自己的志向："学习一技之长，绝不再让父母操心。"与绝大多数孩子一样，张志坤之前根本没有接触过职业教育，更别提专业性非常强的数控铣了。但他有一股拼劲，也愿意花更多精力去钻研专业，别人睡8小时，他只睡6小时，每天要花8至10小时练习。"技能是积累经验的过程，要动手去做去理解。"2015年，通过层层选拔，他成为第43届世界技能大赛数控铣项目的参赛选手。金属加工主要考验对尺寸的把握和对精度等级的限制，比赛中需要处理3块不同材料制成的零件，误差要控制在0.015毫米至0.04毫米之间。2015年8月16日，张志坤举重若轻，以近乎完美的表现完成项目，以超高分一举夺魁。但两小时后，所有数控铣项目选手的成绩都被取消了。原来，由于检测仪器发生故障，需要重新检测。好事多磨，10天之后喜讯传来，世赛组委会史无前例地通过网络视频直播颁奖，而张志坤毫无争议地成为冠军。现在，张志坤以高级技师身份成为母校的一名教师，他的目标是像自己的恩师——著名大国工匠鲁宏勋那样，成为一名世界级的数控技能大师、金牌教练。

分析：

赛训结合，学以致用，技能立身。古往今来，工匠都是人类社会最重要的劳动者，是一切社会财富的创造者，也是人类社会走向文明幸福的源泉。而技能竞赛又为那些有着工匠梦想的有志青年提供了筑梦的舞台，必将促进人才泉涌不息。恪守职业操守，踏踏实实，一步一个脚印，认真细致，不断钻研技术，力争实现突破与创新，这是每一个大国工匠成长的黄金法则。因此，职业院校的学生，也应积极进取，端正态度，夯实技能基础，将来才能不断提高技能水平，工匠精神也才能真正落到实处，最终成就自己的工匠之梦。当前，我国正处在实现"两个一百年"奋斗目标和中华民族实现中国梦的伟大时代，弘扬工匠精神重任在肩，打造技能强国正当其时。职业技术院校的同学们，必须确立技能立身、技能报国的理念，同时将改变自身命运、追求美好未来的理想寄予中国梦的伟大实践中。唯有这样，才不会有思想的迷茫，才会有行动的方向，才能在当下的学习中自觉学习大国工匠的事迹、践行大国工匠的精神，并且坚信工匠之路一定会带给自己一路的精彩，成就自己一生的梦想。

活动与训练

活动4-6
汇报活动——我眼中的世界技能大赛

主题：开阔视野，提升职业素养。

目标：

（1）了解世界技能大赛的概况及我国参赛的情况。

（2）认识世界技能大赛对德技双馨的本质要求。

（3）认识良好职业素养的自我培养，形成积极心理。

建议时间：25分钟。

活动准备：

（1）上网搜索有关世界技能大赛的信息。

（2）准备汇报的演示文稿（PPT）。

活动步骤：

步骤一：分组，并确定发言人。

步骤二：每一组代表上台汇报。

步骤三：全班同学打分。

步骤四：教师点评。

步骤五：学生代表发表感言。

总结评价：

（1）你认为世界技能大赛离自己遥远吗？为什么？

（2）世界技能大赛的故事给了我们什么启发？

思考与讨论

1. 有人说，参加世界技能大赛并获奖是职业院校学子成长成才的一条“捷径”。对此说法，你赞成吗？为什么？

2. 你认为如何才能将工匠精神“内化于心，外化于行”？

3. 你如何理解我国申办世界技能大赛“新青年、新技能、新梦想”这一主题宣言？这个宣言对培养大学生走上工匠之路有何意义？

第五单元

职场认知与职场典范

引导语

弹指一挥间，我们经历了毕业找工作的忙碌和苦涩，带着对职场的好奇和憧憬，开始了人生的一种“蜕变”：从学校走向社会，从课堂走进职场。尽管每个人对第一份工作都怀着不同的感情，但希望职业生涯有个良好开端的愿望应该是相同的。那么，我们该如何迈出第一步，实现自己的梦想呢？

初入职场，我们必须调整好自己的心态，从认知职场开始，参照职场典范，规范自身行为，培养优秀职场人应具备的基本素质，从而不断地开创出属于自己的一片天地。

学习目标

- 认识并了解职场，熟悉职场规则。
- 掌握职场行为技巧，打造个人良好的执行力。
- 参照职场典范，培养优秀职场人应具备的基本素质。

第一节

职场认知与职场规则

导入案例

小李为什么辞职

小晏到Y公司应聘是同学小李介绍的，由于小李比小晏更早来到公司上班，算起来称得上是小晏的前辈。但遗憾的是，小李并没有和她一起工作过，在小晏通过面试正式上班时，小李选择了辞职。

小李为什么辞职了呢？小晏说，小李那会儿经常和她说，老板处处针对她，什么事都不顺，她感觉自己的工作糟糕透顶，根本不是她理想的工作，也不是她想要的生活，她要去南方闯荡。这让本来想到公司上班的小晏犹豫了，她也害怕遇到一个“难缠挑刺”的领导。但经过再三考虑，小晏还是决定到公司试试。本着“初生牛犊不怕虎”的精神和胆识，小晏心想如果真的遇到毫不讲理的领导，大不了辞职。作为职场人要勇敢一些，要去争取锻炼自己的机会，沉淀一些职场技能。

到了公司后，小晏发现领导其实并没有“胡搅蛮缠”的样子。她渐渐地适应了职场生活。前几天，她从同学那儿听到关于小李的消息，原来小李和她的朋友去南方创业失败后，就回老家了。

分析：

同样的工作环境，不同的职场人有不同的境遇。从这个案例中可以看到三点。一是小李缺少职场认知，没有认真地考虑过自己适合的行业和岗位。二是小李缺乏职业素养，工作中遇到挫折，不能调整心态，深刻反思自己的不足。三是小李缺乏职业规划，在没有准备的情况下选择创业，最终导致失败。

一、职场与职业活动的模式

（一）职场

职场，可以从狭义和广义来理解。狭义的职场是指工作的场所；广义的职场是指与工作相关的环境、场所、人和事，还包括与工作、职业相关的社会生活活动、人际关系等。

（二）职业活动

职场是职业内活动与职业外活动的交汇点。因此了解职场，就要先了解职业内活动和职业外活动。

职业内活动，是指职业岗位职责范围内的一切工作行为，它和特定的职业岗位、职责、工艺联系在一起，是工作时间范围内的劳动活动。

职业外活动，是指与职业岗位、职责、工艺虽有联系，却不在工作时间范围内实施的一切活动。

由此可见，职业活动是劳动者的职业行为。职业行为有两种表现形式：一种是直接的职业行为，即个人在从事职业工作时的具体劳动行为，比如，车工开机床、切削零件等，都是直接的职业行为；一种是间接的职业行为，即个人为从事某种职业劳动而开展的活动行为，比如，为了得到车工职业而接受职业技能培训、考取职业资格证书，以及为应聘该工作岗位而进行的各种准备工作等，都属于间接的职业行为。无论是直接的职业行为，还是间接的职业行为，都属于职业行为范畴。但从职业活动的职能来看，二者是有区别的。为了便于区别这两种行为的性质，我们把直接的职业行为称为职业内活动（简称职业活动），把间接的职业行为称为职业外活动（简称职业生活）。

（三）职业内活动要素

职业内活动要素主要有劳动者、劳动工具、职业岗位、工作时间、职业目标。这些要素，按照一定的规律发挥作用，就形成了职业活动的内在结构及其功能，也就是我们所说的职业内活动规律。职业活动是由劳动者发起的，劳动者是职业活动的主宰，如图5-1所示。

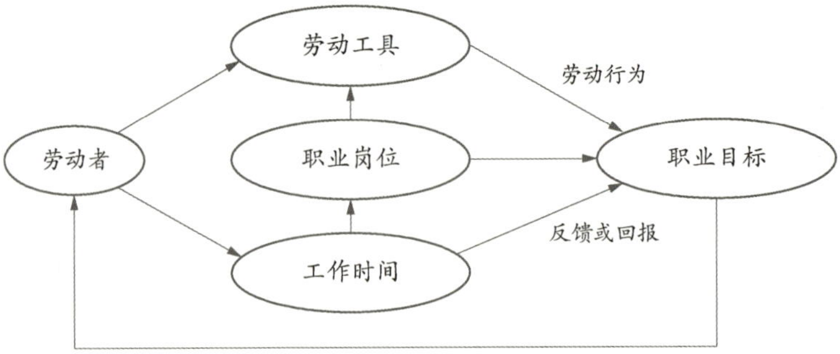

图5-1　职业内活动模型

1. 劳动者

劳动者是职业活动的主体，没有劳动者的行为，也就没有职业活动。劳动者必须是符合劳动力资格要求（也就是要符合国家的法律规定）的劳动者。以劳动年龄为例，我国劳动法规定劳动者的最低年龄是16周岁，达到这个标准的劳动者，拥有职业活动的资格和权利；达不到这个标准的未成年人，没有职业活动的资格和权利。

2. 劳动工具

劳动工具是职业活动的条件，是指劳动者从事职业活动的各种工具和手段，包括劳动者自身的体力、智力等素质资源，也包括车床、汽车等各种硬件器具，还包括语言、文字、图表、信息等软件工具。

3. 职业岗位

职业岗位是职业活动的客体，是指劳动者进行职业活动的场所。在一般情况下，职业岗位由社会组织提供，属于用人单位提供的职业活动的场所，代表着职业活动的空间，这个空间的大小，取决于职业岗位的性质和要求。

职场箴言

拥有职业岗位，是开展职业活动的基本前提，也是衡量一种行为是不是职业行为的重要依据。

4. 工作时间

工作时间是职业活动的时间，是指劳动者开展职业活动的时限。任何国家都从保障劳动者健康的角度出发，对职业工作时间进行了硬性规定，要求劳动者必须在规定的时间内从事职业活动，比如，我国实行每天8小时、每周5天工作制。没有时间概念的工作是不存在的，即使没有硬性时限规定的自由职业者，他的工作时间也不可能是无限的。

5. 职业目标

职业目标是职业活动的结果，是指劳动者需要达到的职业标准和要求。职业目标是职业活动的规划蓝图，也是衡量劳动者职业活动效果的标尺。职业目标是由组织设定的，不同的职业有不同的职业目标。这就要求劳动者必须按照职责需要，通过职业活动来完成职业任务，实现职业目标。

案例 5-1 职场认知，从改变自己做起

郑斌出生在豫南县城一个偏僻的山村，由于自幼家境贫寒，高职毕业后，急于摆脱现状的他加入了一家食品企业的营销队伍。

五年后，一起入职的同事有的升到了业务主管，有的担任了区域经理，他却还在原地踏步，继续做着他的业务代表。令郑斌苦恼的是，随着年龄和阅历的增长，他变得越来越困惑和迷茫了。于是，郑斌决定要告别过去，不再怀旧，而是重新塑造一个

崭新的自己。

他首先要重拾自己的工作信心。为了达到目的，郑斌放弃了周末及节假日等休息时间，报名参加了各种专业培训。同时，郑斌还意识到，不爱说话是自己在营销道路上发展的“短板”。为了改变这种性格缺陷，他想方设法在各种场合锻炼自己。其次他决定改变自己的面貌。一是改变自己的“包装”方式。他穿上了闲置已久的西装，打上了漂亮的领带，头发梳理得整整齐齐，让人感觉到他是一个专业的营销人。二是制订自己的作息时间表，每天6点起床，6点半吃早餐，吃过早餐后，学习营销知识1个小时，将近8点到公司上班。下班后，晚上7点吃晚餐，然后做工作总结和写次日工作计划、工作日记，一直到当晚11点。

几个月过去了，不可思议的是，郑斌周围的一切都充满了变化。他的勤奋好学赢得了公司上下领导的一致好评。积极主动而富有成效的工作，更让他在营销员队伍中迅速脱颖而出，还作为大区经理的预备人选纳入公司培养计划，实现了“凤凰涅槃”，掀开了其人生职业生涯新的新篇章。“穷则变，变则通”，郑斌用自己的行动与实践，完整地诠释了这一真理。

（四）职业外活动要素

与职业外活动相关的要素主要有职业意识、岗位评估、自我评价、职业生涯规划、素质准备、职业抉择、职业成长、确定锚位。这些要素，将职业外活动分解成八个阶段。职业外活动模型反映的是职业外活动的基本规律，对劳动者在职业外活动中表现出来的行为模式做出了高度概括，如图5-2所示。

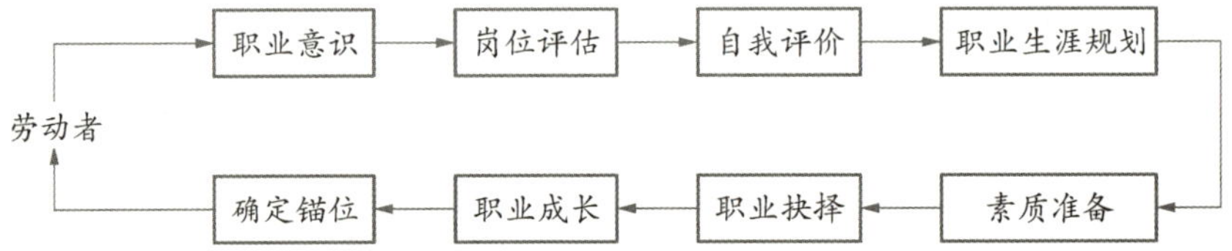

图5-2　职业外活动模型

1. 职业意识

职业意识是指个人对职业的看法和想法，是职业活动的最初动力。在这个阶段中，劳动者将认真思考人生的奋斗目标和职业理想等问题，对这些问题的回答将有助于强化自己的职业意识，进一步明晰自己的职业活动方向，从而形成一种使命感，为顺利开展职业活动奠定良好的思想基础。

2. 岗位评估

岗位评估是指劳动者在大致确定了职业发展方向以后，对社会组织的岗位需求状况进行分析研究，并对相关问题得出评估结论。比如，社会上什么岗位缺人，什么岗位过剩，什么职业岗位将会因社会需要持续增加，什么职业岗位将要逐步减少，什么岗位准入条件高，什么岗位准入条件低，什么岗位是独立工作型的，什么岗位是群体工作型的。对这些问题的确认直接关系到职业选择成功的概率。

3. 自我评价

自我评价是指对自身的长处和短处做出实事求是的分析和判断，以便了解自己的职业能力倾向。常用的方式是填写一些自测量表和回答一些自测题，了解自己的个性、志趣和爱好，具备哪些素质，适合干什么，不适合干什么等。这些问题的答案将帮助我们正确认识自己的优势和劣势，便于有针对性地开展职业活动，实现自己的职业理想。

4. 职业生涯规划

职业生涯规划是指个人结合自身情况，对主观因素和客观环境进行分析，为自己确立职业方向和职业目标，选择职业道路，以及制订用于实施的教育计划、发展计划，以实现职业生涯目标。

5. 素质准备

素质准备是指根据职业规划的目标有针对性地提高职业技能，为顺利地进入职场做好准备。如自己在知识能力方面与职业要求有多大差距，应该采取哪些措施来取长补短，是否还有提高职业技能的潜力和条件等。对这些问题的梳理为及时采取措施提高自己的职业技能指明了方向。

6. 职业抉择

职业抉择（也称职业选择）是指个人根据自己的意愿在众多的职业中做出最终选择的过程。这个抉择不仅对职业活动，甚至对自己一生的职业生涯都会有极其重大的影响。

职场箴言

职业抉择必须适合自身个性和能力，绝不能盲目、草率地决定。

7. 职业成长

职业成长是职业外活动最重要的内容，直接反映职业活动效果，在职业活动中处于核心地位。对于个人来说，解决温饱永远是最低的标准，必须把职业活动视为成长的契机和人生价值的体现，这样才能享受到职业生活的快乐。

8. 确定锚位

职业锚是由职业指导专家施恩提出来的，其核心内容是新员工在早期工作中逐渐对自我加以认识而发展出的更加清晰全面的职业自我观。职业自我观由以下三部分内容组成：自省的才干和能力，自省的动机和需要，自省的态度和价值观。施恩认为，职业生涯发展实际上是一个持续不断的探索过程。在这个过程中，每个人都在根据自己的天资、能力、动机、需要、态度和价值等慢慢形成较为明晰的与职业有关的自我概念，随着一个人对自己越来越了解，这个人就会越来越明显地形成一个占主要地位的职业锚。因此，职业锚是“自省才干、动机和价值观的模式”，是长期稳定的职业定位和长期稳定的职业贡献区。

知识卡片

职业锚的类型

根据施恩的研究，共有八种职业锚：技术/职能型职业锚、管理能力型职业锚、创造型职业锚、安全/稳定型职业锚、自主/独立型职业锚、服务型职业锚、挑战型职业锚、生活型职业锚。

二、职场的本质

职场的本质主要有以下三点：契约关系、价值交换、合作共赢。

（一）契约关系

契约关系一般指合同关系。根据《中华人民共和国民法典》的相关规定，合同是发生在当事人之间的一种法律关系。进入职场后，除了和公司签订的书面合同，实际上，每个人每天都在和不同的合作伙伴、同事签订契约，只是有些只是小事，只有停留在口头上的承诺。

（二）价值交换

价值交换是非常重要的。职业人士要为企业创造价值，如果既没有为企业创造价值，也没有为客户创造价值，最终双方的契约关系就会破裂。1979年诺贝尔经济学奖获得者西奥多·舒尔茨提出了一个非常重要的理念叫人力资本理念。他认为企业就是人力资本跟财务资本的契约关系，如一个人到一个企业工作，他将自己的知识、技能、管理概念、创新方法等投入企业工作中，为企业、为客户创造价值，然后企业支付给他报酬。

（三）合作共赢

学生时代是单兵作战，职场里多数时候却是团队作战。在校成绩是个人的事，好与坏纯粹是学习能力的展现。能学习得好，受师长肯定，就能胜出，别人的看法与成绩的关系不大。然而，职场上评价工作者的表现是否优良，除了主管对你整体表现的评价，还包括组织内外的与你有合作关系的人的评价。职场上，多数人必须与他人协力合作，才能完成一项工作。这需要开展合作，建立共识，追求组织“共好”，降低个人偏好及私利，让每个人的贡献都超越自己原本的能耐，成果才有机会超过原本的价值总和，进而实现共赢。

职场箴言

初入职场，要了解职场的本质是什么，这样才会知道如何在职场当中找到应对方案。

三 职场的基本规则

俗话说："工欲善其事，必先利其器。"要想在职场中游刃有余，就必须了解职场的基本规则。只有如此，才能做到知己知彼，运筹帷幄，从而决胜职场。

（一）找准自己的比较优势

要想准确认识自己在职场发展中的比较优势，把握好职场中的定位发展规律，就要排除外部因素（比如，收入、职位）对自己的不利影响。定位准确，才会得到合适的用人单位的聘任，或者得到上司的用心培养。很多人在写简历和面试的时候，不能准确地介绍自己，使得面试官不能迅速地了解自己；有的人在职业选择上摇摆不定，使得单位不敢委以重任；还有的人经常换工作，使得朋友们不敢积极相助。定位不准，就好像是一个游移的目标，让人看不清真实的面目。只有找准自己的比较优势，合理确立自己的职业目标，才能在竞争多变的职业市场中抓住机遇。

（二）学会尊敬和服从上级

职场箴言

尊敬和服从上级是确保团队完成目标的重要条件。

职场中之所以会有上下级，是为了保证工作的开展。上级掌握了一定的资源和权力，考虑问题是从团队角度出发而难以兼顾到个体。员工如果不站在团队的高度来思考问题，只站在自己的角度去找上级的麻烦，这样的员工就很难生存，更谈不上职场发展。

（1）工作如不能达到上级的要求，一定要及时和上级沟通。在实际工作中，有的工作需要一定的时间来完成。可能在一定时期内你的工作还没有让别人看到显著成绩，这时不要和你的上级距离太远，要创造条件去和他沟通，要让他知道你的进度和计划，以及要取得的成绩。

（2）对于团队所做出的决定如果认为不合理，要通过正常的途径与方式去反馈，并给上级留出时间，同时要执行决定。一个团队的决定有可能是对的，也有可能不太合理。但决定具备一定的权威性和强制力，是从大局和整体的角度出发的。员工首先要换位思考，该决定如果对团队工作有益就要服从，如果有不尽完善的地方，就要选择正常的程序和方式提出建议，等待回复。

（3）上级安排的临时性工作，一定要及时反馈。有时上级会安排临时性的工作给你，这些工作可能非常紧急，上级会要求随时反馈完成期限，这也是让上级对你增进信任的机会，必须执行到位，及时做出反馈。

案例 5-2 F公司多付出上万元的损失

F公司送货时发生了车祸，导致货物大量破损，经销商拒绝接货。为避免更多的损失，F公司领导告诉负责该市场的业务代表，让他亲自参与这次事件的处理，并随时跟其保持联系。

直到晚上10点，F公司领导都没有得到业务代表的消息，便打电话给他，却发现对方关机了。

第二天联系上这位业务代表时，这位业务代表居然说和朋友去吃饭给忘了。送货司机因无法联系上业务代表，只得把货物又拉回了工厂，F公司为此损失了上万元。

（4）成就上级从而成就自己。职场上快速发展的人无疑都是善于和上级合作的，他们在做好分内事的同时，会积极帮助上级分担工作，排忧解难。上级也会把更多的锻炼机会提供给他们，把自己的真经传授给他们。他们会逐步熟悉上级的工作内容和技巧，而这些都是一个人得到快速发展的重要条件。

（5）不要在同事面前发牢骚说上级的坏话。同事之间既有合作也有竞争，千万不要当着你的同事的面，即便这是你的“铁哥们”。

（三）注意职场运作的具体思维和行为规则

从进入职场开始，就要把塑造自己的品牌看成一项重要的事。而要把这件事做好，必须注意职场运作的具体思维和行为规则，时刻按照规则扎扎实实地从职场中做好每一件事。

（1）主动交流。每个人都有一个心灵的舒适区域，容易表现得很自我，不愿意被打扰，不愿意和陌生人交谈，不愿意被人指责，不愿意主动地去关心别人，不愿意去思考别人还有什么没有想到的。这在学生时代是很容易被理解的。但在工作之后，必须改变这一现状，否则会很快变成公司内没有人理睬的对象。因为职场与学校相比，是一个必须有交流才能发展的场所。

（2）不要用不确定的词汇。不要把“好像”“也许”“大概”“可能”“或者”“说不定”之类的词汇放在嘴边，尤其是在与上级谈论工作的时候。领导并不愿意听到的“我晚些时候会把这个文件发给所有的人”“我工作已经努力了”之类的话。

（3）不要拖延工作。很多同学喜欢考试前突击复习，在学习期间这种习惯是可行的，但在工作中这样的习惯是绝对不行的，因为工作是永远做不完的，容不得你“突击”。否则，你可能会失去工作。

（4）不要“纸上谈兵”。很多人遇事头头是道，讲话滔滔不绝，但不能将理论知识转化为行动力，这样的人是不受职场欢迎的。

（5）不要让别人等你。在任何情况下都不要让别人放下手头的工作来等你。在学习生活中，这种现象可能只是会遭到几句半开玩笑的抱怨，而在工作中很可能导致失去潜在的合作伙伴。更为重要的是，职场中的岗位在工作上具有内在关联性，某个岗位工作出了问题，整个工作链条就可能会停止，因此，你造成的不良影响或损失可能更为巨大。

（6）不要认为细节不重要。在上学期间，有些同学以“60分”为目标，学习上粗枝大叶，认为差不多就行了。工作以后，如果还这样，就可能丢掉工作，因为企业管理的精髓就在于将简单的事情做到细致，每一个细节都容不得马虎，否则有可能出现质量或生产问题。

（7）不要推卸责任。推卸责任是没有职业道德的表现。

（8）不要表现得消极。不管你对所做的事情是否有兴趣，都要主动做好。

案例 5-3 唯有先做好自己

在大学毕业后工作的前两年，小王换了三家公司工作。每到一家公司后，就感觉薪水太少，而老板让自己干的事又多又累。拿那点工资凭什么要自己干那么多的事？此类问题经常困扰着小王，导致自己不愉快而影响工作效率与质量。在进入第四家公司时，小王发现薪水没有面试时谈的多，但小王暗下决心一定要稳定下来好好干，并对自己说：既来之，则安之，先好好干一年。

一年后，工资单上连续两个月加了两次薪，虽然不是很多，但小王感觉自己的努力获得了老板的认可与肯定。虽然和直接跳槽到其他公司相比，增加的薪资还是少很多，但小王又对自己说，再继续好好干一年。就这样，反反复复好多年，薪资也在3～4年之后比刚来公司时翻了几倍。后来突然有一天，小王领悟了“拿多少钱做多少事”和“做多少事拿多少钱”的道理，掌握了这个职场游戏规则的根本所在。在你选择的位置上，真正踏实地做事才能有好的回报，这也是衡量成功的关键指标之一。

四 职场中的常见问题

在职场中，每一个职场人都是从新人一步步成长、成熟、成功的。作为职场新人，显然会遭遇很多问题。

（一）不会与人相处

与人打交道是职场活动中重要的技能，打交道的对象包括你的上司、同级、下属、客户，以及各种与你工作有关系的人士。很多人之所以人际关系出了问题，关键是在沟通能力和技巧上出现了问题。当你不能完全明白对方的意图时，不要轻易做出判断或下结论。恰当的相处技巧是姿态低一些、态度谦卑一些，要让对方感觉到你尊重他。

职场箴言

任何人都有被尊重的心理需要。给予对方充分的尊重，才能让对方更顺利地接纳自己的意见，做事才能顺畅。

(二)缺少充电意识

俗话说:“活到老,学到老。”在当前社会迅速发展、各种信息不断涌现的时代,我们必须树立终身学习意识,养成不断学习的良好习惯。如果你总做一个缺乏知识和能力的“门外汉”,那么,无论懂得多少职场规则也难以在职场上游刃有余。

(三)没有抗压能力

职场中的压力是无时不在的。有很多人将压力看成一种负担,也有很多人将压力当作动力。其实,压力永远都是一把双刃剑。因此,职场新人要把职场带来的压力,当作一种必须面对的生活经历,战胜压力也是一种成就自己职场人生的必经之路。

(四)出现职业倦怠

由于工作及自身状态等内外部因素的影响,职场人总会经历职业倦怠期。这一时期应冷静应对,分析问题的原因,再决定是继续做原来的工作,还是跳槽或转行。如果责任在于自身,那么就应反省一下是不是由于自己不适应环境造成的。如果是环境因素,就要分析如果自己离开这个环境,状况是否能得到缓解和改善。

(五)频繁跳槽

一旦出现工作压力或职业倦怠,职场新人很容易离开一家企业,进入另一家企业。而如果积攒不到一些职场经验的话,跳槽也解决不了职业发展问题。对于跳槽,当作一种历练也并无不可,毕竟成熟的职场人需要经历不同的环境与文化。但过于频繁的跳槽,对于自己的职业生涯来说绝对是有害无益的。

案例 5-4　第一个月爽,第二个月找,第三个月慌

欣欣拿到年终奖就裸辞了,准备去上海找工作。第一个月,她每天都想着炒老板有多爽,还有钱去游玩一圈。第二个月,觉得之前的履历还不错,工作经历能够写满两页纸,她相信自己能很快找到新工作,结果处处碰壁,想要的岗位没有消息,收到录用通知的公司又不想去。第三个月,她又投了8家公司,收到2个面试通知,但是喜欢的工作连面试都进不了,有的工作明明觉得面试的情况还行,却收到了人事部门的婉拒。拖拖拉拉3个月了,欣欣的心态完全崩溃了。

总结案例

从打工人到CEO

董明珠30岁那年，丈夫在生了一场大病后很快去世了，留下一个2岁的孩子。作为家里的第7个孩子，父母也难以分身对其进行特殊照顾。在她36岁、孩子8岁那年，董明珠做了人生中最重要一个决定：去南方打工。董明珠没有想到，她的这个决定，也开启了她的战斗人生。

董明珠先到了深圳，但这座充满梦想和机遇的城市并没有给36岁的董明珠带来希望。她又去了珠海。在这里，她应聘并成为海利电器的推销员。

这时候海利还是一个小品牌，在市场上没什么知名度。那时空调也是奢侈品，一般家庭还用不起。厂里安排一个师傅带她熟悉业务，师傅下车间，她就下车间；师傅见客户，她也见客户，不管走到哪就跟到哪，用她自己的话说“管不了他烦不烦”。

她出差时摔骨裂了，坐火车只能买卧铺，还没挣着钱，就先开始花钱了，她心疼得哭。她总是被经销商拒绝，终于成交了一单，感动得两眼潮湿，不停地说谢谢，走出大门了眼泪都还在流。

1991年，她跟师傅学艺，两人跑出了300万元的销售额。1992年，她一个人跑出了800万元的销售额，占公司总销售额的八分之一。1993年，她一个人做了近5000万元，在冬天里热卖空调。

促成她从“小白”变高手的过程中，有一个关键的事件：要债。

董明珠开始单干不久就被调到安徽，她刚上任就发现，前一任销售留下了42万元的坏账。想了想这笔钱还是得要，她就天天跑去找商家要钱。每天等到别人下班了，她才站起身，一个人沮丧地回到旅馆。回去委屈得想哭，埋怨自己这是何必呢，这债跟她没关系，不追公司也不会怪她，何必自找苦吃。40天的曲折经历，让“小白”的董明珠体会到商战的各种狡诈与风险，也让自己变得更强大起来。

安徽是个相对贫困的省份，在董明珠的努力下，安徽省一年的销售额却达到1 600万元，而相邻的江苏省一年才仅仅完成300多万元。于是，董明珠出名了。

海利此后改名为格力空调。1993年是中国的空调大年，空调热销，让所有销售员大赚了一笔。钱突然变得如此好挣，于是人心动摇，很多销售“集体跳槽”到了提成更高的公司——提成是格力的10倍。

因为经营部大量销售离职，处于一片混乱，所以董明珠被越级提拔任经营部长。从此开始，董明珠告别了普通员工身份，向通往首席执行官（CEO）的升职之路上一路狂奔……

分析：

一个“菜鸟”之所以成功“逆袭”，源于多方面的原因，但有一条是肯定的，那就是对职场有一个非常清晰的认知。从董明珠身上可以看出，在职场打拼首先是要会做人，就是尽职尽力，在自己的岗位上做到最好。董明珠说，每一件事都做得比别人好，就会受到别人的尊重，由于尊重，你的职务就会发生变化。努力打拼去实现人生价值，只有这样才能成功。

活动与训练

活动5-1
情境模拟

主题： 职场生存训练。

目标： 提升职场认知能力。

建议时间： 15分钟。

活动准备： 通过互联网及其他方式查找相关资料，寻找你的榜样。

活动步骤：

步骤一：将学生分成若干6人小组。

步骤二：小组讨论。在组内与同学讨论自己的生活目标与事业目标。每个学生围绕实现目标过程中的关键问题进行讨论，如实现的时间、步骤、榜样等，并将其简要写在活页挂纸上。

步骤三：分组演讲。各个小组选派代表在班级内做展示。

步骤四：学生代表进行现场点评。

步骤五：教师总结。结合学生讨论内容，总结如何提升职场认知能力。

总结评价：

（1）你的生活目标与事业目标是什么？

（2）你确定的目标何时实现？

（3）你将分几步或几个阶段达成最终目标？

（4）你的榜样是谁？

（5）为实现目标，你还需要进行哪些方面的努力？

思考与讨论

1. 你认为自己为了实现目标还应在哪些方面不断努力？
2. 你有信心实现自己制订的目标吗？
3. 你将如何提升自己的职场认知能力？

第二节 职场适应与职场行为

导入案例

黯然离职的小刚

小刚应聘到M公司后从事人力资源管理工作。主管开始给他教授面试技巧和流程，他看着那些电子流程很不以为意，觉得很容易，因此就没太留心学习，面试也是想当然地和主管去见人、旁听，把主管面试的问题记下，照猫画虎谁不会呢。

随着时间的推移，终于轮到小刚主持招聘了。这时，他才发现打了电话十有八九的求职者没有到场，面试了一天也未见成果，他下载了无数简历，能用上的没有几个。最让他头疼的是他的主管是个严格要求的人，每周都会查询他的工作结果，对他的学习内容不太满意。主管让他做流程的时候，他把过去主管讲过的流程一股脑全忘了。主管起先还是比较耐心地指导小刚的，可是小刚后来屡次出现很低级的错误，这使得主管开始对他的能力表示怀疑。小刚总觉得主管和他作对，于是找部门经理投诉主管。这样一来，主管和小刚的矛盾升级了，主管彻底放弃了对小刚的指导，任由他自行发展。

时间过了两个月，小刚加班加点地工作，可是招聘工作有时并不是努力就可以做好的。不得要领又不愿意虚心向主管请教的小刚只能在黑暗中摸索，后来实在撑不下去了。再留下去，只能因为工作业绩太差而被公司辞退，小刚便主动提出了离职。

分析：

小刚离职的原因是觉得主管没有耐心，对他要求太高，不能给他充分的指导。可他没有意识到自己很少向主管请教，也很少向主管汇报他的工作动向和工作困难、及时求助。太轻信自己往往耽误了自己，怨天尤人是没有意义的，自己反省才是解决问题的关键。

一、掌握职场行为技巧

如果想在职场上打拼出自己的天地，谨记以下几点职场行为技巧非常重要。

（一）靠自己的行动来表示对职场的忠诚

从字形上来看，“忠”是由上面一个“中”字，正下方的一个“心”字构成的，心与中在同一线上，则为忠，偏则异，意思是心若不偏不倚，即可为忠。古人说，忠者，德之正也；还说，唯正己可以化人。在工作中，尽忠者也必能发挥出最大的智慧和才干。

忠诚对做人十分重要。选择权在你手中，如果你不喜欢某个职业或岗位，你就可以不选择；一旦选择了，就必须讲诚信，忠诚对待你所选择的每个职业或岗位，这是职场最重要的信条。在职场上，你只有先让别人看到你良好的表现，才有可能慢慢地赢得别人的信任。

职场箴言

忠诚不是靠说的，而要靠实际行动。

（二）不想让别人说不，首先要学会对自己说不

成功者无论从事什么工作，都绝对不会轻率疏忽。因此，大学生在学习中应该以最高的标准要求自己，如果能做到最好，就必须做到最好；能完成100%，就绝不只做99%。大学生还要对疏忽、轻视、懒散等毛病一概说不，克服自身的缺点。只有把工作做得比他人更完美、更快、更准确、更专注，才能引起他人的关注，实现自己心中的愿望。只有脚踏实地地努力，才能使“理想”成为现实。

（三）信任源于做得比说得还好

想要别人信任你，你就得拿出让别人可以信任你的行动。如果把信任比作一幢搭建的楼房，那么行动就是地基。地基越深，楼房越稳固。有的人说在前，做在后；有的人行动在前，且说时永远不加以夸大和粉饰，呈现给别人的总是真实的成果。要获得别人的信任，就要有踏实的行动和真实的成果。

（四）要学会倾听，更要学会尊重

在人际交往中，尊重是建立良好关系的基础。当我们尊重他人时，我们更容易获得他人的信任和好感，从而建立更加和谐、稳定的关系。同时，尊重也是个人修养和素质的体现，一个懂得尊重他人的人，往往也会受到他人的尊重和喜爱。有些人既听不懂别人在说什么，也不想听懂别人在说什么，我行我素，造成这一现象的关键是他们不知如何尊重别人。同样的，这样的人肯定也得不到别人的尊重。

案例 5-5 倾听一句话就能判断出每个人的性格

早上有人迟到，问其原因，有的说“真倒霉，又迟到了”，有的说“都是电梯太慢了，要不然不会迟到”，还有的则说“又迟到了，看来又要被扣钱了”。很明显，三种人的三句话体现了三种不同的性格，第一种人明显是比较爱抱怨的人；第二种人则较为喜欢“甩锅”，不管什么情况先把自己撇出去再说；而第三种性格的人结果导向意识较浓，更看重结果对自己利益的影响。

（五）无论多么简单的工作都要关注细节

细节决定成败，文字工作中一个标点、一个错字都有可能差之毫厘，失之千里；企业工作中一个零部件、一个动作，也可能会造成大的失误，影响整个工作流程。细节要从小事做起，要从基础做起。

二、保持健康的职业心态

职业心态是指在职业活动中表露出来的心理感情。好的职业心态是营养品，会滋养人生。积累小自信，成就大雄心；积累小成绩，成就大事业。具体来说，好的职业心态体现在以下几个方面。

（一）坚定不移的意志和决心

要想成功，必须要有坚定不移的意志和决心，再付出100%的努力。实践证明：尽管是用判断力思考问题，但最终解决问题的还是坚定的意志，而不仅仅是才智。

职场箴言

成功的人总是用执着的意志和行动来摆脱困难。

（二）强烈的终身学习的意识

学习是人类认识自然和社会、不断完善与发展自我的必由之路。无论一个人、一个团体，还是一个民族、一个社会，只有不断学习，才能获得新知，增长才干，跟上时代发展的步伐。学习将成为发展永恒的主题，必须把终身学习作为克服工作中的困难、解决工作中的问题、提升和发展能力的重要支柱。

（三）自信的信念

人们常讲，首先打败自己的不是别人，而是自己。自信是指一种坚信自己有能力完成某项任务、解决某个问题的信念。它是心理健康的重要标志之一，也是一个人取得成功必须要具备的一项心理特质。

（四）顽强的毅力

顽强的毅力几乎是所有的成功人士拥有的共同特质，是一种下决心要取得结果的精神，是在困难面前不屈不挠地向目标前进的信念。一有困难就退缩的人是不可能成功的。

（五）感恩的心

感恩，是积极向上的思考和谦卑的态度，它是自发性的行为。感恩是一种处世哲学，是一种生活智慧，是事业发展的原动力和内驱力。“生活就是一面镜子，你笑，它也笑；你哭，它也哭。赠人玫瑰，手有余香。”无论对于生活还是生命来说，都需要感恩。

职场箴言

你感恩生活，生活将赐予你灿烂阳光。你怨天尤人，最终可能一无所有。

案例 5-6　华罗庚的感恩之心

著名数学家华罗庚成名之后不止一次说过：“我能取得一些成就，全靠我的教师栽培。”1949年，华罗庚从国外回来，立刻赶回故乡江苏常州，看望发现他数学才能的第一个“伯乐”，王维克老师。后来，华罗庚被任命为中国科学院数学研究所所长，他几次亲自到北京王维克先生的寓所去探望，并邀请王老师到科学院工作。1980年，华罗庚又专程回故乡看望师母陈涉。他曾说过：“人家帮我，永志不忘；我帮人家，莫记心上。”有一次，他在家乡作数学报告时，特地把王老师请上主席台就座，进会场时让老师走在前面，就座时只肯坐在老师的下首。从华罗庚身上我们可以看到，感恩是一种道德情操，是做人的起码修养。

三　打造良好的个人执行力

个人执行力通常指的是一个人在实现目标或完成任务时所展现出的行动力和决心。它不仅仅包括完成任务的能力，还包括对完成任务的责任感、主动性和坚持性。加强自身的执行力素质可以从以下六个方面进行努力。

（一）制订明确细致的工作计划

工作计划是指明确要做什么事，以及完成这些事的方法等的一份书面文件。制订工作计划是提高工作效率的前提，也是完成工作任务的重要保障。

同样的工作，有的人做得紧凑有序，而有的人却丢三落四；有的人感觉自己天天在忙碌却没有任何成果，工作总是裹足不前；有的人感觉有许多事要做，却不知道从何入手……在工作中，这些问题总是困扰着一部分职场人，久而久之，如果总是效率低下，会严重影响工作业绩。究其原因，是没有一个合理的工作计划。成功的职场人，是一个善于制订计划并按计划行事的人。

职场箴言

做任何工作都应有计划，以明确目标，避免盲目性，使工作循序渐进、有条不紊。

（二）不抱怨，顾全大局

无论在工作中，还是生活中，要尽量不抱怨，欣欣然地去做每一件事。抱怨除了传递负面情绪，还会严重影响工作进度和质量。优秀的员工，凡事能从大局出发，在事关大局和自身利益的问题上，能以宽广的眼界审时度势，以长远的眼光权衡利弊得失，自觉做到局部服从整体，个体服从全局，眼前服从长远，立足本职，甘于奉献。顾全大局者不会急功近利，愿意在岗位上从小事做起，把个体长远发展目标建立在大局发展的基础之上，以公司整体利益为重，把公司利益放在第一位。这种统观全局、服务大局的优良素质能带给员工工作的动力。把每件小事完成好，就是最好的执行力。

（三）注重细节

随着现代社会精细化程度和专业化程度越来越高，一个要求精细化的管理时代已经到来。要努力培养自己关注细节、把事情做精做细致的能力。匆忙做事，粗略做事，即便做了，结果往往会适得其反，因此，细节决定着成败。

案例 5-7 不放过任何一个细节上的漏洞

黄梦乔，某公司第十四事业部电控工厂品质科来料品质检验领班。作为检验员的领班，他一直是很好的榜样。“准确无误，100%的质量保证是作为一个检验员最起码的职业操守。不放过任何一个纰漏是我们追求的极致，既然选择了做品质这一行，做得最好这是我的追求。”在工作中他身体力行着这句话，不放过任何一个蛛丝马迹，力求最科学、最正确的数据。他总是默默地坐在电脑面前，一遍又一遍检查着检验数据，把可能会发生的错误都遏制在萌芽状态。在工作中遇到困难时，他及时组织员工开会讨论，策划解决问题的方法，及时的给出解决困难最有效的途径。成功避免了数次重大质量问题的发生，为工厂节约了成本，提高了员工的工作效率。“检验要科学，记录要真实，检查要到位”是他对自己的要求，也是他对所有来料检验员的要求。“努力做好品质中每一件事，不放过任何一个细节上的漏洞”成了他的口头禅。

（四）诚信负责

诚信，是立身处世的准则，是人格的体现，更是衡量个人品行优劣的道德标准之一。正如古人所说“言必信，行必果”“人无信不立”。只有坚守诚信，一个人才会去为了实现自己的许诺而积极做事。一个真正注重诚信的人或组织，在不能履约的时候，必定会对由于自己失信的行为负责，及时地采取必要的措施，弥补因失信造成受诺主体的损失。

（五）应变力强

在信息社会，分析判断、快速应变能力的重要性是不言而喻的。比如在证券市场，鼠标早击和迟击一秒，成交价格就有很大区别。照相机用千分之一秒和万分之一秒的快门拍摄，拍出的图片可能会截然不同。快速应变能力往往并不表现为一时的灵感，更多的是寻找已久的时机在瞬间出现。对于客观环境和市场形势可能出现的变化，必须提前做出预测，并备有应对各种变化的预案。

职场箴言

善于分析、快速应变能力是在竞争日益积累、变化日益迅速的今天有效执行的必要条件。

（六）具有创意

创意是创造意识或创新意识的简称，是指基于对现实存在事物的理解以及认知衍生出的一种新的抽象思维和行为潜能。对于大学生来说，仅仅勤奋好学，在今天已经远远不够了。因为最好的企业需要的人才都是那些既掌握了丰富的知识，又具备独立思考和解决问题的能力人。大学生要善于自学和自修，并可以将学到的知识灵活运用于生活和工作实践，时时不忘创新，以创新推动实践，以创新引导实践，只有这样，才能不断获得成功。

案例 5-8 执行力的胜利：搜狗输入法的诞生

马占凯有一天在上网搜寻资料时，发现输入法无法精准地打出所需要的词语。由于懒得翻看输入法的词表，马占凯干脆在搜索框里输入相应的拼音，获得搜索引擎相应的提示，再复制粘贴。随后，他发现搜索引擎与输入的关键词关系紧密，每当某个关键词的搜索量达到一定的数目，这个关键词会自动被收录到搜索引擎的词库。马占凯认为，用搜索引擎来做输入法是一条绝佳的路径。马占凯并没有把这个念头只存在脑中，而是马上行动，开始为做搜索引擎而奔波。去公司面试时，马占凯带上一份30页的文档，里面包括100个小创意和200个灵感点，以及上万字的搜索笔记。后来，马占凯得到公司领导的赏识，被任命为产品经理，还开发出搜狗输入法，这让公司的市值上升了50%。

那些有所成就的人，并不是比别人更聪明，而是拥有超越常人的执行力。他们能干成事，往往就是因为拥有强大的执行力。很多人也有很有创意的想法，但往往会被困难吓倒，想等一切都准备好之后再开始行动，但时间的消耗，会让一切想法最终只是一个想法。

四 努力创造自我发展的环境

外在条件和环境对成功有一定的影响。成功之志犹如种子，环境是土壤、肥料、气候、阳光和雨水，成功是种子生根、成长壮大之后结出的果实。成功同环境的关系，是多因素互动、逆动的关系。志向在成功与环境的多变关系中处于主导地位。

（一）顺境是成功的条件，逆境是成功的动力

影响人成长的环境有很多方面，从环境作用于人的性质角度可把环境分为逆境、顺境两种，这两种境遇与成才有着密切的关系。顺境是指人生长和发展过程中所处的顺利境遇。顺境客观上能为人的成长提供更多的有利条件，加速个体成才。逆境是指人生长和发展过程中所遇到的困境与磨难。"自古英雄多磨难""逆境出人才"历来被社会大众认可。

逆境、顺境对人成长和发展的作用存在两重性，即相同的外部环境对不同的人既可产生积极的推动作用，也可产生消极的阻碍作用。而环境最终会起到哪种作用取决于人的主观能动性，取决于主体应对环境的自我调控能力。逆境下，弱者知难而退，卑躬屈膝；强者则迎难而上，不屈服于厄运。顺境下，弱者骄傲自满，得意忘形；强者则永不满足，不驻足于安逸。因此，在不同境遇下，主体只有把握环境，调控自我，才能做环境的主人，才能自主成才。

（二）外因对内因有着重要的影响力

事物的发展是内外因共同作用的结果。成功并非偶然，是外部因素与自身条件共同作用的结果。当然，要想成功只有外界的因素是不够的，自身所具备的条件更为重要。即使拥有了完善的外部条件，没有与之相匹配的内在素养，成功一样会与你擦肩而过。因此，一个人的内在素养影响对外因的利用程度，进而影响外因产生的价值。

职场箴言

成功要遵循规律，要用好外因，借助外力，才能助力成功。

总结案例

学徒工被直接提拔为产品总经理

A公司创始人盛某曾经说过这么一个故事：某大学的毕业生在A公司一直非常受欢迎。该大学有个叫贺某的高才生，是一位很有才华的青年。他加入A公司之后，年轻气盛、直言不讳，还曾多次与盛某争论。但盛某喜欢这个敢于独立思考的年轻人，非常器重他。

可不久，盛某居然把贺某下放到了生产一线，给一位普通工人当学徒。这让很多员工迷惑不解，他们猜测，一定是贺某说话过于直接，得罪了盛某。还有人为贺某感到不平，但贺某对此只是淡淡一笑，踏踏实实地当他的学徒。一年后，还是学徒工的贺某居然被直接提拔为专业产品总经理，员工们对此更加百思不得其解。

在一次员工大会上，盛某为大家揭开了谜团："要担任产品总经理，必须要对产品有绝对清楚的了解，这就是我要把贺某下放到基层的原因。让我高兴的是，贺某在他的岗位上干得不错。不过，真正让我坚定提拔念头的还是这件事：整整一年，他没有任何的牢骚和抱怨，而且兢兢业业，甘之若饴。"人们终于明白了其中的原因，不由得报以热烈的掌声。

分析：

贺某成功的因素有两点：一是忠诚企业，敢于独立思考、直言不讳，具有职场人发展的优秀职业素养；二是保持健康的职业心态，即使下放到基层当学徒也不抱怨，努力创造适合自我发展的环境。从这个案例可以看出：机会是为有准备者提供的，一个人不可能平白无故获得成功。只有现在好好学习，积极培育职场特质，以后才可能碰上"机遇"，赢在职场。

活动与训练

活动5-2
商务营销

主题：设计商务营销活动。

目标：结合活动实际，分析一下成功与失败的原因，并找出自己与职场典范还有哪些差距，进而提升职场认知能力。

建议时间：20分钟。

活动准备：通过互联网及其他方式查找相关资料。

活动步骤：

步骤一：讲解活动要求，将学生分成若干10人左右的小组。

步骤二：小组内策划一次商务营销活动，活动内容根据实际由学生自行设计。要有具体的实施思路和办法。

步骤三：分组展示。分组展示营销活动，展现自身的职业素养。

步骤四：各组总结。总结在活动的过程中展现了哪些职业素养。

步骤五：学生代表进行现场点评。

步骤六：教师总结。结合学生讨论内容，评点如何提升职场认知能力。

总结评价：

（1）你认为你们小组设计的方案可行吗？

（2）你在小组中提出了哪些可行的意见和建议，被采纳了吗？

（3）通过本次活动，你认为你是否已具备了某些职场特质？

（4）你将谁视为你职场的典范？为什么？

（5）你觉得该从哪几个方面提升自己的职场认知能力？

思考与讨论

1. 职场可能并非你想象的那样，通过本节内容的学习，你是否已经有了明确的职业生涯目标？

2. 你有希望成为的职场典范人物吗？你与他（她）的差距在哪里？

3. 你准备从哪些方面提高个人的执行力？

第三节

职场素质和职场修炼

导入案例

机会就是这样丢掉的

小A和小F是某广告公司的美术编辑，都在试用期。光看两人的作品，看不出技术水平谁高谁低。不过小A有在深圳做过两年美术编辑的经验。由于试用期后只能留下一人，人们以为小A被留下的可能性较大。

小A上班时间的服饰有点离谱。她从来都是一身T恤、短裤的打扮，光脚穿一双凉拖，也不顾电脑室的换鞋规定，屋里屋外就穿这一双鞋。不管是在工作台前画图，还是在电脑前操作，只要活干得顺手，一高兴起来准把鞋踢飞。刚开始，同事们还把她的鞋捡起来，和她开玩笑，后来发现她根本不在乎，光着脚也到处乱跑。同事给她起了一个外号：疯丫头。

小F与小A相反，是第一次应聘美术编辑工作，专业能力多少有点生疏，人也内向，少言少语，穿着也像她的为人一样总是一身淡雅的套装，从来不用怪发型、亮眼装束标榜自己是搞艺术的，只是在小饰物上展示出不同于一般女性的审美眼光，说话温柔，很可爱，属于淑女型女孩。

一天中午，电脑室内突然飘出一股腥臭味道，弄得大家十分扫兴，也没有了工作热情，大家互相用猜疑的目光观察对方，想弄清到底谁是“发源地”。不久，一个眼尖的同事发现窗台下面有“嗦嗦”的响声，原来那里放了一个黑色塑料袋，里面居然是一大袋海鲜。众人的目光不约而同地集中在小A身上，因为这个袋子是她拎回来的。满以为她会把海鲜收起来，不承想她毫不在意地说：“你们真是小题大做，要找的竟是这个啊？嗨，这可怪不得我，这里的海鲜根本不叫‘海鲜’，充其量是‘海臭’，一点都不新鲜，简直比深圳的差远了。”她只管着唠叨，一点拿走的意思都没有。

这时，小F端过来一盆水说："小A姐，把海鲜放在水里吧，我帮你拿到走廊去，下班后你再装走。"

小A这才红着脸把袋子拎走，似乎还对大家有些意见。

结果可想而知，试用期一到，小A就背包走人了，尽管她的美术方案比小F做得要好，但老总却不想因为留下这样一个太不修边幅的人，而得罪其他职员。

分析：

小A的失误就在于，她把自己的才气和个性当作可以我行我素的资本。她失去这份工作，完全是由于她不注意自身的形象。相信这个教训会使她终生难忘。

一、影响职场发展的因素

职场发展看的是一个人的综合素质。综合素质高的人，才是职场发展的"潜力股"。那么，影响职场发展的因素有哪些呢？

（一）进取心

进取心是指使个体具有目标指向性和适度活力的内部能源，认真而持久的工作是个体事业成功的前提，而具有进取特质的个体也就具有了事业成功的心理基石。进取心强的人常能够审时度势选择适度的目标，并持久地、自信地追求这个目标。

（二）自信心

自信心能为个体在逆境中开拓创新提供信心和勇气，也能为面对怀疑和批评提供信心和勇气。自信心常常使自己好梦成真。没有自信心的人会变得平庸、怯懦、顺从。喜欢挑战、不怕失败、勇于突破逆境是自信心强的表现。

（三）自我力量感

虽然人的能力存在差别，但只要个体具有中等程度的智力，再加上善于总结经验、教训，善于改进方法和策略，那么，经过主观努力之后，许多事情是能够完成的。因此，可以把成功和失败归因于努力水平的高低和工作方法的优劣。

（四）自我认识和自我调节

自我认识和自我调节是指了解自己的优势和短处及与组织环境的关系。大学生应学会调整自己的生涯规划、学习时间等。

（五）情绪稳定

稳定的情绪有利于工作的顺利开展。冷静、稳定的工作状态为工作提供了适度的激活水平。焦虑和抑郁会使人无端紧张、烦恼或无力，恐惧和急躁易使人忙中出乱。

（六）社会敏感性

社会敏感性是指对人际交往的性质和发展趋势有洞察力和预见力，善于把握人际交往的逻辑关系。行动之前要思考行为的结果，设身处地地想一想他人的处境，乐于与人交往，能设身处地体察他人的感受。

（七）社会接纳

社会接纳指在承认人与人不同的前提下接纳他人。社会接纳是建立在深厚的个人关系的基础上的。大学生要学会真诚地尊重他人，在与他人交谈时注意认真倾听并注视对方。

（八）社会影响力

社会影响力是指有以正直和公正为基础的说服力，有和他人合作的精神。要提高社会影响力，就要做到以下几点：善于沟通和交流，具有自信、幽默等特质，仔细、镇静、沉着，注重仪表、身姿，具有忠诚和正直的品质。

二、职场必备的基本素质

步入职场，不仅需要认知职场，还要培养进入职场必备的基本素质，这样才能在职场里脱颖而出。

（一）分析、判断、决策和行动能力

良好的分析、判断、决策和行动能力是优秀职场人的基本素质，等待和优柔寡断是不可能成功的。一位成熟的职场人在遇到突发事件时，会及时对事物或事件进行剖析、分辨，进行观察研究，进而做出决策和行动。分析判断能力强的人，能自如地应对一切难题；而缺乏这种能力的人，往往对问题不得其解，以致束手无策。因此，分析判断能力是进行决策和行动的基础，一个看似复杂的问题，经过理性梳理，会变得简单、有规律可循，做出决策和行动就相对容易。

职场箴言

古往今来，但凡伟大的人物都具备良好的分析、判断、决策和行动能力，这与他们深厚的理论素养分不开。

（二）善于学习和努力接受新事物的能力

善于学习，努力接受新事物是优秀职场人的素质。有句名言这样说：“在你的职业生涯中，知识就像牛奶一样是有保鲜期的，如果你不能不断地更新知识，那你在职场中便会迅速被落下，因为企业中的一切都与学习有关。生存的第一要义就是要会学习，懒于学习的人，

实际是在选择落后。”大部分人一生所生活的环境，除了家庭就是职场，人生的意义、价值绝大部分都是在职场中体现出来的。职场如同战场，在职场中成就了伟业的人，没有一个是不爱学习的。

案例 5-9 王选：汉字激光照排技术的革命者

在20世纪80年代，计算机技术正蓬勃发展，汉字的处理在世界范围内受到技术挑战。汉字印刷历经数百年，一直未有根本性变革，仍陷于繁复且效率低下的铅字排印时代。王选，一位对科技充满敬畏和探索精神的学者，站在了这一技术革新的风口上。

在当时，全球计算机软件的主流语言是英语，现有的编程语言和处理系统并不适用于笔画复杂的汉字。王选和他的团队面对两个选择：一是继续依赖并改进传统技术，二是彻底打破常规，创造一套全新的汉字电子排版系统。他们决定选择后者，这意味着将进入一个几乎没有现成技术可以借鉴的全新领域，必须自学并精通当时最前沿的激光技术和计算机编程知识。这项工作需要大量的创新和实验，他们甚至要重新设计字符生成和排版算法。经过多年努力，王选和他的团队成功研发出中国第一代汉字激光照排系统，这一系统不仅使汉字排印效率大幅提升，更标志着中国印刷行业的历史性跨越。

王选坚持开发适合汉字特性的系统显示了他学习和摸索新技术的决心。在那个电脑编程仍然是西方科技主导的世界里，他带领团队学习掌握了先进的电子和计算机技术，将它们与中国传统文化及语言特点相结合，成功地将中国的汉字印刷行业带入了新时代。

（三）良好的职场适应力

职场适应力，是指适应职场环境的能力。进入职场，一定要以积极地心态面对现实，经常给自己一些积极的心理暗示。比如，对自己说“有压力是好事，这样可以帮助我走出象牙塔，走出那拥有保护膜的学堂。我可以锻炼自己的社交能力，了解职场，适应职场”等。良好的职场适应力是取得事业成功、实现自我价值的必要前提。它有助于调和人际关系，使自己更快地融入组织，在职场竞争中脱颖而出。

案例 5-10 学会自我反省

马克小时候到自己家相邻的一个大院子里玩。在游戏中间，一个长得十分瘦小的孩子说了自己的意见，马克没有多想，就把人家噎了回去，话说得很难听，结果两个人打了起来，马克被狠狠地揍了一顿。对马克来说，第一次被人狠揍，心里感到很委屈，但他也由此得到一次重要的、很好的教训。这次教训一直留在马克的记忆里。

挨打之后，他总结了这么几条：第一，是自己不对。那孩子只是说了自己的意见，而自己顶撞人家是有意冒犯，因此受到了应得的惩罚。第二，如果当时站在自己面前是一个人高马大的壮汉，也许自己不会那么粗暴，因为那孩子看上去很瘦，自己才敢对他撒野，以至吃了苦头。因此今后不论对谁都不能这样做，这次挨打就是一个证明。第三，自己也太不堪一击了。在任何情况下，为了能够还击，自己都应当是个强者。第四，不到万不得已，不能轻易卷入任何冲突中。

（四）客观评价自己和他人

每个人都有优点与缺点，所以要客观地看待自己和他人。了解自己，就是尽可能全面、客观地评估自己的比较优势，对他人要客观看待，尽可能看到别人的优势，即使是竞争对手，也要以和为善。

（五）包容

包容是一门精深的艺术。现代社会越来越需要包容，只有互相包容才能和谐。包容既指包容自己，也指包容他人。包容自己是指不要纠结过去，要向前看；包容他人是指要包容他人的错误。立场不同、所处环境不同的人，很难了解他人的感受。因此，对别人的失意、挫折、伤痛，要抱着一颗宽容、关怀的心。

职场箴言

包容是一门学问，学会包容的人，就学会了生活；懂得包容的人，就懂得快乐。

（六）沟通

沟通是人们职场生存和发展的重要素质。职场人每天所做的大部分事务都与沟通有着千丝万缕的关系。无论是在求职，还是已经身在职场，有效沟通都是你通往成功的桥梁。

（七）良好的职场礼仪

职场礼仪，是指人们在职业场所中应当遵守的一系列礼仪。礼仪是一个人职业形象的外在表现形式，是内在素质的外化。职业形象是内在和外在素质的统一体现。因此，一个优秀的职业人也应具有良好的礼仪素质，这项素质也是一个职场人必备的基本素质。

（八）文化认同

企业非常重视入职新人的性格和心理素质。性格与心理素质往往与能否认同企业文化相关。企业所期待的员工，不仅要能力出众，更要认同企业文化。

三 职场自我修炼

同样的工作环境，为什么有人业绩出色、前途无量，能成就卓越的自我，而有些人却业绩下滑，碌碌无为，不但平凡甚至还很平庸？同样的能力资质，为什么有人能得到领导重用而平步青云，而有些人却原地踏步，总是抱怨自己怀才不遇？原因就在于工作卓越的人时常进行自我修炼，时刻进行自我管理，不断进行自我提升。

职场箴言

能否进行自我修炼和自我管理，左右着人的成就大小，决定着人的事业成败。

（一）职业品德修炼

职业品德是职场发展最基本的修炼。企业流行的用人观念是有德有才重用，有德无才培养着用，有才无德或无才无德不用。

职业品德包括多方面，忠诚、敬业、勤奋、奉献、热情、谦逊等。这些品德中，忠诚又是第一位的。无论是谁做老板，都不希望把一个缺乏忠诚的人放在自己身边。

职场箴言

小胜靠智，大胜靠德。迈向职场巅峰的第一级台阶就是德。

（二）阳光心态修炼

职场是社会的局部，社会上的各种现象，在企业里也存在。有的人在职场过得苦闷，有的人过得快活，有的人如鱼得水，有的人寸步难行，这都取决于人的心态。

每一个人在其成长过程中，都要经历一个心态发展过程。年少时，人们接受的教育、阅读的图书、观看的少儿影视作品，都传递一种信息：世界是美好的。随着人们长大，就会发现，世界还有很多丑陋的、阴暗的东西，和长辈们说的、书上及影视作品上说的不是一回事。这时，有的人心态发生了偏离，愤世嫉俗，甚至觉得自己不该来到这个世界上，这类人的心态发展是失败的，他们的心态是阴暗的。而另一些人，则通过思考，认识到世界的本真面貌就是美与丑、是与非的结合体，他们逐渐成熟起来，接受现实，并努力让自己适应这个世界，这类人的心态发展是成功的，他们的心态是阳光的。

（三）团队精神修炼

团队精神就是大局意识、协作精神和服务精神的集中体现。团队精神的基础是尊重个人的兴趣和成就。核心是协同合作，最高境界是全体成员的向心力、凝聚力，反映的是个体利益和整体利益的统一，并进而保证组织的高效率运转。当今时代，是一个依靠团队才能取胜的时代。随着科技分工越来越细，单打独斗的“个人英雄主义”已经很难在某一领域取得大成就。

企业是由一个一个团队构成的。缺乏团队精神的人，注定成为孤家寡人，没有人支持你，没有资源向你汇集，别说做成事，就连把工作维持下去都不可能。正如古人所说：“千人同心，则得千人之力；万人异心，则无一人之用。”

职场箴言

在团队中，只有“我们”，没有“我”，没有“你”，更没有“你们”。

案例 5-11 千里走单骑——诸葛亮的团队智慧

诸葛亮，三国时期蜀汉的丞相，也是历史上著名的军事战略家、政治家和文学家。他以其卓越的智慧和远见，一手辅助刘备建立了蜀汉政权，成为后人赞颂的人。

诸葛亮的成功体现在其精于构建和管理团队的智慧上。首先，团队构建与领导。通过《出师表》这份感人至深的文书，我们可以了解诸葛亮如何以国家和民族大义为重，凝聚团队共识，并深深植入团体合作的精神。他不仅仅关注战略层面的宏图大业，更在乎如何激励团队中的每一个个体，让他们各司其职，协同合作。其次，充分信任与授权。在治国理政和征战沙场上，诸葛亮充分信任他的团队，并给予必要的授权。他明白，在复杂多变的战局中，一个人的力量是有限的。于是，他依靠的是一支既有严密纪律又能发挥灵活创造力的团队。最后是运用多样性与互补性。诸葛亮的故事强调了团队成员多样性的价值。在他的领导下，关羽和张飞这样的猛将与赵云、黄忠这样的智将，以及庞统、法正这样的谋士共同为蜀汉的建立立下大功。诸葛亮善于识人善任，让不同才能的人在最适合他们的位置上发挥作用，使得团队的整体能力得以最大化。

（四）T型人才修炼

T型人才，是指具备宽泛的知识和技能，同时在某一方面或某一领域又有相当突出的知识和技能的人，通常地说就是“杂家+专家”，他们知识面宽，同时又有专长。

读书的时候在学习，但不意味着工作之后就不用学习了，只有学习才能够让自己得到成长。知识的厚度需要不断积累，否则随着时间的变化、行业的发展，人的能力就会跟不上发展要求。所以，那些仅仅满足于“毕业”的人，是没有什么前途的。而那些在学好专业知识的同时，再修炼一项技能的人，更容易成为脱颖而出的人才。

（五）激情与活力修炼

激情与活力，是一种非常重要的成功因素，甚至是一种职业形象。当一个人充满激情与活力时，不仅能够打动上司和老板，更能感染一个团队。

激情与活力，要靠自己来激发：不断为自己确立新的目标，让自己永远处于攀登状态；不断用未来的成功景象来激励自己，增加自己的信心；用合适的方法释放压力，让身体处于最佳状态。视工作为一种信仰，追求工作的完美，在追求中激情和活力随之而生。

（六）情绪修炼

情绪是个体对外界刺激的主观体验和感受，具有心理和生理反应的特征。成功者管理情绪时，总是注重三个要点：一是不能改变环境就适应环境，二是不能改变别人就改变自己，三是不能改变事情就改变你对事情的态度。

情绪是个人的资产，也是企业的资产，但如果管不好，就会成为负债。管理自己的情绪，不仅是职业成功的保证，也是人生成功的重要保证。很多不会管理情绪的人，常常会让自己陷入孤立的境地。

职场箴言

成功者善于控制自己的情绪，并努力剔除情绪中的消极因素，保留并放大积极因素。

（七）人脉修炼

在职场中，建立良好的人际关系，得到大家的尊重，无疑对自己的生存和发展有着极大的帮助，而且有一个愉快的工作氛围，可以忘记工作的单调和疲倦，对生活保持美好的心态。

为人正直，用心并努力，那么做个让人喜欢的好同事，拥有好人缘并不难。工作便也成了一件让人快乐的事。快乐地工作，就可以在工作中发现很多有趣的事情，学习到许多新知识，积累大量经验。因此，修炼好自己，才是对人脉最好的经营。

（八）资源整合能力修炼

资源整合是系统论的思维方式，是指要通过组织和协调，把企业内部彼此相关但彼此分离的职能整合在一起，把企业外部既参与共同的使命又拥有独立经济利益的合作伙伴整合成一个为客户服务的系统，取得“1+1＞2”的效果。

未来企业和个人的核心竞争力是资源整合能力。在企业里，常常可以看到这样的情况：有的人办事很顺利，有的人办事却处处碰壁。那些办事顺利的人，通常是资源整合高手，他们能够让企业各方面的资源向自己汇集，甚至向自己倾斜。因此，加强资源整合能力的修炼，在观念上，树立资源都是可用的现代管理理念；在眼界上，要具有开阔的视野和独到的眼光；在行为上，要走出去，多和别人接触，养成换位思考的习惯，铸就辉煌事业。

案例 5-12 张骞开丝绸之路——资源探索与新路拓展

在西汉时期的长安，一个繁荣的帝国中心，出现了一个名叫张骞的人物，他的故事至今仍让世人津津乐道。张骞，作为汉武帝时期的著名使者，他的使命是开辟与西域诸国的直接联系，建立一个新的贸易通道，即后世熟知的“丝绸之路”。

张骞第一次出使西域不幸被匈奴俘虏，十多年后才逃回来，但他的意志并未被摧毁。经过充分准备和分析，他再次踏上了通往西域的艰难旅程。在路上，他不断探索和记录，收集信息，并运用这些信息指导他的行动。这种信息的积累和分析是一种资源的整合过程，为他未来的成功打下了基础。他不仅打开了东西贸易的新通道，而且促进了技术、文化、艺术、宗教甚至是科技知识在东西方之间的交流。他的这一壮举，实际上是对当时资源的一种全新整合和优化。丝绸之路不只是一个商贸通道，它更是一个文明的交流平台，将中华文明推向了世界。

张骞的故事充满着深刻的现代职场内涵。正如张骞探索未知和整合资源一样，今天的大学生和职场新人也应该持有开放的心态，借助现代信息网络，不断吸纳新知，拓宽视野，整合各类资源。无论是个人职业发展，还是企业竞争力提升，资源整合能力都是核心素养之一。我们要有敢于挑战未知、勇于面对困难的开拓精神，同时要学会如何整合身边的人脉、信息、知识，才能在各自的岗位上创造价值，打造自身的独特职场魅力。

（九）魅力修炼

魅力是指对他人的吸引力。人格魅力是一个人学识、素质、能力等方面的综合反映，是对人内在素质和外部形象的抽象概括。不同的人具有不同的人格魅力。人格魅力通常包括三个层次，一是容貌、仪表方面的吸引力，二是人格、道德修养方面的吸引力，三是学识、思想方面的吸引力。

具有人格魅力不是一朝一夕的事，更非刻意的做作，只有始终如一地用各种知识来丰富自己，用各种道德修养来约束自己，以各种具有优秀人格魅力的人为榜样来改造自己，才能具有这种发自内心世界的气质美。

案例 5-13 屠呦呦的专注与奉献

在20世纪70年代，屠呦呦作为一个训练有素的药理学家，接到了一个具有挑战性的任务：在没有先进实验设备和充分研究基金的条件下，寻找治疗疟疾的新药。当时疟疾在全球范围内造成了严重的健康危机，尤其是在发展中国家。屠呦呦带领的团队深入研究了古老的中医文献，从数千年的草药使用传统中汲取智慧。在她的领导下，团队对340多种中草药进行了筛选，并最终确定了青蒿作为潜在治疗药物。随后，他们从青蒿中提取了青蒿素，这一发现最终证明是治疗疟疾的突破，并大幅降低了全球疟疾死亡率。

屠呦呦的故事极大地鼓舞了职场人。它提醒我们职场魅力修炼不仅依赖于智慧和技能，还需要具备坚定不移的专注、无私的奉献、持之以恒的坚韧、富有想象力的创新，以及谦逊的个人品质。

总结案例

自我修炼成就人生

在许多年前，吴某还只是一个护士，她渴望着自己职业的转换。1985年，中国改革开放如火如荼，电子行业飞速发展，人才紧缺。她决定到某公司去应聘。当时，某公司的招聘地点在长城饭店，这是一个五星级的饭店。在长城饭店门口，她足足徘徊了五分钟，呆呆地看着那些各种肤色的人从容地迈上台阶，简简单单地进入另一个世界。她的内心深处无法丈量自己与这道门之间的距离。

经过一番思考，她鼓足了勇气，迈着稳健的步伐，穿过威严的旋转门，顺应内心的召唤，走进了世界最大的信息产业公司的北京办事处。她的确是一个人才，顺利地通过两轮笔试和一轮口试，最后到了主考官面前，眼看就要大功告成了。

主考官没有提出什么难的问题，只是随口问她会不会打字。

她本来不会打字，但是本能告诉她，到了这个地步，不能有不会的。

于是，她点点头，只说了一个字："会！""一分钟可以打多少个字？""您的要求是多少？""每分钟120字。"

她不经意地环视了一下四周，考场里没有发现一台打字机，她马上就回答："没问题！"主考官说："好，下次录取时再加试打字！"

实际上，吴某从来没有摸过打字机。面试结束，她就飞快地跑去找一个朋友借了170元钱买了一台打字机，然后没日没夜地练习了一个星期，居然达到了专业打字员的水平。

她被录取了，成了这家世界著名企业的一名员工。吴某每天除了工作就是学习，寻找自己的最佳出路。最终，在新的雇员中，她第一个做了业务代表；她第一批成为本土的经理；她成为第一批赴国外进行战略研究的人；她第一个成为某公司华南地区总经理。最后吴某登上了该公司总经理的宝座。

分析：

吴某的成功不外乎两点：职场素质与职场修炼。首先她清楚要在职场取胜应具备的素质，并通过学习努力完善自己；其次她并没有满足现状，懂得与时俱进，不断自我修炼。随着科学技术的进步和社会生产力的快速发展，职场需求也在发生着迅速的变化。因此，我们必须随时关注职场发展，调整职业方向，弄清职场供求变化规律。只有紧随时代，紧随市场，才会以自己的聪明才智和良好的职业素养，为自己今后的职业生涯开拓出宽广而又通畅的发展道路，将发展机遇牢牢掌握在自己手中。

活动与训练

活动5-3
职场礼仪

主题：形象与礼仪训练。

目标：学习在职场生活中应注意的职场礼仪。

建议时间：60分钟。

活动准备：学生通过互联网等途径查找相关资料，了解优秀职场人在礼仪方面应该具备的基本素质。

活动步骤：

步骤一：专家讲座。邀请专家做“优秀员工的仪容仪表仪态”的讲座。

步骤二：模拟练习。学生现场进行各种场合的职业礼仪模拟练习：办公、接待、拜访、宴请、签约等。

步骤三：现场指导。教师和专家进行现场职场礼仪指导。

总结评价：

（1）你认为礼仪重要吗？

（2）你平时注意过自己的言谈举止吗？

（3）你认为自己在礼仪方面还存在哪些问题？将如何改进？

（4）你认为公共场合应注意哪些用餐礼仪规范？

（5）从现在起，你将如何维护好个人形象？

思考与讨论

1. 你认为在职场生活中，注重个人仪表的意义何在？

2. 在商务活动中，应该如何注意自己的个人礼仪问题？

3. 为什么说当今社会中企业的形象和员工的形象有着重要的关系？

第六单元

自主发展与自我管理

第一节　树立自主发展意识

第二节　学会自我管理

第三节　自我管理类型及技能

引导语

“我的青春我做主”，这是当下非常流行的一句话，也是当今时代发展的潮流。培养自主发展能力是发展的核心素养，可以充分彰显个人发展的价值和思想，不仅能为个人的发展提供动力，而且能自我超越、自我实现，“活出自我”，找到生命的意义，充分体现人才培养及使用的有效性。但是，并不是每一个人都能够实现自主发展，因为自主发展是有条件的，要个人因素与外部因素的有机结合，并且要使二者正向互动。具备自主发展的素质和能力，特别是具备自主管理素质和自主管理能力，是实现自主发展的前提条件和基础。

学习目标

- 掌握自主发展的基本常识和基本技巧。
- 能够为自己设计适合的自主发展计划。
- 掌握自我管理的基本技巧与方法。
- 树立自我管理的意识，具备自我管理所需的基本素质与能力。
- 了解自我管理中的常见问题及基本规则。

第一节 树立自主发展意识

导入案例

为何没有适合我的专业

某高职院校男生王睿高中时幻想大学时光是放飞自我的美好时光，可入校后发现所选的口腔医学技术专业要学材料科学、力学等，非常枯燥，一点没有想象中那么有趣，王睿认为男生学护理很好就业，于是花了很大功夫终于转岗到了护理专业，可是实习时又发现男生去给病人做护理很难为情，于是准备考专升本换个专业。在备考中，父亲问他，到底想考什么专业，他脑子一片空白，反而问道："你觉得我适合什么专业？什么专业好？"王睿对自身具备什么特点、需求是什么并不明确，在备考的时候也是三天打鱼两天晒网，又觉得考试十分辛苦。王睿不知道自己到底喜欢什么专业，适合什么专业，前途似乎迷茫无望了。

分析：

王睿的迷茫源于他对自己没有一个清晰的自我认识，缺乏对自我的探讨，把希望寄托在外部发展的基础上，对自己没有一个客观全面的了解，对不同职业的前景和发展方向也比较模糊，没有明确的职业目的和方向，所以导致行动迷茫。

一、自主发展意识

在人的整个生命周期中，行为的形成和发展可以分为四个阶段：被动发展阶段（0—3岁）、主动发展阶段（4—12岁）、自主发展阶段（13—成年）、巩固发展阶段（成年—终生）。大学生处于自主发展阶段。自主发展不等于随意发展，而是在客观评价自身优劣和客观分析外部发展条件的基础上做出符合实际的决策。强化内在动力的自主发展，同外在推动力作用下的自主发展截然不同。

自主发展既需要了解自己的长处、兴趣点、性格特征等，又要看到自己的不足，使这种自我客观评价成为个体自我调控的内在依据，从而避免内在素质和能力与外部发展条件的要求不吻合，影响自主发展的质量。关于这一点，可以利用“周哈里窗”模式进行自我分析。

知识卡片

周哈里窗

心理学家鲁夫特与英格汉提出了一个著名的“周哈里窗”的自我分析模式——即“四个我”。“窗”是指一个人的内心就像一扇窗，“周哈里窗”是根据自己知道、自己未知、他人知道、他人未知四个方面形成的象限，将每一个人分成开放我、隐藏我、盲目我、未知我四个部分，当“开放我”越大，在某种程度上，说明你对自我有明确的定位和认知。

“周哈里窗”模式将每个人分成开放我、隐藏我、盲目我、未知我四个部分，通过缩小自我认知的私人领域、扩大公众领域来消除人与人之间因为认知差异所带来的误解；通过他人直接表达对自我无意识领域的认知，获得更好地了解自我的可能性，使自我无意识转向有意识的公众领域；通过各个领域的互动，缩小私人领域，扩大公众领域，以帮助自我与他人形成更好的交流环境。

（一）开放我

“开放我”又称“公众我”，是指自己知道、别人也知道的部分，通常是可以公开的信息，如姓名、性别、职业等。其象限的大小取决于自我心灵的开放程度、个性张扬的力度、人际交往的广度、他人的关注度、开放信息的利害关系等。“开放我”是自我最基本的信息，也是了解自我、评价自我的基本依据。

（二）隐藏我

“隐藏我”又称“隐私我”，是指自己知道而他人未知的部分，通常是个体的隐私秘密，比如，个人的痛苦经历或不愿被人知道的欲望想法。一般善于隐忍、自卑的人这部分会多一些，虽然适度地隐藏可以保护自己不被伤害，但过度地隐藏会竖起与他人沟通的城墙，让自己陷入孤独之中。要想充分地了解自己，探索自我，不能只停留在“开放我”的层面，还应敢于直面“隐藏我”的秘密和实质。

（三）盲目我

“盲目我”又称“脊背我”，是指自己未知而他人知道的部分，即“当局者迷，旁观者清”。

比如，对忽略你感受的人表现出敌对情绪，自己没有察觉，当别人提出时，你可能会辩解、质疑。“盲目我”象限的大小与自我观察、自我反省的能力有关，通常善于自省的人，此象限就比较小。

（四）未知我

“未知我”又称“潜在我”，是指自己未知、他人也不知道的部分，常指值得挖掘的潜在能力或特性，或是潜意识里不被意识层面所接受的欲望冲动等。比如，你不擅长绘画，但你嗓音很不错，经过后天的不断努力，你极有可能称为音乐家。生活中适度挑战一些有难度的任务，有助于更全面而深刻地认识自我、激励自我、发展自我、超越自我。

“周哈里窗”理论能帮助人们跳出自我思维的局限，从不同视角更清晰地认识自己。同样，可以利用“周哈里窗”辅助进行个人自主发展，从而更加清楚自己的优势与劣势，发掘自我潜能。

二、自我选择发展意识

做事情没有主动性，就不会有创造性，创造性来自自主性。自主发展的前提是自我选择发展，而不是被动发展。通常讲的自主择业，就是自我选择、自主发展。

自我选择是指在客观评价自己的基础上，根据自己的优势、兴趣和能力做出的判断与选择。自主发展是指主体性的人的发展，代表着个体对自己发展道路的自由选择，个体可以通过自主选择而获得不同的发展与方向。选择是自由状态下人的生存方式，也是一种生活的能力。很多人不是输在没有机会、不够自由上，而是输在不敢选择上。

案例 6-1 我的人生我做主

孟晓家世代中医，家里人希望他能传承自家医术。她本身对中医也非常感兴趣。进入大学后她不仅苦练针灸推拿技术，培养对药材的辨识能力，还选修“医学影像技术”专业，同时辅修心理学课程。在寒暑假时她在家里开的中医馆里研究老中医的药方。同学们大多在逛街、打游戏时，她几乎都泡在图书馆。同学们觉得很好奇，对一门课程需要付出那么多的精力来学吗？可孟晓认为大学的图书馆有着丰富的藏书，只有对不同学科都有了解才能对病人做更全面准确的诊断与治疗，而学习不是单纯为了应付一场考试。

毕业时孟晓按照最初的想法回到了自家的中医馆。有的同学为她感到惋惜，都认为她可以进一个三甲医院或者更好的企业。孟晓认为，基层乡镇对精湛的医术需求更迫切，因为乡镇病人没有更大的经济实力承担治疗的费用。在孟晓心中，始终有自己的价值观和选择初心，并在这条道路上一直不懈的追求，当选了这条道路后，无论有多艰难，她都克服困难坚持自己的人生选择，坚持医者仁心的职业理想。

三 把握发展机遇的意识

自主发展需要具有抓住发展机遇的竞争意识。机不可失，时不再来。自主发展还要有高昂的发展热情，变“要我发展”为“我要发展”，有不服输的韧劲、冲劲和干劲，不放弃每一次发展机遇。没有这种把握发展机遇的意识，自主发展就是空谈，因为机会总是垂青那些有准备的人。

案例 6-2 “玻璃大王”如何抓住机遇拓展“一片玻璃”边界

曹德旺，1946年出生于福建福清，是福耀玻璃集团的创始人、董事长。1987年成立的福耀玻璃集团，目前是中国第一、世界第二大汽车玻璃制造商。他现为福耀玻璃工业集团股份有限公司董事长、福州大学客座教授。曹德旺从小家境贫困，在濒临倒闭的玻璃厂当采购员时发现水表玻璃市场大，于是承包该厂，很快使其扭亏为盈。但水表玻璃利润低，他又在一次坐车过程中发现商机，转向利润更大的车窗玻璃市场，打破了外企囤货居奇，坐地起价的时代。但居安思危的他，为了保持技术优势，不断砸重金买设备、搞研发技术领先的福耀玻璃，一路勇往直前，发展速度惊人。2001年底，中国加入世贸组织。他紧抓机遇，立刻迈着大步走向世界。后又不惜成本花费了4年时间打赢中国第一个倾销调查官司，实现了玻璃市场从中国走向世界的雄心壮志。早已功成名就的曹德旺，认为赚钱是企业家的工作，但回馈社会才是企业家的义务。截止2023年初，他在国内捐款已经超过110亿，是当之无愧的“中国首善”。一家企业经营得是否成功，往往取决于企业管理者是否善于抓住天时、地利、人和的机遇，能付出多少努力和时间。

四 主动的发展规划意识

前面已经讲过，自主发展并非随意发展，需要制订发展计划，确立自己的发展方向和目标。简单来说，就是知道自己要什么、追求什么。有了目标的指引，就会感到肩上的责任，就会产生一种使命感。所以要实现自主发展，首先要有主动规划的意识，并有针对性地提升自主发展的能力。

职场箴言

详细可行的职业生涯规划是人才成功的基石。

知识卡片

麦格劳博士的“七步策略”

如果你对自己的发展目标不清楚，那么发展就是空谈。麦格劳博士设计的“七步策略”对自主发展很有借鉴价值。

第一步：用具体的事件或行为来表达自己的目标。目标不允许有任何混淆不清的地方，希望得到什么、欲求是什么必须非常清楚。为了实现这个目标，还必须把它转换成具体行动。

第二步：用可以度量的语言来表达目标，使目标量化。你需要知道自己实现目标的活动进展如何，你是否具备实现目标的能力，你的进步状况如何。

第三步：给目标定一个时间期限。目标需要有非常具体的时间表或日程。划定的最后期限会让你产生紧迫感，这种感觉反过来会成为重要的促进因素。

第四步：选择一个你能够控制的目标。目标必须与你生活有关，是你能够控制、操纵的目标。

第五步：计划和确定一个能够帮你实现目标的方案。认真追求一个目标，就要求你现实地评估障碍和所涉及的资源，而且你还必须为达到这个现实的目标制订一个方案。

第六步：从步骤的角度确定自己的目标。将目标分成可实施的步骤，它们最终会帮你达到所希望的结果。

第七步：为实现目标的过程确立一个考评办法。目标每实现一步都要有可测量的考评办法。

上述“七步策略”的完成，能够帮助人们将最初的梦想变成脚踏实地的努力，最终实现自己预设的目标。

五 坚定的执行意识

执行意识，是指由纪律意识、责任意识、团队意识、服从意识和创新意识这五大意识构成的综合意识。执行意识是自主发展的核心能力，没有执行意识，有再好的发展目标也是空谈。具有执行意识的人会对目标立即采取行动，做到今日事今日毕，并善于学习和总结。当面对暂时的、不尽如人意的状况，不会轻易放弃。

职场箴言

能够控制住自己的人，才能掌握自己的命运。你的自律程度决定你的人生高度。

案例 6-3 海尔的崛起

“海尔”是一个由濒临倒闭的小厂发展成为称雄国内外市场的企业集团。今天的海尔为什么这么强大，知名度这么高呢？海尔为什么会做得这么好呢？其实，他们也是从每件小事做起的，也是从一家小公司发展起来的。在海尔，你会看见这么一个标牌：“日事日毕，日清日高。”海尔的所有人都会以这句话作为目标。在张瑞敏把那76台冰箱砸掉后，每个人的心中都刻下一道深深的永远不能磨灭的伤痕，“它”时刻都提醒他们，要有强烈的责任心，做好每件小事，每个细节。终于海尔在中国的市场上拿下了第一块金牌。

日事日毕，日清日高，执行力要从每日的工作做起。

总结案例

对三个就业方向的纠结与取舍

李涵，性格外向，喜欢与人交往，爱好文学，大学期间一直在学校校报当学生记者，多次获得校级“优秀学生通讯员”称号，并在校报发表新闻报道及文学作品数十篇。然而，她在大学毕业面临职业选择时却显得很苦恼。当时，李涵身边的同学都积极准备考研或就业，李涵却在考研和就业方面有些犹豫。她想考取名校的硕士研究生，将来去大学当老师，但在专业选择方面左右为难。思想政治教育专业是自己大学学习的专业，选择这个专业相对容易些，家人也希望自己选择这个专业。然而，李涵想早点参加工作，最好能从事自己喜欢的新闻工作，将来去报社或电视台应聘记者，但又害怕自己不是科班出身而遭到拒绝。

后来，她经过仔细研究自己的职业兴趣以及对大学教师、记者、公务员这三种职业所需的素质和能力做了全面的分析，又认真回想了自己的性格弱点，最终选择了考研，再去大学做教师。如今，她已在某知名大学从教三年，去年还评上了校“优秀教师”。

分析：

李涵今天的成就来源于她清晰的职业目标以及面对实际情况有完整而确切的认识，意愿与行动相统一。

活动与训练

活动6-1
认识自我

主题：自我分析与自我发展。

目标：

（1）认清自我。

（2）在自我分析的基础上做出自主发展计划。

建议时间：20分钟。

活动准备：深入理解“周哈里窗”模式和麦格劳博士的“七步策略”。

活动步骤：

步骤一：自我分析。请学生做自我分析，结合自我分析内容做出自主发展的计划。

步骤二：将学生分成若干4～6人的小组。每位组员首先各自完成自我分析的报告，并制订自主发展的计划。组内互相监督帮助。

步骤三：小组讨论。每组组员向组内同学简要介绍自我分析报告的撰写情况及自主发展计划的制订情况。

步骤四：分组演讲。各个小组选派代表在班级内进行展示。

步骤五：学生互评。选出学生代表，进行现场展评。

步骤六：教师总结。教师针对点评结果，阐述如何进行自我分析及如何制订自我发展计划。

总结评价：

（1）你认为自主发展意识培养的重要性体现在哪里？

（2）通过这次活动的学习，你会选择哪些策略来继续加强对自主发展意识的培养？

思考与讨论

1. 如何认识或挖掘隐藏我、盲目我和未知我？

2. 试用麦格劳博士的“七步策略”制订一个可实施的发展目标并逐步去实现它。

第二节 学会自我管理

导入案例

小周今天的情况是如何造成的

小周学的专业是室内设计，大学毕业时听别人说通信公司薪资福利很好，于是他进了一家通信公司做文职工作。现如今，工作两年了，期间调过一次岗，调岗后的工作很轻松，许多事情都是同事在做，所以他什么都没学，享受着舒适的生活。今年公司在现在的城市没有项目做了，公司要把他调到别的城市，不升职、没加薪，做的工作就是调岗之前的。他曾一度非常厌倦并想摆脱这项工作，但是毕竟还有一点经验。

小周现在要么辞职，要么去另外一个人生地不熟的城市做以前不喜欢的工作，工资还不高，他陷入了两难。辞职的话，现在没有另一份工作保障生活。他喜欢这个繁华大都市，所以想留在这个城市，不愿回老家。但是没有工作，还要租房吃饭，压力也很大。

小周自己也不知道往后要做什么，适合做什么，找什么样的工作。自己想有发展，可实在不知道该做什么，也怕找不到工作，经历那么空白，没有出彩的才能，非常迷茫困惑与悲观。人往高处走。看着以前同学都已步入正轨，自己却一事无成，他不由得产生了强烈的挫败感。

分析：

在本案例主人公小周身上发生的事在当今的大学毕业生中不是个案，原因是小周在学习与工作过程中目标管理做得不好，缺乏职业理想和目标追求，有着“今朝有酒今朝醉”的心态，走到哪做到哪儿，想到哪儿做到哪儿。最重要的是他缺乏自律性，没有自我管理的能力，做事不能持之以恒。

一、树立自我管理的意识

自我管理，是指一个人能够有效地管理自己的时间、精力和资源，以达成自己的目标和愿望的过程。自我管理能力是当代大学生必须具备的一种能力，也是高校培养人才必须达到的一个目标。如果没有自我管理意识，总是被动地被别人管理，就会逐渐失去发展内驱力。自我管理意识强的人，随着成就感的提升，发展的内动力不断增强。良好的自我管理能力是组织与个人共同成长的持续动力。缺少了自我管理，就好像穿上溜冰鞋的八爪鱼，眼看动作不断，可是却搞不清楚到底是往前、往后还是原地不动。

个体管理成长可分为三个阶段。年龄尚小的时候，我们在父母的约束管理下健康快乐地成长；到了求学阶段，需要老师的监督，但已开始有意识地树立自我管理意识；将来走向社会、步入职场、独立生活之后，自我管理才算是真正开始。

案例 6-4 小王的困惑

小王大学毕业后，顺利进入一家公司工作。但他每天做事情很随意，下班回家后也不知道该做什么。看着周围的同事干劲十足，他很不理解，不知道他们为什么每天能过得这么充实。在一次企业内部培训会上，他第一次听到了“自我管理”这个概念。他认为，自我管理是一个与自己无关的概念，因为管理是与管理者有关的事，自己是员工，谈什么管理呢？其实，自我管理是每一个员工不仅应该高度重视，而且也要完全做好的事情。不仅如此，如果一个员工在单位和职场想要更好、更快地发展，自我管理也是最应该培养的素养之一。

职场箴言

不断地反省、提高自己是成功的前提。俗话说：“天不怕，地不怕，不了解自己最可怕。”

二、自我管理的内容和所需素质

自我管理的12个方面

（一）自我管理的内容

自我管理的内容包括言谈举止、品行素质、知识能力，以及如何做事。

（1）言谈举止属于自我行为管理，基本要求是得体。人只有与人交流、与人打交道才能获得更大的收获，在这个过程中人要通过得体的言行举止使别人认识自己，言谈举止是否得体决定了对方是否愿意与你继续交往。人如果不能规范自己的言谈举止，就会使人反感，别人反感自己，就不会过多地与自己进行交流、一起共事，自己也就不会获得别人的支持，这样就陷入了孤立的境地，一个人本事再大与一个群体相比也只是很小的本事。所以言谈举止是个人对外的窗口，必须认真对待，尽可能规范言谈举止，做一个别人喜欢的人，才会赢得发展的机会。

（2）品行素质属于自我综合管理，基本要求是仁义礼智信。综合考量一个人的品行素质，要从这几方面进行。无论哪个方面，对个人的发展和影响都非常大。比如，一个人不讲信用，当他遇到困难时，别人也不会帮助他。

（3）知识能力方面属于个人发展管理，基本要求是学以致用，讲究技巧。要不断地学习，不断地运用，坚持把学习到的东西与实践联系起来，与自己的实际工作联系起来，不仅要学会认识规律，而且要学会利用规律。

（4）如何做事的基本要求是会决策、有计划、有步骤。比如，你的人生的目标是什么，这是决定，然后要针对决定有计划、有步骤地做下去，这才是正确的做事方法。

良好的自我管理可以最大化地利用自我潜能和自身资源，做到扬长避短，更有利于个人能力的提升和职业生涯的发展。

（二）进行自我管理所需的素质和能力

要管理好自己，需要具备一定的管理素质和管理能力。不仅要知道管什么、怎么管，还要知道具备什么素质和能力才能够管好。自我管理素质和能力主要包括三个方面。

1. 学习意识和学习能力

学习是永恒的话题。学会自我管理，首先要学会向书本学习，向实践学习，向典范学习。学习不能只停留在表面上，要变成自己的行动。另外，还要不断发现自己的优势，提升自己的正能量和内在动力，提升自我管理的自信心。

案例 6-5　从高职毕业生到管理专家之路

朱玉雷从事石油地层勘探工作15年来，先后完成技术创新成果20多项，从一名高职毕业生成长为地震钻井和机械设备管理方面的专家。

朱玉雷给自己定下规矩：每晚要拿出2 ~ 3个小时学习。当时他每月工资仅有100多元，除去吃饭全买了书籍。他利用晚上的时间刻苦学习，最终考入一所大学的矿业机械专业深造。他在地层结构复杂的某工程中，创新出了爆炸法和旋转法两种新工艺，为钻机组节约生产成本20多万元；随后，又在新疆准噶尔盆地边缘钻井过程中重新改装了反循环钻井，一天打出了450口井，创下了沙漠砾石区的钻井纪录。朱玉雷带队连续参加了西部地区十几个施工区块的施工，完成地层钻井14万余口，合格率100%，为钻井事业做出了巨大的贡献。

2. 敢于客观评价自己

自我管理是扬长避短的过程，只有克服自己的不足，才能管理好自己。首先要有敢于面对自己不足的勇气，能够接受批评和自我批评，常常反省，知错就改。其次要善待自己，正确面对并解决生活中的不如意，摆脱浮躁，消除郁闷，保持一颗清净的心。客观评价自己的目的是完善自己，提升自己，切忌出现由于错误的自我评价而意志消沉的现象。

3. 将行动落到实处

现实中曾承诺完成的事情如果没有落实到实际行动中，做事就会有始无终。由此可见，落实行动是自我管理的关键。为此，可以从以下三个方面努力：一是培养执行意识，将立即行动作为日常行为习惯；二是做事要有目标、有计划，注重工作细节，事后要反思总结，将计划变成自我管理的有效工具；三是学会自我激励，如总结优点、分析原因，不断发扬优点，从而增强自己的自信心。

三 自我管理中的常见问题

（一）过度依赖

有些学生独立生活能力差，家长、学校忽视了对这些学生自我管理能力的培养，所以导致其生活上存在很大的依赖性——依赖家长、依赖老师，不会安排自己的学习和生活。

（二）没有目标或目标不明确

没有目标或目标不明确，这是当今学生常见的问题。部分学生自我约束能力不强，缺乏自主学习、自主发展的意识和能力。

（三）没有计划或计划不合理

计划是自我管理的工具和手段，没有计划地做事很容易失去条理。当面临有许多事情要做时，就要分清轻重缓急，不能眉毛胡子一把抓。要想生活、工作得有质量，一定要先制订合理的行动计划。

知识卡片

控制目标与实现目标的方法

一份计划一定要阐述清楚“做什么”（目标、任务）、“做到什么程度”（要求）和“怎样做”（措施，办法）三项内容，最好同时借助SMART原则控制目标。

S是指明确性（specific）：即要用具体的语言说明要达成的行为标准。

M是指可衡量性（measurable）：即应该有一组明确的数据，作为衡量是否能够达成目标的依据。

A是指可达成性（attainable）：即目标是能够被执行人接受的，既要使工作内容饱满，也要具有可达成性。

R是指相关性(relevant):即实现此目标与其他目标的关联情况。如果制订的目标与其他目标完全不相关,或者相关度很低,那么即使达到了这个目标,意义也不是很大。

T是指时限性(time-bound):即目标是有时间限制的。没有时间限制的目标没有办法考核,或可能出现考核的不公。

(四)缺乏时间观念

时间是最宝贵、最稀缺的资源,在工作中如何合理利用时间至关重要。没有时间观念,就可能沉迷于无意义的活动中,还有可能养成拖拉的坏习惯,最终造成工作效率低下。所以,对时间进行管理具有重要意义。

案例 6-6 格里“时间管理上的紧迫感”

格里在时间管理风格上最重要的特点之一是需要有时间观,即他所说的“时间的紧迫感”。他认为,管理者应该确定自己生活的主要目标,把这些目标排列出优先次序,然后进行分析,消除那些阻止完成这些目标的浪费时间的因素。你把别人能够做的事交给别人做,把只有你才能做的事保留下来自己,这样就能消除那些不重要的事情。他还认为,要定期抽出时间检查自己的管理实践,防止自己复发旧的坏习惯。

四 建立和完善自我管理的基本原则

1. 目标原则

“凡事预则立,不预则废”,大学生在日常生活中既要有发展目标、有行动方案,也要注意目标和行动方案的可操作性。

2. 效率原则

浪费时间就等于浪费生命。研究发现,人们每天至少有1/3的时间做着无效工作,在一直浪费着自己的时间和生命。所以,要分析、记录自己的时间,并本着提高效率的原则,合理安排自己的时间,在实践中尽可能的按计划贯彻执行。坚持下来,你会发现,你的时间充裕了,你的工作自如了,你的效率提高了,你的自信增强了。

3. 成果原则

自我管理要坚持成果优先的原则。做任何工作时,都要先考虑这项工作会产生什么样的效果,对目标的实现有什么样的效用。这是安排自我管理的工作顺序的一个重要原则。与成果关系不大的事,交给别人干好了。

4. 优势原则

充分利用自己的长处、优势积极开展工作，从而达到事半功倍的效果，这是自我管理的一个非常重要的原则。人无完人，你不可能消除自己的缺点，全剩下优点。

5. 要事原则

做工作分轻重缓急，重要的事情先做，把重要的工作放在首先要完成的位置。在自我管理中，重要的工作就是与实现生涯规划密切相关的工作，要优先安排，下大力气努力做好。

6. 决策原则

决策原则包括3点。一是决策要果断，优柔寡断是自我管理的大忌。想好了就要迅速定下来。二是贯彻要坚决。不管遇到多大阻力，都要坚定不移的贯彻到底。三是落实要迅速。定下来就要迅速执行，抓住时机，努力工作。

7. 检验原则

实践是检验真理的标准，自我实践的目标正确与否，需要实践来检验。要坚持“以人为镜”，及时收集、征求同事们的意见和建议，检查自我管理的实际效果。

8. 反思原则

自我管理要定期进行反思。检查自己的目标执行情况，分析自我管理中存在的问题，以“空杯心态”制订、修正方案。从落实的实际出发，保证自我管理健康地向前发展。拥有了放下的“归零”心态，才能不断超越、不断突破自我。成功、优秀、名声和地位，就像给我们镀了一层金。但也正是这层“金”，让我们不免沾沾自喜，得意忘形，甚至停滞不前，甚至倒退。职场中的人有三种状态：

第一，主动“归零”。这类人必然会有最大、最快的发展。

第二，被动“归零”。这类人会有发展，但是发展的速度和强度会大打折扣。

第三，拒绝“归零”。这类人要么停滞不前，要么倒退。

如果想有最好、最快的发展，就一定要做主动“归零”的人！

总结案例

高效工作，愉快生活

“你很忙吗？”问这个问题时得到的答案惊人一致：忙。我们身处一个异常忙碌的社会，不管是管理者，还是所谓知识工作者或专业人士，每个人都非常忙碌。实际上，这背后有三种忙碌。第一种是忙碌，但尚未学会管理自己的时间，这些人常常感觉快要被近乎疯狂的时间表逼疯；第二种是忙碌，但已经学会应对与取舍；第三种则是假装出来的忙碌，因为人们似乎已经开始把忙与成功、闲与失败联系到一起。正如在每天的工作中所感受到的，有效的时间管理是最缺少的东西之一，缺少它的原因不是因为缺乏时间管理工具，而是没有真正重视它。

分析：

我们需要做的是，重视时间管理，记录时间的使用情况，然后思考三个关键问题：什么事是必须做的，如何看待他人，如何统筹规划出整块的时间。只要意识到有这个需要，就一定有办法安排好各种事务，分配出大块的时间以便完成这些最重要的任务。

活动与训练

活动6-2
自我管理

主题：提升自我管理能力

目标：

（1）培养全面认识自我的能力。

（2）借鉴别人自我管理的成功经验，提升自我管理能力。

建议时间：15分钟。

活动准备：了解自我管理能力的相关知识。

活动步骤：

步骤一：全班分为若干5 ~ 6人的小组。

步骤二：每个小组成员在组内向其他成员介绍自己的自我管理经验。

步骤三：根据组员的介绍，组内选出一名最优秀的自我管理者，并由其组织小组成员展开以“如何提高自我管理能力”为主题的讨论。

步骤四：各组派一名代表在全班分享提高自我管理能力的心得，全班进行讨论。

步骤五：教师引导学生进行总结。

总结评价：全面的总结、正确的反思会让你有效认识自己的自我管理能力。

思考与讨论

1. 你在日常生活和学习中是否运用了有效的自我管理的方法呢？你是如何运用的？通过本节学习，你是否有改进的计划？

2. 请给自己制订一份自我管理计划。

第三节

自我管理类型及技能

导入案例

透视"过劳死"现象

北京青年压力管理服务中心的压力管理专家提到，这几年，"拿命换钱"成了国内职场中青年员工生存状态的真实写照。虽然"过劳死"是社会高速发展时期无法避免的问题，美国、日本、韩国等都曾遇到过，但是"过劳死"是可以预防的。首先，作息和三餐要保持规律，营养要全面；其次，工作强度越大、时间越长，所需要休息的时间也应该相应增加；最后，要学会主动休息，在参加强度大的工作之前就应提前休息好。专家说，如果工作劳累后，出现了失眠、厌食、胃痛等身体反应，应及时到医院就诊。

分析：

由于当今社会职场人士面临着生活和工作等各方面压力，"过劳死"的现象越来越严重，甚至有蔓延的迹象，这提示我们需要学习一些实用的自我管理方法和技巧，如对压力和情绪的合理疏导，合理分配时间等，以提高生活、工作质量，促进自我发展。

一、时间管理

时间是一种特殊的、珍贵的资源。成功人士总是能够合理规划自己的时间，在有限的时间内做最有价值的事情。人们无法阻止时间的流逝，但可以学会管理自己的时间，成为时间的主人，提升个人生活和工作的品质。

（一）战胜拖延的办法

你在工作或生活中是否有这样的坏习惯：不到最后一刻就没有去完成一件事情的动力，本来计划好的一些事情却一拖再拖，直到拖无可拖的境地才去做。如果有上述的情况发生，说明你可能习惯了拖延，应及时纠正。

以下是几种战胜拖延的方法。

（1）将任务细化在一定的时间段里，不要过高估计自己的能力，确定并保证在规定的时间内能够做完、做好这件事情。在工作过程中，按照工作质量要求和时间表要求行为，进行自我监督或请他人监督。

（2）摒除干扰，要为自己创造不被干扰的工作环境。如在工作时关闭聊天工具；避免随意性的打电话、闲聊等；在工作时间内要保持专注，不做与工作无关的事情。

（3）克服完美主义倾向。完美只是一种理想状态，如果要求十全十美，可能不仅不会把工作做好，还会影响或耽误工作进度。解决办法是：先做起来，并在工作过程中不断完善，追求更好。

（4）坚持立即行动原则。比如，如果你因为害怕见领导或客户而迟疑不决，唯一的办法是现在就拿起电话或现在就去敲门。坚持立即行动原则可以帮助你克服恐惧，同时也有助于减轻压力。

案例 6-7　情绪决定时间分配

当遭到第N个客户的拒绝时，甲销售人员的反应是：“太棒了，我得到了机会锻炼自己，改进我的不足，这样客户就会更容易接受我和我的产品了！”而乙销售人员的反应则是：“唉，为什么受伤的总是我？我为什么总是这么倒霉？为什么客户总是要拒绝我？我怎样才能让客户不再拒绝我？”

两种不同的态度导致了甲、乙两人完全不同的关注点，从而影响了他们对自己时间的安排：甲会采用多种渠道给自己充电，而乙则不断自我怀疑、自我否定。可以看到，甲的时间都用在了通往成功的路途上，而乙的时间则用在了情绪消化上。试问甲乙两人谁成功的可能性更高呢？

因此，时间管理的关键就是情绪管理。情绪决定了个体关注的焦点在哪里，焦点决定了时间用在哪里，是否将有利于个体快速达成目标。很多表面看来属于销售人员时间管理的问题，实际上都是销售人员情绪管理能力的问题。

（二）时间管理的四象限原理

时间管理四象限法则是美国管理学家科维提出的时间管理理论，他把工作按照“重要”和“紧急”两个不同的维度进行了划分，基本上可以分为四个“象限”，如图6-1所示：既紧急又重要、重要但不紧急、紧急但不重要、既不紧急也不重要。

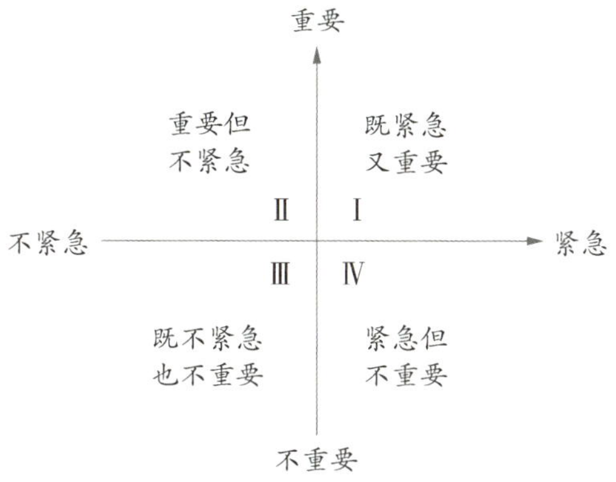

图6-1 时间“四象限”法则

第一象限：既紧急又重要，需要立即去做。比如，紧迫的问题、有期限的压力计划、工作危机等，给人产生压力，形成危机。面对以上问题应冷静下来思考，真的有那么重要和紧急吗？此象限的事情越少越好，其中很多是由于第二象限没有尽早被解决的问题拖延而来的。做完之后应当及时反思，以预防此类事件再次发生。

第二象限：重要但不紧急。比如，学习培训、健康锻炼等，需要有计划性地去做，做到忙碌但不盲目，避免此象性的事情进入第一象限。成功的人往往把焦点放在此象限上，它的效益是中长期的，

第三象限：紧急但不重要。比如，不速之客的到访、接电话等，易导致人忙碌且盲目，这种事具有很大的欺骗性，能放手让别人做的尽量交给别人做，生活中应尽量减少此象限的事情。

第四象限：既不紧急也不重要。比如，上网、闲谈、写博客等，但最好限定时间，减少对这类事情的时间投入，才有更多的时间处理其他象限的事情。

需要注意的是，解决问题时要把需较长时间完成的大任务分成若干个短时间内就能完成的小任务，然后逐个逐条地解决，最后放宽心态，能解决的事不必去担心，不能解决的事担心也没用，对于压力，适度最好。

在四个象限上的时间分配，可侧面反映时间管理的能力。最有助于个人发展的时间分配是：既紧急又重要的事，占用时间为10% ~ 20%；重要但不紧急的事，占用时间为60% ~ 85%；紧急但不重要的事，占用时间为5% ~ 15%；既不紧急也不重要的事，占用时间小于2%。这样的时间分配难度的确不小，需要有意识地训练和培养。

（三）高效时间管理法

1. 时间管理优先矩阵法

此方法即上文所述的时间管理的四象限原理。

2. 帕累托法则

需要做的事情中，重要的只占其中一小部分，约占20%，可以把80%的时间花在20%的紧急且重要的事情上，也称“二八法则”。

3. 六点优先工作制

把每天最重要的六件事情列出来，如果能完成这六件事情，就可以算是效率大师了。

4. 黄金三小时法则

早晨5—8点是人一天中效率最高的三个小时。因为此时人最清醒，精力最充沛，环境最安宁，注意力最集中。可以把重要的事情适当放到这三个小时中来做。

5. 善用零碎时间

“时间就像海绵里的水，只要愿挤，总还是有的。”利用一些零碎时间能做不少事情。

大学生大都处于青年中期，心智没有完全成熟，时间管理的习惯对其今后养成良好的生活习惯具有影响。凡事提前10分钟，会让你有充裕的时间应对可能的突发事件，更加从容。有效的时间管理，就是一个追求改变和自我提升的过程。一个人要学会调整自己，要懂得如何应对有困难之事，有时需要集思广益，找别人一起应对。

二、压力管理

有情绪要正确表达

生命活动的维持需要一定水平的外界刺激，心理学研究表明，适当的压力具有推动力，能够提升活动积极性。如果没有压力，就达不到完成任务所需的思维、情绪和活动水平；但是如果压力太大，也将干扰任务的顺利完成。不同人有不同的压力曲线；压力有积极压力和消极压力，压力管理的目的就是使压力处于曲线的“最佳区域”，也就是平衡点，即绩效高峰，如图6-2所示。

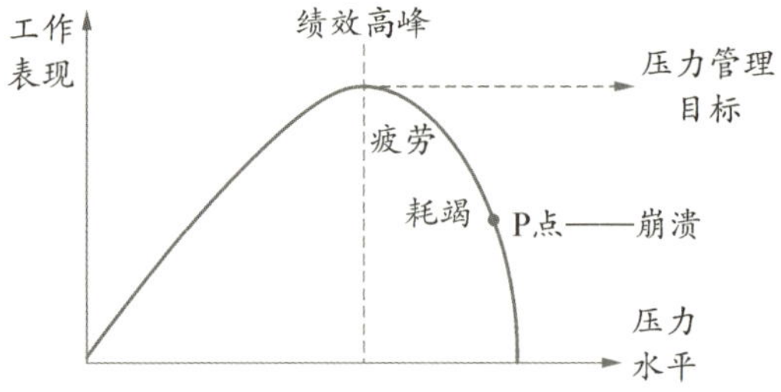

图6-2　压力水平与工作绩效的关系

高压状态可能会激发人的潜能，使人超常发挥，产生“狮子式应激”，也可能在压力状态下连简单的事情也不会做了，即“兔子式应激”。若长期处于高压状态下会严重影响身心健康，要保持生命的最佳效能，最大程度的激发创造力和问题解决，在中等压力水平最佳。通常人们在最佳压力状态水平时工作表现最佳。

长久在高压状态下，会造成以下三种负面效果。一是情绪低落，产生虚弱、紧张、麻木等生理上的不适感，对工作持抵制态度；二是对周围人非常冷漠、疏远、不关心；三是个人能力下降，即感到无助、绝望、愤怒，工作表现差。不能完全没有压力，但也不能有太大压力，所以，我们要对压力进行有效的管理。

（一）压力管理的目标

压力管理有以下五个目标：第一，维持适当的压力水平；第二，减少压力的消极影响；第三，创造最佳工作绩效；第四，提高对各种压力环境的适应和调节能力；第五，建设高质量的健康生活。

（二）压力来源

产生压力的原因有很多，比如，工作时间太长、遭遇挫折、家庭危机、疾病打击、期望值过高等。尽管不同的人对压力有不同的感受，但这一心理现象还是有规律可循的，分析并找到压力产生的根源，是进行压力管理的基础。

（1）环境因素。环境因素主要强调环境的不确定性，包括经济、政策和技术的不确定，比如薪水下降、经济困难等。

（2）组织因素，包括分配、晋升和成长机制，团队工作氛围，沟通平台等因素。

（3）个人因素。导致压力的个人因素更为复杂，相关的因素主要包括：角色压力（社会角色带来的压力）、工作与家庭的冲突、人际关系冲突、工作自主性的缺乏、岗位胜任能力的降低等。

知识卡片

感觉剥夺实验

有一个著名的“感觉剥夺实验”。贝克斯顿（Boxton）在美国一所大学募集了许多大学生志愿者，让这些志愿者每天躺在床上睡觉，每天有20美元的酬劳，他们可以自己决定何时退出实验，这种毫无压力的生活看来应该是惬意的，还有钱可以拿，真不错。而实际情况怎么样呢？大多数志愿者在实验开始后24 ～ 36小时内便要求退出，没有人坚持72小时以上。在试验期间，他们由惬意的睡眠渐渐变为厌倦和不安，而后开始唱歌、吹口哨和自言自语，甚至出现幻觉。

感觉剥夺实验表明，一点压力都没有并不会使人产生非常幸福的感觉。认识环境是一种比物质享受更迫切、更强烈的需要。根据马斯洛观点，人的需要有五种层次。他认为，即使前四种需要都得到了满足，个体也还能产生紧张感，产生要求发挥自己全部潜能的需要。处于感觉剥夺情境的被试，虽然生理的需要、物质的享受得到了满足，但是，更高一级的认识上的需要却受到了抑制。因而，满足其认识客观需要的动机便促使他们不得不制造紧张状态，引起心理上的混乱，以求得解脱，重新回到包涵有丰富刺激的客观环境中来，以利于自我潜能的充分发挥和其他高级需要的追求。

知识卡片

关于压力的八种错误认识

第一，认为可以找到没有压力、只有轻松愉快的理想生活；第二，认为压力是他人造成的，期望他人来解除自己的压力；第三，认为自己能抵制变化；第四，即使徒劳无获，也不应放弃；第五，把逃避当作减压的正确选择；第六，认为承担风险通常是不明智的；第七，认为只要足够努力，就能控制一切；第八，对于未来的变化莫测过于担忧。

（三）压力评估

压力是逐渐产生的，超过正常的度就会影响人们的生活和工作，所以要学会对压力提早预警，进行过程控制。同时，要熟悉自己的压力预警信号。压力预警信号体现在以下几个方面。

（1）生理信号。当个体处于压力之下时，头痛的频率不断增加，程度不断加重。皮肤对压力特别敏感，皮肤干燥、有斑点和刺痛都是压力过大的典型征兆。消化系统问题，比如，胃痛、消化不良、溃疡扩散、心悸和胸部疼痛等都是压力过大的预警信号。

（2）情绪信号。如果个体变得容易烦躁或喜怒无常，通常表示正处于压力之下。肌肉紧张，尤其是发生在头部、颈部、肩部和背部的紧张，就是一种早期预警信号。丧失信心、自负自大、感觉精力枯竭且缺乏积极性都是情绪上的预警信号。

（3）精神信号。注意力不集中、优柔寡断、记忆力减退、判断力减弱等，都是压力产生或即将产生的重要信号。

（4）行为信号。如果出现睡眠易受打扰（可能是失眠，也可能是睡眠过度），企图寻求短期精神放松，食欲减退，经常烦躁和坐立不安等现象，就说明很可能正处于压力之下或压力正向你走来。

（四）压力管理策略

1. 以乐观心态面对一切压力

同样一件事情，对乐观和悲观者所产生的压力不同。积极心态就像是营养剂，让人精神焕发，激情澎湃；而消极心态易让人产生恐惧，导致精神萎靡，丧失信心。在生活、学习、工作中，一定要注意培养积极的心态。

案例 6-8　做第二名的快乐之处

一个小男孩在学校进行长跑比赛后回到家里，父亲看到他很高兴，马上就问：“你是不是得了第一名？”他说：“没有啊，我得了第二名。”父亲很生气，骂道：“得了第二名有什么好高兴的！”然而，小男孩说：“爸爸，你知道吗？那个第一名不知道被我追得有多惨！”这就是那个小孩的心态。他看重的是跑步的过程，抱着积极的态度，虽然他只得了第二名，但他很快乐。这个快乐不是比赛结果——第二名引发的，而是孩子的看法——第一名被我追得很惨引发的。而爸爸生气是因为他看重比赛结果，不注重孩子内心的想法和积极的心态。

2. 培养合理的思维认知

不要成为“应该”的奴隶，对事情分析判断时保持客观的态度，放弃“非黑即白”“非此即彼”的刻板极端思维，寻找第三种或更多可能的解决方法，放弃绝对化要求，学会换个角度看问题。

3. 提升情绪管理能力

积极情绪可以产生正向的推力，提升活动的效率、增进人与人之间的感情，有助于建立和谐的人际关系，而“喜怒无常”的情绪会让周围人心生距离，产生不安全感。另外情绪具有传染性，良好的情绪能带动、影响更多的人。所以，要积极调动正面情绪，减少负面情绪。

4. 提升问题解决能力

提高问题解决能力可以在一定程度上缓解压力。建立良好的人际关系是解决好问题的关键，要知道顾客、家人、朋友、同事（包括上下级）等都不是你的“敌人”，学会合作和包容，这样才会得到更多的理解和支持。

5. 降低预期

预期高于能力是压力的主要来源，当预期超过能力越多压力就越大。当压力过大时，如果不降低预期，一味地挑战，当任务失败时自我效能感和对外界的良好印象都会大大下降，给身体带来不可逆转的伤害，偶尔的积极逃避并不是坏事，它是人体必要的防御机制，可以避免不必要的严重伤害，还能为下次尝试积蓄信心和能量。

6. 接纳失败

当过度关注失败时就会缺乏信心和动力，从而畏首畏尾，产生“认知狭窄”现象，如果把每次的任务都当成收集经验，把它当成“一旦出门，这辈子不会再见的路人甲”，也许就不会那么在意结果了。

三 学习管理

职场箴言

我们已经进入终身学习的时代，终身学习取代了终身职业。

荀子说过："学不可以已。" 据有关专家测算，1950年，人类科技知识总量翻一番大约需要50年，而到2000年仅需要5年左右的时间，预计到2030年，只需要60 ~ 80天。不学习，就不能适应时代发展的基本趋势，学习能力已成为人类生存的基本技能。根据著名物理学家费曼的学习理论，如果通过教别人学习，两周后学习留存率高达90%，而简单的阅读留存率只能达到10%，被动学习保存率在5% ~ 30%，主动学习却在50% ~ 90%。

案例 6-9　人的差别在于业余时间

有一个著名的理论：人的差别在于业余时间，而一个人的命运决定于晚上8点到10点。每晚抽出两个小时的时间用来阅读、进修、思考或参加有意义的演讲、讨论，你会发现，你的人生正在发生改变，坚持数年之后，成功会向你招手。

中国台湾商界奇才陈茂榜15岁时，由于要负担家庭生计，被迫辍学到当时台湾第二大书店"文明堂"当店员，他每天从早到晚要工作12个小时。他白天在书店工作，晚上住在店里，所以每天晚上9点打烊后，书店就变成了他的私人书房，或坐或卧，任他遨游。他把读书当成了嗜好与享受，依照自己的兴趣，先从小说、传记等通俗读物读起。日子一久，他渐渐养成了每晚至少读2小时书的习惯。久而久之，通俗读物逐渐不能满足他的阅读需求了，他开始涉猎经济与管理等专业性较强的书籍。他在"文明堂"工作了8年时间，也读了8年的书。他说："初进'文明堂'时，我只有小学毕业程度；8年后离开时，我的知识水准已经不亚于大学生了。" 8年的自学为他日后成功经营企业奠定了基石。在世界各地演讲时，陈茂榜总不忘对听众说："记住这样一句话：一个人的命运，决定于晚上8点到10点之间。"

学习的成功应建立高度自觉的基础之上。自觉的最高体现是以自主精神为基础的自觉行动。体现在学习上，就是要学会自我管理。大学生如何进行有效的学习管理呢？

（1）对学习目标的管理。建立一个"目标—执行—反思—评价"四位一体的目标自我管理系统。设置一个具体化、条件化、细节化的目标，坚持以目标引领每天的学习，做到堂堂清、天天清、段段清，每周日对上周学习目标完成度进行总结反思。

（2）对自觉学习习惯的管理。建立"训练—检查—评价"三位一体的学习习惯自觉管理体系。训练和形成良好的学习习惯，定时对学习习惯的落实情况进行自我检查反思，进行评价并及时调整。

（3）对学习方法的自控管理。建立一个"训练—诊断—激励"三位一体的学习方法自控管理体系。对适合自己的学习方法进行训练，通过考试进行诊断，在诊断的基础上，激励自我掌握优质的学习方法。

（4）对学习动机的自励管理。建立一个"内驱＋外驱"的学习动力自励管理体系。激发对事物本身感兴趣的内驱力，并从外界表扬、评价、格言等中汲取学习的外驱力。

（5）对学习心理的自主管理。建立"训练—调控"两位一体的学习心理自主管理模式。在学习过程中有意识地进行学习心理的培育和训练，克服不良心理，学会进行心理调控的方法，并通过心理强化等方法学会调控心理，使自己始终保持良好的心理状态。

(6) 对自制力进行管理。学习力的提升始终依赖自制力的支撑，要加强对时间、思想、接触对象、沟通方式、承诺、目标、忧虑方面的控制及提升。

知识卡片

1万小时定律

“人们眼中的天才之所以卓越非凡，并非天资超人一等，而是付出了持续不断的努力。只要经过1万小时的锤炼，任何人都能从平凡变成超凡。”这就是“1万小时定律”，即要成为某个领域的专家，需要1万个小时，按比例计算就是：如果每天工作4个小时，1周工作5天，那么成为一个领域的专家至少需要10年。

案例 6-10 严于自律成就自我

翁游龙是广州市某高职院校计算机维修专业的毕业生，在学校时学习计算机维修，却在无意中接触了JAVA语言，这对他来说充满了吸引力。学校没有这方面的课程，他就到图书馆借阅相关的书籍进行自学。

毕业之后，翁游龙觉得自己没有任何项目经验，如果在计算机软件开发行业找工作，那么自己是没有任何优势的。为了能继续追逐他的梦想，他做出了人生的一个重要选择：参加培训，进行充电。为此，他选择了一家知名培训机构，从零基础开始学习JAVA语言程序设计。在4个月的培训结束后，他收到了两家不错的软件公司寄来的录用通知书。

在其中一家公司工作到第三个月，面临转正的时候，翁游龙却选择了辞职去继续进修。因为他发现3个月来他在工作上没有太大的进步，工作没有激情，技术能力有待提高。后来他到北京的一家知名JAVA语言培训机构继续学习专业技术，并立志在3 ~ 5年内自己开一个软件公司。

翁游龙说：“每一次选择，都是对心灵的考验。人一定要上进，离开学校并不意味着学习的结束，而应该是学习的开始。只有不断进取，时刻充满激情，你才能真正体会到生活是多么精彩。”

四 健康管理

“疾”“病”两个字都带病字偏旁，其实病字偏旁的本义是床的意思，指生病卧床。医生看病叫临床，也是由此而来。狭义地讲没有疾病就是健康，但其实健康是多维的，是一种全方位的平衡，需要全面维护，它包括生理健康和心理健康。唯有健康才是伴随我们一生的重要财富。当今社会，学生生理早熟、血压高、血脂高；青少年突发急病导致病危；慢性病人群低龄化等健康问题不胜枚举。这些问题该如何预防呢？个体的健康状况到底是一个什么状态？我们是置之不理，还是要看医生？带着这些问题来正确认识个体由健康到疾病的发展过程，就是健康管理的五个层级，简称“健康金字塔”，如图6-3所示。

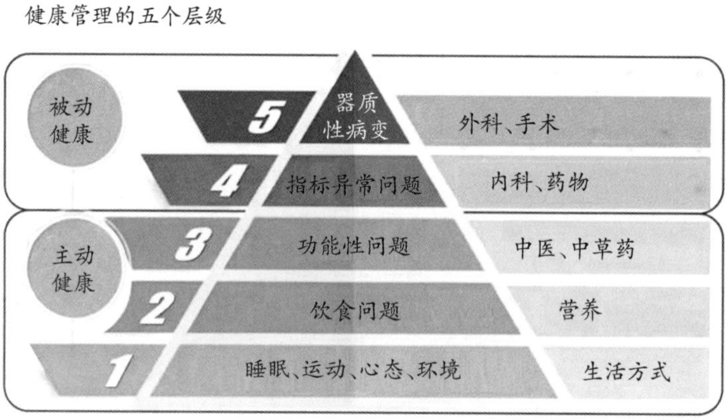

图6-3　健康管理金字塔

第一层是生活方式，包括睡眠、运动、心态、环境，等等，这是决定身体健康的基础，却容易被忽略。比如，睡眠时间是不是规律？每天有没有运动？每天是不是很开心？这些是日常遇到，但容易被忽视的问题。

第二层是营养，个体从一个受精卵开始，经过十月怀胎降临到这个世界上，是靠吸收母亲的营养进行一系列生理反应，发育出身体的各个器官的。再经过漫长的生长发育直至衰老，这一生的过程都要不断地吸收食物中的营养来进行。人体是由细胞构成的，每一个细胞无时无刻不需要营养，细胞健康了，人也就健康。因此生活方式和充足且均衡的营养是我们健康的底层逻辑，是这座健康金字塔的基础。当人们不重视这两层时，就会出现一些身体的轻微症状，比如，眼干、乏力、偏头痛、便秘，等等，去医院又查不出什么问题，但是就是感觉不舒服。

第三层是中医，中医博大精深，对于缓解功能性问题是很有帮助的。要及时发现问题并解决问题，而不是置之不理。反之，症状发展再严重，就需要去医院就诊，因为身体的指标已经出现了异常，比如，血糖指数、尿酸指数、血压数值高等。

第四层是药物治疗。属于西医的内科。指标如果长时间控制不好或放任不管，身体的器官长期处于“非正常运作”状态，就会出现器质性病变。

第五层是器质性病变。这就相当严重了，因为器官已经无法修复，需要外科手术把器官修复，甚至切除。

第一、二、三层属于主动健康管理，可以由主观意识进行控制。第四、五层属于被动健康管理，需要被动地接受治疗。通过这个金字塔能了解健康的发展过程。我们是把健康掌握在自己手里，还是被动的交给别人管理呢？正确、及早的健康管理方法有必要认真学习，比如，养成锻炼身体的习惯、合理规划饮食、养成规律的作息时间、定时体检都是健康的管理方式。

职场箴言

一定要将一定的时间花在保持健康上。

知识卡片

世界卫生组织建议的十条健康标准

(1) 有足够充沛的精力,能从容不迫地应对日常生活和工作的压力。
(2) 处事乐观,态度积极,乐于承担责任。
(3) 善于休息,睡眠良好。
(4) 应变力强,能适应环境的各种变化。
(5) 能够抵抗一般性感冒和传染病。
(6) 体重适宜,身体匀称,站立时,头、肩、臂位置协调。
(7) 眼睛明亮,反应灵敏,眼睑不发炎。
(8) 牙齿清洁、无洞龋、无痛感,牙龈颜色正常、无出血现象。
(9) 头发有光泽,无头皮屑。
(10) 肌肉、皮肤有弹性,走路轻松。

总结案例

一位总监的自我管理分享

多年之前,我在一家集团公司工作时,偶尔会与我的首席执行官产生矛盾。因为我的工作性质,同时我也受董事长直接领导,所以有时感觉自己很委屈,我就直接找董事长去诉苦,但是,当董事长听完我的叙述和抱怨之后,每次都是送给我一句同样的话:“我认为这件事责任在你。”即使有时候大家都认为某个问题的责任分明就在首席执行官,但是当我找董事长沟通时,董事长仍然对我说“责任在你”。最后我问董事长:“你是不是对我有成见?”他说了一段让我牢记终生的话:“我高薪聘请你来为我做管理,即使问题错在别人,我认为你仍然有责任,说明你没有更高的技巧对付那些犯错误的人,你说你有没有责任?”

老板的这段话,对我无异于一语惊醒梦中人。至今,无论遇到什么问题,只要没有达到自己的预期结果,我都首先从自己身上寻找原因,这也促使我做事的能力不断提升,在处理人事问题和管理团队方面也越来越得心应手。无论在哪一家公司任职,我都赢得了下属的尊重，甚至部分昔日被我训斥过的员工，如今也成了我的好朋友。因此，“管人”的真相就是“自我管理”，当自己做事的境界提升上去了，你的下属才会对你心服口服，才会自觉自愿地跟着你做事。

分析：

你的情绪是你人生的基点。好情绪可以改变我们的命运，坏情绪可能毁掉我们的人生。实际上，有什么样的情绪反应，就有什么样的人生。

活动与训练

活动6-3
时间管理

主题：时间管理

目标：

(1) 全面了解时间管理的知识和技巧。

(2) 提升自己的时间管理能力。

建议时间：15分钟。

活动准备：阅读并且分析下面这则案例。

李阳的时间馅饼

李阳担任销售部主管三年了，由于公司销售压力很大，所以李阳的工作非常繁忙。他经常早上起床不吃早点，就直奔公司。一天，他刚进办公室，就被告知经理下个月要出差，有一个重要的会议让他代为出席发言。李阳听后非常高兴，因为这是一次在上级面前展示自己的好机会。他想，还有一个月的时间，一定要好好准备一下。

之后，李阳一如既往地工作：早上没有时间送女儿上学，晚上还经常陪客户吃饭到深夜。出差和应酬不断，朋友聚会也不好推辞。就在会议的前两天，李阳突然想起开会发言的事情，心里有些着急。但是，转念一想，还有两天时间，明天什么事情也不做，就可以全心全意准备会议资料了。

第二天一大早，女儿突然发烧，李阳心中非常着急。但是，他分身乏术，只好带着歉意让太太送女儿去医院，自己前往公司上班。刚到公司心情还没有平静下来，总经理秘书就来找他，说总经理找他谈话。他怀着忐忑不安的心情去见总经理。原来，总经理接到了一封顾客投诉信，让他马上调查清楚，下午回复。他不敢怠慢，花了整个上午的时间终于把事情处理好。当他正想一边吃盒饭，一边构思发言稿时，他的一位客户，也是他的好朋友突然出现在门口，说是顺便路过，想一起吃饭。李阳无法拒绝对方的美意，心不在焉地和朋友吃完午饭，回到办公室时，他发现已经快下午2点了。桌上有几份紧急文件，他想先处理好文件再写发言稿吧，反正这并不会花太多的时间。他在处理文件的过程中，有几个电话打进来，又有两个下属找他汇报工作，处理好这一切已经快傍晚6点了。这时，李阳心中惦记女儿，实在不想再加班了，于是下班回家。路上正好是交通高峰，堵车很厉害，到家已经快晚上7点了。好在女儿已从医院回来，烧也退了。李阳吃了饭，洗好澡，已经晚上8点了。碰巧电视里正转播四年一次的世界杯足球赛，李阳最喜欢看了，内心虽有些不安，但还是忍不住坐下来，安慰自己说："看一会儿，放松一下再做事效率会事半功倍。"等球赛转播完毕，李阳已经在沙发上睡着了。第二天早上4点钟，李阳设置的闹钟响了。早上5点钟，李阳终于爬起来，想写发言稿，但是头晕眼花的，一点思路都没有，最后好不容易写了个大概，开会时间就到了，他只好去开会，会上的效果可想而知。

活动步骤：

步骤一：老师领读案例，每当案例出现时间的时候，大家像钟表的时针或分针一样用手比划转两圈。两天时间很快就过去了。

步骤二：全班每人拿一张A4纸，大家将李阳最后两天内做事情的时间占比用饼状图画出来。

步骤三：分为若干5～6人的小组。各个小组讨论"李阳的时间管理案例"，研讨李阳在时间管理四个象限内投入的时间比例。

步骤四：每个小组选出一名代表，在全班陈述"如何解决李阳时间管理的问题"，并在全班再次讨论。

总结评价：

（1）李阳的时间管理存在哪些问题，应该如何解决？

（2）你是否存在此类时间管理的问题？你的改进计划是什么？

思考与讨论

1. 依据前面所学的知识给自己制订一个时间管理、压力管理、健康管理的计划表。
2. 思考自己出现问题的原因，从源头上解决这些问题。

第七单元

社会认知与社交素质

第一节　社会认知与社交价值

第二节　社会交往的类型与特征

第三节　社交能力与社交素质

引导语

人的生存和发展不可能脱离社会而独立存在。社会包罗万象，人一出生就要与社会打交道，只不过在人生的每个不同的阶段，人们社会交往的重点不同。对于即将从学校走向工作岗位的大学生来说，社会交往的重点是职场以及与职场相关的各种组织，还有组织中的不同角色。培养良好的社会交往素质，对于大学生来说是非常重要的，因为职场也是社会的重要组成部分。

社会交往能力是人们生存和发展的重要技能。大学生从学校走向工作岗位，是走进了一个更大的社会范围，面对更复杂的社会交往现实并承担更大的责任。尽快认识社会、提升社会交往素质有利于毕业生顺利地适应职场工作及社会发展。

通过本单元的学习，同学们可以了解社会的构成要素，了解职场中需要的社交方法与社交技巧。

学习目标

- 认识社会，形成对社会及社会价值的正确认知。
- 培养自愿提升社会交往的意识。
- 提升与人沟通交流的能力。
- 培养快速融入社会的能力。

第一节

社会认知与社交价值

导入案例

初入职场的危机

小李是河北某高职院校通信工程专业的学生。在校学习期间，小李是个老师、家长眼中的“听话学生”，能够按照老师的要求按部就班地完成学习任务。对于毕业时的就业，他总认为距离现在还遥遥无期，从没有认真考虑过，也不愿意去了解社会环境、企业环境。在毕业找工作的时候，他才对就业感到茫然无措。眼看着同学们都已纷纷签约，他只能匆忙签约了一家公司，从事通信设备的运行维护工作。工作一段时间后，他才认识到自己在学校学到的专业知识和技术，已经难以应对工作岗位的要求。面对社会上通信技术日新月异的发展趋势，他感到有心无力、无从下手，这使他工作起来越来越没有信心，陷入了自己刚刚开始工作就要被淘汰的悲观情绪中无法自拔。公司领导看他整天精神萎靡不振，工作效率低下，于是在三个月试用期满之后，表示不录用。无奈之下，小李只好找了第二份工作。第二份工作，他选择了专业技术难度较小的工作，从事通信设备的安装、调试和故障排除。这次他对工作岗位上的技术要求基本能够应对，但是工作两个月后，他难以适应公司的管理制度和管理方式，总认为公司管理过于苛刻，领导缺乏管理才能，所以屡次与主管领导发生摩擦和冲突。为此，他常常处于悲观、无奈的负面情绪之中，难以接受理想与现实的差距，无法履行这份工作的岗位职责，只能再次跳槽。就这样，在刚毕业的这两年中，他虽然换了4家公司，但是仍然感到很难进入工作状态，无法适应职场的工作环境。

分析：

小李的问题症结在于他缺乏对社会、职场的了解和认知，没有对就业进行有针对性的准备，使他职业压力较大，无法适应职场的工作环境。因此，同学们只有对从“校园”到“职场”的转变进行充分的准备，客观、理性地认识就业环境，才能快速地适应职场生活，成功地迈出职业生涯的第一步。

一　社会构成的基本要素

人们往往会根据不同的意义来理解社会这一概念。人们有时直接把社会等同于社区，比如，“乡村社会”“城市社会”；有时把社会等同于国家，比如，“中国社会”；有时把社会等同于人类历史发展的形态，比如，“工业社会”“农业社会”“现代社会”“封建社会”“资本主义社会”“社会主义社会”；有时又把社会等同于生活领域的特定空间，比如，“家庭、学校和社会”。不同的角度对社会有不同的定义，而使用哪一种定义，则取决于使用的具体语境，不可以偏概全。

知识卡片

社会的含义

《现代汉语词典》（第七版）这样解释社会的含义：社会是“指由一定的经济基础和上层建筑构成的整体”。在社会学中，社会是由有一定联系、相互依存的人们组成的超乎个人的、有机的整体。

（一）社会的构成要素

社会的构成要素有很多。作为大学生，从学校走向社会后，无论是就业还是自己创业，都会发现、了解社会中的组织、文化、制度、环境等，这对自己今后的职业发展有重要影响。

1. 组织

社会组织种类众多，比如，家庭、社区、学校、企业、社团、国家各类机构等，都是构成社会的基本组织单位。社会交往，是指与这些组织中的人和物互动的过程。

2. 文化

文化是指人类在社会发展进程中所创造的物质财富和精神财富的总和，它包括物质文化和精神文化两部分。无论是社会构成中哪种类型的组织，其文化内涵都是组织品质的最高价值。作为个人，文化内涵也是影响其社会交往能力的重要因素。

3. 制度

制度是指要求大家共同遵守的办事规程或行动准则。制度是实现某种功能和特定目标的社会组织乃至整个社会的一系列行为规范。制度是社会发展和运行的基础，是社会结构存在和变迁的重要条件。技术和文化在社会结构存在和变迁中要发挥作用，最终要借助制度以及制度的变迁。制度是社会发展目标的实现机制，在社会发展中，任何重要的社会发展理想（目标）或理念，只有得到制度上的体现，才能转化为现实的发展路径。制度又是社会发展的整合机制，制度可以保障社会合力的形成，以及社会合作的实现。制度从宏观上是指社会制度，用以界定人类社会的不同形态，比如，奴隶社会制度、封建社会制度等；从微观上是指社会单位的社会行为规范，比如，某个单位的工作制度、考勤制度；同时，通常还指某一社会领域中的制度，比如，经济制度、政治制度、行业制度等。

4. 环境

人不能离开环境而生存和发展，环境可以使一个人茁壮成长，也可以使一个人消沉甚至消亡。

社会环境是指与人生存相关的社会因素，包括人造物质环境和纯社会环境。人造物质环境包括房屋、道路、活动空间和各种服务设施，它们构成了人类行动的外部环境。纯社会环境可简称为社会环境，是指人类生活的直接环境，比如，家庭、劳动组织、学习条件和天然的自然环境等。

（二）人的自然属性和社会属性

人是社会的核心要素，具有自然和社会两重属性。人的成长是由自然人向社会人的转化过程，但无论如何转化，人的自然属性仍然不能消亡。因此，人们在社会交往和社会生存、发展过程中，应当正视人的这两种属性。

1. 自然属性

人的自然属性，是指人的自然的、天生的特征和现象，是不受人思想意志支配的部分，比如人的生老病死。虽然现代科学可以对人的自然属性通过外部条件的作用加以改变，但不能进行根本性的改变，如只能延长寿命，不能消灭死亡。自然属性受客观因素影响比较明显，如遗传因素。认识人的自然属性，就是要在人的生存发展过程中，面对人的自然现象，通过主观努力，改善自己的人生。

2. 社会属性

人的社会属性是指由人们的社会行为表现出来的某些社会特征，是后天在社会生活中学到的，并在社会生活中不断发展的一种社会特质。

人的自然属性和社会属性作为人所具备的两种属性，缺一不可，并且是以平衡状态存在的。只有具有社会素质和社会修养的人，才能拥有健康、有效的社会交往，进而成就自己的职业发展宏图。

知识卡片

情　　商

情商又称情绪智力，是近年来心理学家们提出的与智商相对应的概念。它主要是指人在情绪、情感、意志、耐受挫折等方面的品质。总体来说，人与人之间的情商并无明显的先天差别，而更多地与后天的培养相关。

情商理论创始人丹尼尔·戈尔曼(Daniel Goleman)提出情商包含五方面内容。

第一,认识自身情绪的能力。认识情绪的本质是“情商”的基石,一个人只有认识自我,准确把握自我感觉才能成为生活的主宰。

第二,妥善管理情绪的能力。在认识自身情绪的基础上,管理和控制好自己的情绪,比如,自我安慰,摆脱焦虑、灰暗心理等。

第三,自我激励的能力。在学习、工作中,无论是集中注意力,还是发挥创造力,都必须将情绪专注于某一目标上。成就任何事情都要靠情感的自制力,保持高度的热忱,充满成功的自信是取得一切成就的动力。

第四,认识他人情绪的能力。丹尼尔·戈尔曼认为,心理健康要有同情心,要感知别人的情绪、感受,这是人际关系的基本技巧。

第五,人际关系的管理能力,即管理他人情绪的艺术。

二　社会交往的价值

社会交往是人类生活中不可缺少的重要内容,它不但是人类主观的愿望和爱好,而且是人类生活的客观需要。

(一)社会交往是生存和发展的需要

人与人的交往,首先是生存的需要。生活在社会中的每个人,都不可避免同他人打交道。对于个人来说,没有社会交往,就根本无法生存。对于社会来说,没有社会交往,社会就不能实现很好的发展。人有各种各样的需要,这是人际交往的心理基础。为了生存,我们要满足基本的生理和安全的需要。这都要在社会交往中实现。为了进一步发展与完善,我们又有归属的需要、尊重的需要和自我实现的需要。既然社会交往是生存和发展的需要,那么在交往过程中即使遇到再大的困难,我们也要克服。所以,大学生要用积极的心态投入社会群体中,实现自身生存及发展的需要。

(二)社会交往是个人身心健康发展的需要

社会交往中,通过与同伴进行情感交流,能使自己被别人接受、理解、关心、喜爱,尤其是亲密的交往,能使人得到心灵上的慰藉;如果缺少社会人际交往,喜怒哀乐等情感无处交流,会导致心理上缺乏安全感和归属感。孤独的人,常常有更多的烦恼和难以排除的苦闷。情感上的孤寂、惆怅、空虚,久而久之,会成为各种疾病的催化剂,削弱人的抗病能力,使正常生理机能减退,并且削弱神经系统的工作能力,导致心理障碍。现代医学表明,胃病、高血压、头痛、消化道溃疡等疾病,往往与人的情绪有关。所以正常的人际交往是身心健康的基本保证。

(三)社会交往是个人社会化的必经之路

人从一出生,就开始接受父母及其他周围人的影响,使自己的行为适合周围环境的需要，这就是所谓“个人社会化”的起点。上学后，要和朋友、同学们交往；进入职场后，要和不同的职场人交往。在与人的交往中，我们可以积累社会生活经验，逐步摆脱以自我为中心的倾向，意识到自我在社会中的地位和责任，学会与人平等相处和竞争，养成遵守法规的习惯，这样才能取得社会认可，成为一个成熟的、社会化的人。

（四）社会交往是获取知识的需要

当今社会是学习型社会，而社会交往是相互学习的大平台。在社会交往中，可吸取别人在生存和发展上有价值的经验，取长补短。作为大学生，可以通过人际交往，获取大量从书本上无法获得的社会知识、技能、文化及经验，开阔视野，提高人生价值，而这也正是社会即大学的真实意义所在。

（五）社会交往是实现个人价值、走向成功的需要

一个人事业的成功，需要有良好的人际环境和较多的机遇，而这些只有通过与他人的长期交往才能形成。只有在不断的交往中，才能发挥自己的优势和特长，发现并确定自己的价值定位。

如今，是否善于交往与合作，已经成为现代社会中影响个人事业成败的重要因素。一个人的能力是有限的，这就需要我们把其他人的知识、专长和经验融合在一起，通过分工协作取得成功。

总结案例

一个高职会计专业毕业生的自述

回顾去年求职的历程，我的心态还是比较稳健的。因为准备得比较早，在大二开始就准备求职本地几家大公司了。大二暑假参加了某公司的实习笔试，虽然最终没有进入实习，但是这次经历让我在一年之后得到了这家公司到校园招聘免笔试的优惠条件，并且最终收到了它的录取通知书。大二暑假通过内部推荐我有幸到另一家大公司进行实习，真正接触到了更大平台的公司，感受了在其中工作的辛苦和喜悦，进一步坚定了我在这家公司工作的勇气和决心。我相信我在这家公司一定可以有所收获。也许正因为有着实习的经验和这份决心，大三临近毕业我收到了参与实习和工作的几家公司的录取通知书。最终我选择了其中最适合自己的一家公司，它务实的态度以及是合伙人寄来的录取通知书（一般都是人事寄），让我备受感动。

总结整个过程的成功点，我想大概是由于我准备得比较早，也比较充分，信心比较足。作为一个高职院校会计专业毕业的学生，毕业后能进这家公司，应该是我所能想到的最好的起步。我不是那种特别聪明的学生，所以笨鸟先飞。一步步走得都很踏实，不急不躁，我坚信胜利会属于我。

就业形势严峻，作为高职学生更要提前进行职业规划，明确目标，做好准备，挺起

胸膛，只有这样才能在就业路上少走弯路。

分析：

该毕业生通过充分进行自我职业生涯与大学生涯规划，相比较其他学生能更快地融入社会。他在求职过程中通过社会交往找到了自己的价值，既得到了社会认可，又提升了自己的信心。

活动与训练

活动7-1
职场社交

主题：职场问题分析。

目标：了解与人沟通的方法与技巧，做好社会交往的心理准备。

建议时间：15分钟

活动准备：了解人的自然属性和社会属性认知，了解社会交往价值认知。

活动步骤：

步骤一：展示案例，小组交流。

小贾的困惑

小贾是公司销售部一名员工，为人比较随和，不喜争执，和同事的关系比较好，但是前一段时间，不知为什么，同一部门的小李老是处处和他过不去，有时候还故意在别人面前指桑骂槐，合作的工作任务也都有意让小贾做得多，甚至还抢了小贾的好几个老客户。起初，小贾觉得都是同事，没什么大不了的，忍一忍就算了。但是时间久了，看到小李还是如此嚣张，小贾便告到了经理那儿。经理把小李批评了一通，从此，小贾和小李成了绝对的冤家了。

步骤二：小组讨论，小贾和小李的问题出在哪里？

步骤三：小组讨论，如果你是小贾应该怎么处理该状况？

步骤四：教师总结，人际交往是开展各类社会活动的基础，是一门技术也是一门艺术。在总结了人际交往技巧之后，同学们应该在日常生活中多多练习。

活动7-2
说“我”的5种方式

主题：说“我”的5种方式。

目标：体验说“我”的情景，调整语言方式。

建议时间：30分钟。

活动准备：(1) 描述事实的、无可争辩的、可观察的事实。讨论你或者其他任何人都能够看到、听到、闻到、尝到或触摸到的东西。避免在此过程中做出判断、诠释或提出任何观点。

(2) 通过问卷、测评、调查等方式了解自己的交流风格,寻找自己存在的问题。

活动步骤:

步骤一:描述无可争辩的、可观察的事实。

步骤二:描述你自己的感觉。"我觉得很挫败"要比"你从来不帮我"好听得多。说出自己对他人行为的感受。

步骤三:说出你想要的结果,实现它们的机会就会大很多。不知道你想要什么结果,人们就无法帮助你。

步骤四:谨慎交流你的想法。并不是所有以"我"开头的陈述都是"我"的信息。

步骤五:教师总结。

思考与讨论

1. 作为初入职场的员工,应该具备哪些社会交往素质?
2. 在企业班组中,如何正确地与上司和平级的同事沟通?请通过典型案例加以总结。

第二节 社会交往的类型与特征

导入案例

毫无准备的李凡

李凡是某高职院校汽车工程系的学生。由于看好汽车行业市场前景，所以他在高考报考专业的时候，选择了汽车工程专业。在校期间，他了解到在与本专业相关的工作岗位中，从事汽车销售的工资由基本底薪和提成组成，且上不封顶，待遇优厚，这使他下定决心毕业后要从事汽车销售工作。毕业后，他来到一家汽车4S店从事汽车销售的工作。几个月下来，这个岗位的工作不仅没有给他带来丰厚的薪酬，反而使他心灰意冷，对自己的能力产生了怀疑。原来，汽车销售岗位的任职要求，不仅要熟知相关的政策、法规、制度，具备丰富的业务经验，能够应对客户提出的各种问题，还要具有良好的沟通交往能力，了解客户的心理，能够为客户提供细致周到的咨询服务。但是，李凡性格内向，不善于沟通交流。见到客户时，经常表现拘谨、语无伦次，致使多名客户向经理投诉他的服务意识和能力不够。自然，他每月只能拿到2 000元左右的底薪。这几个月可谓入不敷出、捉襟见肘。面对优厚的待遇目标，自己却难以胜任这份工作，他陷入了进退两难的尴尬境地。

分析：

李凡在选择职业目标的时候，对社会没有客观、全面的认识和了解。他仅仅看到汽车销售的优厚待遇，完全没有考虑到自身能力与职业的社会性，致使他盲目地确定了一个并不适合自己的工作目标。只有量体裁衣，了解社会环境，才能理性择业，做到人尽其才。

一、社会交往的类型

社会交往的类型是多元的。划分标准和方法不同,种类也不同。

(一) 依据交往的主客体来划分

1. 个体与个体交往

个体与个体交往是指日常生活中私人间的交往与接触。个体与个体的交往,是社会交往的常见形式,其特点是具有私人性、随机性。

2. 个体与群体的交往

每个人都要在一定的群体中生活。个体与群体的交往是指生活在特定群体中的个人与该群体的来往及与其他群体的来往,其实质是一种个人与个人的交往,只是交往具有群体性、公务性。比如,个体作为班级、工厂、街道的一员,交往要受群体规范的制约;有时个人也要和代表群体(组织)的个人接触,比如,学生毕业时要与学院(系)、毕业生办公室、学生处、企业等组织的代表接触。这种交往使双方带有职业角色的特点。个体与群体的交往,是个人交往的重心,是每个人社会化的必由之路。

案例 7-1 社交的安全

同学聚餐时,钱某没有参加,独自待在宿舍里。当晚本班两个同学在钱某住的宿舍发生争吵并摔碎了一只热水瓶,钱某看见后就去打扫,这时本班的另一名同学跑到钱某的宿舍对钱某进行指责,认为钱某不参加毕业聚餐是对同学有意见,双方从争执发展到动手,钱某最终从床上抓起剪刀刺向了同学,被刺的同学所幸抢救及时没有发生意外,钱某因此受到校纪的处理。

在人际交往中,一旦遇到自己不能处理或威胁到个人财产、人身安全的情况,应该及时向学校有关部门报告。另外,同学之间应该相互关心,避免意外事件的发生。在人际交往中,应遵循平等、严于律己,宽以待人、不卑不亢的基本原则。

3. 群体与群体的交往

群体交往是指群体之间带有公务性、利益性的交往,是交往双方各自群体间的相互接触。比如,学校与学校、工厂与机关、机关与政府、企业与政府甚至国家与国家之间的交往。这种交往是整个社会关系的表现形式,往往由组织代表进行。

职场箴言

我们所知道的最好、最可靠、最有效的沟通是社交。

（二）依据情感状态标准和方法划分

在社会生活中，每个人对交往的需要、动机、兴趣不同，加之每个人都有自己的气质与性格，所以交往时表现出的情感自然会产生差异。心理学根据人与人交往中产生的情感特点将交往主要分为以下四种类型。

1. 自卑型情感交往

自卑型交往，在交往时受轻视自己、缺乏信心、怀疑自己能力的情感支配。自卑多因外貌、工作、学习、生活、经济等方面不如人而引发。自卑型情感交往产生的主要原因是个人素质特别是心理素质不够强。提升这些人的交往能力，要帮助他们克服自己气质、性格方面的缺点，发现自己的不足，有针对性地进行自我修炼，以增长才干、弥补不足。同时，其他人作为群体中的一员，应主动帮助有自卑心理的人，创造良好的交往环境，实现群体和谐与共同进步。

2. 自负型情感交往

与自卑型情感相反，自负产生的原因无非是长相胜于人、出身胜于人、经济实力胜于人、能力胜于人、职业能力胜于人、学历胜于人等。自负型情感在交往中带有主动性或进攻性，一方面乐于和他人交往；另一方面稍不留意便会得罪人，甚至脱离群众，影响群体的团结。对自负型情感的纠正，一是其自身要强调个人修养，要谦虚谨慎，把自己的优势和长处变为助人为乐的资源；二是群体要从加强团结的角度出发，及时对自负型情感人的过分行为给予善意批评，提醒他注意改正。

3. 结合型情感交往

结合型情感交往，是指交往时受一种希望与他人亲近的情感支配，乐意主动和周围人建立良好的人际关系的交往类型。此交往类型进一步可分为三种类型。一是亲和型交往，是指初次或一般性的友好往来，这种交往是私人交往的主要内容之一。比如，日常生活中出门旅游、购物、出差，与人萍水相逢，希望与人建立随和的关系。这种交往常常使人办事较为顺利如意。二是友谊型交往，是指个体之间交往有了一定的情感共鸣，互相需要，互相帮助，来往较密切。友谊具有相对稳定性、亲密性。友谊使彼此成为朋友，甚至产生相似的情趣和志向。三是爱情型交往，爱情是情感的发展和升华，是结合型情感的最高形式。爱情有广义和狭义之分，广义的爱情是个人对祖国、人民的热爱之情，也可以是对家庭成员之间的热爱；狭义的爱情指男女交往建立的一种特殊感情。

4. 分裂型情感交往

分裂型情感交往，是指交往时被一种与他人难以相处、难以结合的情感支配，轻者表现为冷淡、畏惧、厌恶，重者表现为愤怒、仇恨、报复，是正常交往中的消极倾向和主要障碍。分裂型情感与个体交往的价值观念、知识水平、性格和动机密切相关。比如，有的人性格孤僻不愿交往；有的人事业心强，希望尽量避免不良社会应酬；有的人素质低，总是想损人利己。应该看到，有些具有仇恨、报复情感的人对社会交往及环境会带来危害，因此，需注意加强个人思想品德修养。群体对有此类问题的个人要多多疏导，给予关怀与帮助，增进人与人相互的了解与友谊，化消极因素为积极因素。

（三）依据交往的方式划分

交往可根据不同的方式分为以下四类。

1. 接触性交往

接触性交往是指不借助交往工具，交往双方面对面交谈，彼此实际距离较近。

2. 非接触性交往

非接触性交往是指双方交往要借助交往工具来沟通信息，彼此距离较远，可看到文字或听到声音甚至可以看到表情等，比如，借助通信、网络、电话、电报、传真等各种沟通工具。

3. 正式交往

正式交往带有社会公务性质和官方性质，可以是接触性交往，也可以是非接触性交往，包括公函、文件、请示报告等。

4. 非正式交往

非正式交往是私人性质的交往，不带公务性，比如私人谈话、会面等接触性交往，也可以是私人电话、信函等非接触性交往。

知识卡片

“刺猬”法则

两只困倦的刺猬，由于寒冷而拥抱在一起。可因为各自身上都长着刺，它们离开了一段距离，但又冷得受不了，于是凑到一起。几经折腾，两只刺猬终于找到一个合适的距离：既能互相获得对方的温暖而又不致被扎。

“刺猬”法则就是人际交往中的“心理距离效应”。职场人要懂得保持心理距离，避免在工作中丧失原则。

二、社会交往的特征

在社会交往中，个人主体因素往往会影响到交往效果，丰富的知识、良好的家庭教育、恰当的交际礼仪和健康的人格有利于人际交往。

（一）交往中的个人主体特征

1. 丰富的知识

在社会交往中，个人的知识量是体现交往能力的主要因素。一方面，知识量决定了一个人交往的层次。俗话说：“物以类聚，人以群分。”知识量的大小会影响到一个人的生活习惯和爱好兴趣，而爱好兴趣直接影响一个人的交往范围。另一方面，知识不单单是指文化知识，其中也包括交往所需要的对人的认知能力、与人沟通的技巧，等等。拥有这方面的知识，在交往中就能游刃有余，如果缺乏这方面的知识，就会无所适从，很难拥有良好的人际关系。

2. 恰当的交际礼仪

“礼者，敬人也。”尊敬他人是获得他人好感进而与他人友好相处的重要条件。反之，不懂礼貌，自高自大，忽略他人的存在，就很难得到他人的配合。与人交往不可不注重礼仪，礼仪包括着装服饰、言谈举止等。“不学礼，无以立。”知礼、守礼才能保证与人正常交往，才能赢得别人的尊重。在工作中，社交礼仪是一种无声的人际交往语言，它不仅能体现出一个人的修养，更能给交往对象留下专业、敬业、有礼、有节的良好印象，赢得对方的好感，有利于开展工作。

案例 7-2　礼仪就是尊重

新的一学年又开始了，学生会举行换届大赛。参加竞选的人非常多，每名选手都特别优秀且有能力，但最后却评选出一个普普通通、能力不是太突出的学生担任职务。其实这名选手有许多可贵的东西，如他去办公室找老师都会在进门后随手关上门，进到办公室他会先脱去帽子，回答老师问题干脆果断，这些都证明他既懂礼貌又有教养。这些细节修养就是一个人最重要的品牌形象。

我们要从小事做起，坚持遵守礼仪，成为有风度、有品位、有修养、有魅力的现代人！

3. 健康的人格

在社会交往中，健康的人格至关重要，不良的人格特征或人格缺陷容易给对方带来不愉快的感受和不安全感，从而影响人际交往。常见的人格缺陷有以下几种：自私自利、为人虚伪、不尊重人、嫉贤妒能、苛求别人、过分自卑、骄傲自满、孤独固执等。这些人格缺陷严重影响人与人之间的交往。

案例 7-3　生气的伤害

有个年轻人，脾气挺大，总是动不动就喜欢和身边的人吵架。有一天，他的父亲对他说：“孩子，你想改变现在的脾气吗？我教你一个方法。你每生一次气，就在院子外面篱笆的木桩上钉一颗钉子，而你每次想发脾气，但又忍住没有发时，你就将以前钉过的钉子拔掉一颗。这样一定会有意想不到的收获。”半年过去了，年轻人的脾气好了许多。有一天，父亲又把他叫到身边，问他：篱笆上还有多少钉子呀？年轻人有点得意地告诉父亲，钉子都没有了。父亲说，你去看一看拔掉钉子的地方留下了什么？年轻人真的去看了，每一个木桩上都留下了一个坑。父亲说：人与人相处，每一次争吵都会在对方的心灵上留下一个伤痕，就算事情过去了，也无法完全抚平伤痕，你要学会包容和忍耐。

（二）情感在社会交往中的个性化特征

情感对于人类社会，是一个不可或缺的纽带。每个人在交往中都会产生情感，不同的情感会对交往产生不同的影响。了解情感在交往中的作用，既有利于在交往互动中获取他人的情感，也有利于在交往中更恰当地表达自己的情感。因此，在交往中要注意运用情感这一因素。

1. 亲切

能够随时随地放下身份地位的包袱，和其他人愉快相处，这样的人才让人由衷喜爱。爱摆架子的人，任谁看见都会敬而远之。

2. 开朗

每天开开心心的人，谁见了都会喜欢。脸上带着笑容的人，别人与他见面会觉得自己也变得愉快了，因为乐观的态度和心情会不自觉地感染到身旁的人。对这样的“快乐源”，大家不由自主地就会想与他接近。

3. 热心

在团体中热心的人，总会得到别人的尊敬。热心的人，当别人需要帮忙时，会挺身而出，不计较个人得失，大家更愿意与这样的人交往。有些人遇到本职工作之外的事，怕麻烦，怕吃亏，只会一味地推托，总是觉得“为什么是我来做”。这样的人是不受欢迎的。

4. 坦诚

在社会交往中，诚实地承认错误，胜于强词夺理。狡辩则令人讨厌，并使问题更加复杂。

5. 愤怒

愤怒具有双刃剑的作用：在正常的人际交往中，应与人为善，愤怒起到的是副作用；而有的时候愤怒也可以起到正向作用，如见义勇为，敢于同恶人做斗争，这时的愤怒就是正向的，关键是要用好愤怒的心态，以提升社会交往的效果。

6. 恐惧和怯懦

恐惧和怯懦是害怕交往的一种心态，如有些人说话就脸红，有些人性格内向，不敢表达，做事畏缩。这种交往障碍通过锻炼可以克服。

7. 冷漠

情感冷漠者常使他人望而生畏，与其交往时打退堂鼓。但在有些情况下，当不需要继续交往时，态度冷淡往往是终止交往的最好办法。

8. 自卑

有些人容易产生自卑感，缺乏自信，随声附和，没有自己的主见。这种心理如不克服，会影响人际交往。

知识卡片

大学生人际交往的特点

1. 交往愿望强烈

大学独特的生活环境，决定了大学生人际交往较之中学时代具有更大的广泛性、互动性和多样性，大学生人际交往的愿望比中小学生更为迫切，他们力图通过交往去开阔视野、丰富知识、学会处世，以表现自己各方面的才能，获得情绪的稳定，保持足够的自尊心和自信心。大学生思想活跃、精力充沛、兴趣广泛，有充裕的时间去思考交往，富于理想情感，讲究情投意合、融洽相处。大学生人际交往的愿望随着年龄的增加而减少，这与高年级学习负担加重、与工作联系更加紧密有关，此外，大学生兴趣、人格逐步走向固定，从多元化向一元化发展。

2. 人际交往的社会性强

大学生人际关系的社会性大大地强化了，大学生年轻、有干劲，“初生牛犊不怕虎”，是有冲劲和活力的一代，他们参与社会交往，不仅可以增长见识，也可以增长社会财富。在中学阶段，学生的注意力都集中在高考学习上，没有时间和精力进行很多的人际交往；进入大学后，他们走出家门，认识、结交了更多的朋友，交流更多的信息，接受更多的新思想，与社会的接触比中学时更加频繁与密切，人际交往呈现出前所未有的开放式交往趋势。大学生有一个共同目标，即学好专业课程，提高自身素质，争做全面发展的社会主义接班人，因此相互之间的人际交往必须符合这个共同目标，道德规范的调节作用显得特别有力。

3. 存在一些团体或组织

社团已成为大学生交往的重要校园场所，形成这些团体或组织的原因主要有相似性吸引、接近性吸引和补偿性吸引三类。在这些群体中，同学之间有共同的兴趣和爱好，互相关心、互相帮助、共同进步。起消极作用的团体，交往活动常常是玩耍、娱乐、吃喝，学习、思想上不能互相帮助，不能用集体的道德标准和生活规范来约束自己的行为。大学中的社团基本上都是积极向上的。

4. 交往注重自立，不依赖家庭

大学生的独立意识普遍增强，不仅开始理性地思考、判断、处理自身的问题，也开始关心社会，批判地接受知识，批判地看待其他事物，有着强烈的体现个性、见解和疑问的欲望。大学生在自我意识和社会关系相互协调的基础上，开始拥有个性，支持自己的主张，以独立的人格和态度处事，积极自主地开展人际交往活动。这个时期，大学生的抱负与志向鲜明，对于家庭往往已不再依赖，而是以成人的眼光参与和处理家庭事务，充分体现个人的意志和性格，这使得大学生更容易接受新事物和新思想，更容易受社会思潮的影响。

5. 社交能力逐渐增强

大学生在交往中开始注意采取较温和的方式，不再粗暴地自夸自大，能适应各式各样的人，能接受并容忍朋友的不同意见，不试图硬性地改变他们，争吵减少。交往手段的发展，使大学生的人际交往变得更方便、更快捷，交往距离更远，交往范围扩大。

6. 交往内容多样性

大学生人际交往频繁，内容丰富多彩，涉及文学、艺术、体育、政治、外交、人生、理想、爱情和社会问题等各个方面。大学生交往频率提高，由偶尔的相聚、互访发展到经常性的聊天、社团活动、聚会、体育活动、娱乐、结伴出游以及其他一些集体活动。

交往方式更多，由原来的互访、通信等转向使用一切现代化的通信设备、交往工具、交往场所。

7. 交往范围扩大，但仍以同龄人为主

大学生交往对象由以前的亲戚、邻居、成长伙伴转向大学同学和在社交场合认识的其他人，其中又以同学交往为主。大学生过着朝夕相处的集体生活，众多的交流机会、相似的人生经历、共同的学习任务，使得大学生的交往对象主要集中在同寝室、同班级、同乡同学之间，交往内容围绕学习、娱乐、思想、感情而展开。他们较少受社会经验和传统思想的束缚，思想开放活跃，力图突破现有的交往圈，不断以新的眼光和标准去扩大交往范围，寻求更多、更好的伙伴。

8. 部分大学生缺少交往技能、交往机会和环境

大学生的主要任务是学习，大部分时间与精力都倾注在学习上，因此部分大学生的交往技能依然相对匮乏，交往方式过于被动。

（三）交往的选择性特征

在社会交往过程中，人们往往根据交往的需要与目的，从一开始就对交往对象、交往内容、交往方式进行选择。

1. 交往对象的选择

在与他人的交往中，人往往会根据个人性格、交往需求选择交往对象、制订选择标准。《论语 · 季氏》中说：“益者三友，损者三友。友直，友谅，友多闻，益矣；友便辟，友善柔，友便佞，损矣。” 这是告诫人们与人交往要选择益友。

2. 交往内容的选择

在社会交往中，交往内容往往具有目的性和针对性，比如商务谈判、业务洽谈、拜师访友等，不同的交往目的会有不同的交往内容，因此在进行交往前，要明确此次交往的目的，做到对交往内容心中有数、有的放矢。

3. 交往方式的选择

在当代社会，由于科技的进步、经济的发展、物质文化生活的丰富，交往的方式有了更多的选择，网上沟通平台已被社会大众接受，这些交往工具为人际交往方式的选择提供了方便。

知识卡片

你的身体会说话——解读倾听时的身体语言

在听话时手部放松，手掌张开，或手摊放在桌子上——说明听话者与谈话者友好相处；

在听话时盯住一个东西不放——说明听话者心里有不顺心之事或比较消极；

听话者双拳紧握，并放在大腿上——说明听话者很自信，对话题有足够的把握；

在交谈时，听话者不断把玩桌上的东西或将它重新放置——说明听话者态度不诚恳；

听话者用手摸后颈——说明听话者内心烦闷或是非常为难。

总结案例

大学生如何尽快融入社会

2023年6月，大学毕业的李浩然同学接到了其心仪公司的录取通知书。在各大公司不断裁员，大学生就业形势不容乐观的情况下，李浩然顺利找到理想工作，这件事对于他本人来说并不突然，他认为这是顺理成章的事情。

李浩然在中学时期，学习成绩优异，爸爸妈妈对他抱有很大期待。他报名来到高等职业院校的新能源汽车技术专业学习。在入学前他找到职业生涯规划老师咨询了如何规划大学生活，所以从进入大学时，他就开始有目的的思考如何充分利用三年的大学生活，清醒地认识自我，根据目标和追求，对需要提高的方面进行合理的规划，做到有的放矢。

在校学习期间，他充分学习专业文化理论等相关知识，通过就业情况的反馈，用人单位喜欢录用在校成绩优异的毕业生。除了学习，他还利用大学这个舞台锻炼自己与他人交往的能力、组织能力，不断总结社会经验。李浩然在参加的各类活动中接触到不同的人，通过与优秀的人对比从而发现自己的不足，进而提高。另外，他还交往了一些对自己有帮助的朋友，为自己以后的职业生涯发展铺路。

他的业余时间从来都是过得很充实，只要有时间就去找兼职。就读于新能源汽车技术专业的他，兼职工作最多的还是做与汽车销售相关的工作。他第一次做与汽车销售相关的工作是他的师兄介绍的，他的师兄在本市最大的新能源汽车4S店做销售。有一段时间店里缺人手，正赶上假期，就介绍他来店里帮忙打杂。打杂期间，李浩然非常用心，做好本职工作后就观摩学习其他岗位工作人员的工作情况，并暗暗记在心里。有两个假期他都来店里打杂，也正是因为在店里时间长了，他了解了不同岗位的工作内容，尤其是汽车销售人员的工作是他最喜欢钻研和学习的。有一次，店里来了一名顾客想了解新能源汽车情况，由于顾客多，销售人员让小李先接待顾客，在等待期间，李浩然主动帮忙介绍了汽车的基本情况，得到顾客的好评。店里领导注意到这个实习生具有很好地与人沟通能力、语言表达能力，而且能够跟不同人打交道，于是决定在李浩然毕业后录用他为本4S店的销售人员，这个岗位正是李浩然最期待的。李浩然后来跟学弟学妹们说，他的这些能力都是在平时特意锻炼培养的，这些能力帮助他找到了理想工作。

业余时间李浩然曾经在数码城从事电脑维修和销售工作。“这份兼职让我学到了不少技能，现在谁的电脑出了问题，我基本上都能独立维修，这不仅让自己的生活多了很多便利，也能帮助身边的朋友。”他相信，每一份付出都有回报。“不同的工作让我接触不同的人，不同的人给我不同的人生阅历和经验。”因此，他觉得，在大学里，只要不虚度光阴，不论做些什么，都是对自己的成长有益处的。

分析：

社会是最好的老师。职业院校的学生要学会社会交往的基本方法，扩大交往范围，这有助于掌握人际沟通的基本技能，积累生活和工作经验，为就业打下基础。

活动与训练

活动7-3
一笔跑掉的生意

主题：案例分析——一笔跑掉的生意。

目标：了解职场中的有效沟通。

建议时间：20分钟。

活动准备：了解职场中与客户的沟通方式。

活动步骤：

步骤一：熟读以下案例，小组交流。

吴威向一位客户销售家具，交易过程十分顺利。当客户正要掏钱付款时，另一名销售人员跟吴威谈起昨天的足球赛，吴威一边跟同伴津津有味地说笑，一边伸手去接货款，不料客户却突然掉头而走，连家具也不买了。吴威苦思冥想了一天，不明白客户为什么突然放弃了已经挑选好的家具。第二天早上9点，他终于坐不住给客户打了一个电话，询问客户突然改变主意的理由。客户不高兴地在电话中告诉他：“昨天付款时，我同你谈到了我的小女儿，她刚考上北京大学，是我们家的骄傲，可是你一点也没有听见，只顾跟你的同伴谈足球赛。”此时，吴威才恍然大悟。

步骤二：小组分析案例。

步骤三：总结吴威这次失败的生意给了你怎样的启发。

步骤四：小组讨论。什么是有效沟通？职场中还会遇到哪些角色需要有效沟通？

步骤五：教师总结。我们在与人沟通中需要注意什么？

活动7-4

主题：互动游戏——荒岛求生。

目标：职场中的角色认知。

建议时间：20分钟。

活动准备：

（1）了解职场中关于不同角色的立场的知识。

（2）教师介绍游戏背景。

一架飞机坠落在荒岛上，只有7人存活。这时逃生工具只有一个仅能容纳6人的橡皮气球吊篮，没有水和食物，谁应该先行离开？

活动步骤：

步骤一：将学生分成14人一组，每组中7人分别承担下面的7个角色，其他人作为定向角色的观察者和评审团。

（1）孕妇：怀胎八月。

（2）发明家：正在研究新能源（可再生、无污染）汽车。

（3）医学家：多年研究艾滋病的治疗方案，已取得突破性进展。

（4）宇航员：即将远征火星，寻找适合人类居住的新星球。

（5）生态学家：负责热带雨林抢救工作组。

（6）退伍军人：获得多次荣誉勋章，熟悉无线通信。

（7）流浪者：历经生活困苦，生存能力强。

步骤二：各个角色除了第一个发言的同学，其他的角色阐述理由时，要先简要概括上一个发言人的观点后，再阐述自己的观点。

步骤三：观察员和评审团分别观察各个角色在沟通中的倾听、表达的方式和内容、身体语言运用等方面的优缺点，并用积极的语言提供相应的建议。

步骤四：评审团最终讨论决定谁先离开。

步骤五：教师点评。在游戏过程中不同角色在不同立场下表现出的表达能力。

思考与讨论

1. 倾听是处理好人际关系的重要技能，请收集资料说明如何做到有效倾听？

2. 在人际交往中的肢体语言有哪些类型，要如何正确使用肢体语言？

第三节 社交能力与社交素质

导入案例

人际交往受挫　大一新生欲退学

在吉林长春某重点高校念热门专业的大一学生小蕾几次找到班主任老师要求退学。“小蕾写得一手好文章，还弹得一手好钢琴。入校不久，她就因文笔出众，被校内文学团体破格吸收为会员。”小蕾的班主任说，听说她要退学，大家都很吃惊。小蕾要退学的理由主要是：觉得同学们瞧不起她，总在背后议论她，以至于她感觉“大家都挺虚伪的，一回到寝室，就胸口发闷”，甚至觉得“活着没意思”。老师们也描述说，当小蕾讲到这一点时，就变得烦躁不安，最后竟然泪流满面。

分析：

人对环境的适应，主要是对人际关系的适应。有了良好的人际关系，人才会有归属感和安全感，心情才能愉快。

人际交往存在于社会的任何角落，无论任何人，想回避交往都将寸步难行。但交往能力不是天生的，它需要在不断学习和训练的实践中练就。因为面对的人群不同，交往的目的不同，所采取的交往策略就不同，但无论如何，包容心、学习力和沟通能力是不可缺少的。大学生必须具备社会交往能力，它关系到自己今后的职业生存和发展，关系到成长成才的全过程。

一、社会交往应具备的能力

有些人独自做事或学习，效果还不错，但一旦涉及交往就发怵，很不适应，这是缺乏交往能力的一种表现。从另外一个角度看，交往能力不同于专业技术能力和个人的学习能力。

以下是几种具体的交往能力。

（一）向社会学习的能力

学习能力是人们工作和生活必备的能力。社会交往能力的形成和提升，主要不是向书本学习，而是向社会学习，在实践中学习的。因此，向社会学习并提升社会交往能力，重在主动参加社会实践，不放弃任何和大家交流的机会。多与社会不同人群交往，是提升交往能力的重要渠道。

（二）包容能力

包容能力的核心是多看别人的优点，不计较别人的问题，宽容大度做人。人无完人，人的性格脾气各不相同，要用放大镜看别人的优点，用显微镜看自己的缺点。不要把自己的喜好强加于别人，试着去接纳别人的喜好，这样才会有好的交往效果。宽容别人，其实就是宽容自己。多一点对别人的宽容，生命就多一点宽度。

案例 7-4 负荆请罪

蔺相如因为“完璧归赵”有功而被封为上卿，位在廉颇之上。廉颇很不服气，扬言要当面羞辱蔺相如。蔺相如得知后，尽量回避、容让，不与廉颇发生冲突。蔺相如的门客以为他畏惧廉颇，然而蔺相如说：“秦国不敢侵略我们赵国，是因为有我和廉将军。我对廉将军容忍、退让，是把国家的危难放在前面，把个人的私仇放在后面啊！”这话被廉颇听到，就有了廉颇“负荆请罪”的故事。

（三）抗挫折的能力

俗话说，“人生不如意之事十之八九”，挫折成了人们生活中的常客。刚走出校门的大学生，在一个新的环境和新的集体中，很容易遇到挫折，严重的可能会造成永久的伤害。遇到挫折应该如何应对呢？作为一名大学生，挫折是每个人成长过程中所必须经历的，可以说没有挫折就没有成长。因此，遇到挫折的时候应该庆幸，因为这是上天给予我们成长的机会。这样才能摆正心态，从容地面对挫折。

案例 7-5 以乐观打败挫折

古今中外，因为有极强烈而有效的乐观主义精神，从而战胜各种困难险阻取得胜利的大有人在。牛顿发明地心引力学说的时候，全世界人都反对他；哈维发明血液循环学说的时候，全世界人都反对他；达尔文宣布进化论的时候，全世界人都反对他；贝尔第一次造电话的时候，全世界都在讥笑他；莱特初用苦工制造飞机的时候，全世界都在讥笑他。讲到孙中山先生，最初在河南南阳演讲革命救国的时候，有一次听的人只有三个。许多闻名世界的伟人都因抱着乐观主义精神，从而获得了伟大的成就。

强烈有效的乐观主义精神，能使人们战胜糊涂、盲从、冷酷、恐怖、怨恨和反抗。面对这种反抗，最重要的武器就是乐观主义精神。乐观是对抗挫折的最有效的方式。

（四）换位思考的能力

换位思考是指要站在对方的角度思考问题，体会对方的感受。在生活中，经常看到两个人为了某事争得面红耳赤，互不相让，大有不分高低誓不罢休之势。这样的行为，不仅伤害了对方，也伤害了自己，甚至还会影响生活或工作。在双方各执一词、交往陷入僵局之时，如果双方换位思考一下，交往就可以恢复顺畅。

案例 7-6 立场危机

一头猪、一只绵羊和一头奶牛，被牧人关在同一个畜栏里。有一天，牧人将猪从畜栏里捉了出去，只听猪大声号叫，强烈地反抗。

绵羊和奶牛讨厌它的号叫，于是抱怨道："我们经常被牧人捉去，都没像你这样大呼小叫的。"猪听了回应道："捉你们和捉我完全是两回事，他捉你们，只是拿取你们的毛和乳汁，但是捉住我，却是要我的命啊！"

人生在世，各有各的生活，也各有各的苦难。立场不同，所处的环境也不同，所以很难做到感同身受。生活本来就不容易，当你觉得容易的时候，肯定是有人在替你承担着那份不容易，在生活中经常换位思考，才配拥有幸福。因此，对于他人的失意、挫折和伤痛，要将心比心，以一颗宽容的心去了解和关心他人，才是最适当的作法。

（五）沟通能力

没有沟通就不可能有社会交往，社会交往的过程就是沟通的过程。沟通是传递信息、交流思想、展示能力的有效手段。沟通的关键技巧是倾听和尊重对方，切忌随意插话或没听明白就表态。与上司适时地沟通能增进上司对你的了解，包括你的工作能力、态度、业绩、想法；与同事及时沟通能提升工作的默契度，消除误会和猜忌。在企业外部则要学会与客户、用户保持长期和良好的沟通，以协调、处理企业外部出现的各类事件和各种关系，懂得并善用沟通技巧更能为企业扩展业务和提升市场占有率。

知识卡片

表达的几大失误

(1) 目的不清。你试图通过特定的方式来激发听众的活力，听众却无法从你所表达的意思中搞清楚你的目的所在。

(2) 缺乏组织和驾驭语言的能力。你的发言缺乏好的架构，从一个要点到另一个要点之间没有逻辑关系。

(3) 讲话中充斥过多的信息。太多细节性信息会大大加重听众的负担，这些信息中有些是过于技术性的，是毫无必要的。所讲的论点缺乏足够的论据、范例作为支撑。你提出了某个具有争议性的论点，却没有生动、清晰易懂地表达出来。

(4) 声音单调。你为自己谈论的主题感到激动不已，但你的声音和肢体动作却毫无活力。

(5) 未能满足听众的真实需求。你讲述的是自己感兴趣的事物，而非听众感兴趣的事物。

二 社会交往的基本方法

社会交往方法的掌握程度，是衡量一个人交往能力强弱的重要指标。在某些时候，交往的方法比交往的内容更重要。比如，倾听是交往能力的重要因素之一，不掌握倾听的方法是达不到好的交往效果的。方法对于人的一生很重要，若方法不好，学习、工作的效率和质量都会较低。同样，在社会交往中，也一定要重视方法的使用。

(一) 掌握人际关系的交互原则

从心理学上说，每个人都是天生的自我中心者，个体都希望别人能承认自己的价值，支持自己、接纳自己、喜欢自己。因此在社会交往中，人们更重视自我表现，试图吸引别人的注意。研究表明，人际关系的基础是人与人之间的相互重视、相互支持。对于真心接纳、喜欢自己的人，自己也更愿意接纳对方，愿意同他们交往并建立和维持关系。

古人说“爱人者，人恒爱之”“己所不欲，勿施于人”，讲的也是人际交往的交互性。心理学研究表明，任何人都有保护自己心理平衡的稳定倾向，要求自身同他人的关系保持某种适当性、合理性，并依此对自己与他人的行为加以解释。这样，当别人表示出友好，表示接纳和支持时，个体也感到应该对别人表现出相应的友好态度。与此同时，当自己友好的行动被别人接纳后，也希望别人做出相应的回应。如果别人的行动偏离了自己的期望，则会认为对方不通情理，从而产生一种不愉快的情绪体验，对其产生心理排斥。

职场箴言

协调关系是糖，对立关系是盐。糖太甜，通过适当地加点盐，整体就会变得协调。

（二）建立健康的人际交往模式

保持良好人际关系的方法是在交往中与他人保持一定距离。适度的自我价值感是良好的人际关系的基础。自我价值感来源于对自己作为一个独特的个体而存在的固有价值的认识。任何个体都是无法被完全取代的，都有其独特性，有其独特的创造性潜能。伴随这种价值感而来的是对他人的独特性价值的理解，以及对他人的尊重。是否具有这种适度的自我价值感直接影响到人际交往的模式。

（三）塑造良好的个人形象，提升交往魅力

在社会交往中，个体的知识水平与涵养直接影响着交往的效果，良好的个人形象应从点滴开始。现实中也有很多这样的例子，同样是参加一个招聘会，有的人因为得体的穿着和良好的表现，在求职的过程中取得了很好的职位，很多人因为没有注意到这一点而与机会失之交臂。所以要成功，就要从塑造自己的形象开始。

（1）改善心理素质。心理素质不好的人往往在个人形象展示时会受到一定的影响，易被他人误认为气质不好。人与人的交往，会受到思想、能力与知识及心理等各方面的影响，哪一方面的欠缺都会影响人际关系的质量。有的学生在人际交往中存在胆怯、羞怯、自卑、冷漠、孤独、封闭、猜疑、自傲、嫉妒等心理，不易建立良好的人际关系。只有加强自我训练，才能提高自身的心理素质，从而以积极的态度进行交往。

（2）提升自身的人格魅力。个体都有其内在的人格魅力，这是一个人综合素质在社交生活中的体现。这就要求在校的高职学生丰富自己的内心世界，从仪表到谈吐，从形象到学识，全方位地提高自己。心理学研究表明，在初次交往中，良好的社交形象会给对方留下深刻的印象，而随着交往的深入，学识会占主导地位。

（3）把握好交往的态度。这是提高交往效果、质量的重要方法。正能量的交往心态应该是积极的、主动的、热情的、有宽容之心的。我们要在交往中用自己的良性情绪感染对方，尽可能避免各种消极的、不利于交往的心态产生。

三、社交素质与常见问题

（一）社会交往品质要求

（1）要宽容大度。在人际交往的关系中，宽容大度是十分重要的品质。宽容的人，通常有比较正确的生活态度，能以乐观的心态来面对世界，总会友善宽厚地待人。一个具有人格魅力的人，除了道德学识等方面的因素，必定拥有宽容的品格。

（2）要主动沟通。在人的一生中，总会不断地遇到新环境和陌生人。有的人能很快适应新环境并成为受欢迎的人，而有的人则谨小慎微，不敢接近别人，自己感到十分孤独。克服胆怯心理，保持友善和气，主动与人打招呼，热情帮助人、关心人，多表示对弱者和病痛者的问候，关键的时候能挺身而出，帮助别人解决急难问题，久而久之，就会在交往活动中培养个人的主动性，也会成为受大家欢迎的人。

（3）要善解人意。善解人意，是指人们在为人处世过程中善于站在别人的立场上，设身处地地去理解别人的思想感情，从而自觉地保持人际关系的平衡，使社会生活、人际交

往协调发展。善解人意是人在交往中不可缺少的美德。人们在社会交往中，由于时空条件的限制，以及人们性格、脾气、年龄、性别差异、文化水平、社会阅历、认识能力等不同，人与人之间常常发生一些误会是难免的，而且是正常的。但是如果不能及时消除误会，便会直接影响团结和感情，甚至影响学习和工作，而消除误会、冰释前嫌的主观条件是要善解人意。

（4）要学会幽默。幽默是一种艺术，也是智慧的表现，并含有丰富的人情味，它源于对生活的认识以及对真理敏锐的理解。幽默的人表现出的乐观豁达，能感染周围的人，使他们也乐观和轻松起来。有幽默感的人往往是受欢迎的人。

（二）社会交往中存在的主要问题

（1）认知偏颇。在人的心理过程中，认知是基础，它直接影响和决定着情感和意志，主导着行为取向。正确的认知会产生健康的情感和意志，错误的认知则会导致消极的情感和意志，进而产生不良的行为。如果片面地看问题，不能正确认识和评价自己与他人，就会表现得爱钻牛角尖、认死理、走极端。认知偏颇会导致不良的人际关系。

（2）性格缺陷。性格是一个人稳定的态度体系和习惯的行为方式，是个性结构的重要组成部分。良好的性格可以改变和弥补气质的某些消极因素，对生涯发展具有积极意义。同时，良好的性格是身心健康的基本保证。相反，不良的性格不但严重影响人际关系、人的成长与进步，而且对身心健康十分有害，容易引发心理疾病。

案例 7-7　性格缺陷埋下隐患

曾经有一位21岁空姐因为乘坐顺风车而失去生命的事件，这件事情的发生不禁让人感到惊悚、寒心。一个21岁的花季少女，就这样被他人断送了年轻的生命，她的美好人生才刚刚开始，就这样被早早结束了。透过这个事件，人们更关注的是，凶手何时被缉拿归案，却很少有人关注凶手为什么会下此毒手。

对于空姐被害的跟踪调查发现，该凶手从小就生活在一个问题家庭中，其母亲有精神类疾病，而他本人文化程度也较低，家庭对他成长教育更是严重不足。因此，这些因素导致凶手从小形成了内向、孤僻、脾气暴躁等性格。其实，从他的出生背景不难看出，性格塑造已导致他潜意识处在触碰法律、道德红线的边缘了。

性格缺陷会成为正常社交的杀手。具有良好性格的人更容易与他人交往，并迅速建立属于自己的人际圈。

（3）交往能力缺陷。能力欠缺是影响人际关系的主要原因之一。交往能力差的人主要表现为：主动交往意识不强、沟通能力差、不会倾听、不懂得尊重别人、不注重礼仪等。

案例 7-8 室长的困惑

小明大学时候在校住宿，被选为宿舍室长，当时他们宿舍住着12个人，有两个舍友表现特别差，不打水也不扫地，还不注意个人卫生，不仅懒而且常常坐享其成。作为舍长，小明开始的时候想着帮他们多干点也没啥关系。可时间久了，他心里觉得特别不平衡，为什么他们那么不自觉，缺乏起码的集体观念？为什么他们可以坐享其成？于是小明用舍长的权力强迫他们搞卫生，但不仅起不到作用，而且使宿舍的关系变得更加僵硬了，搞的宿舍内火药味十足。后来小明冷静下来，向他们说好话，对他们讲清楚个人卫生和集体观念的重要性，使他们彻底改变了不良习惯。实际上这种宿舍问题并非小明的宿舍特有的现象，在大多数宿舍中都存在，由于性格差异，天天在一起难免出现这样那样的问题，这些都是正常的，如果长期让宿舍矛盾激化，问题重重且死气沉沉，就会影响同室多个学生的学习及个性发展。

在寝室中，同学相处时，许多同学都觉得自己是主人，一味要求别人尊重自己个性，不会求同存异，要求别人按自己的意志去行事，从不考虑自身的问题，不会宽容谅解别人。这是一种缺乏交往能力的表现，是一种只会盲目和无序竞争而缺乏和谐共处能力的不良的表现。

（三）克服交往问题的策略

大学生在交往中没有经验，难免会遇到一些问题。问题本身并不可怕，只要多进行实践训练，把握交往中某些规律和方法，就可逐步克服这些问题。大学生应该积极主动地调整自己的交往心态，形成积极向上的交往认知。同时，要有意识地学习交往的技巧，丰富交往经验。

（1）尊重。互相尊重是我国的优良传统，也是成功交往的基础和保障。

（2）真诚。真诚对待他人，方能使大家心心相印，情谊天长地久。

（3）信任。信任，一方面要相信对方的真诚，理性理解他人的动机和言行；另一方面要让对方相信自己，不要彼此之间胡乱猜疑、互相提防。

（4）自信。在人际交往中，自信绝非盲目清高，而是知道并勇于改正自己的不足、肯定自己的优点、接纳别人的劝告。自信的人在交往中通常不卑不亢、落落大方、谈吐从容。

（5）热情。待人热情是沟通情感、促进联系的重要品质。

（6）克制。遇到交往矛盾，要懂得克制。克制的人常以大局为重。克制应有理、有利、有节，不能为一时苟安而忍气吞声。

（7）沟通。要注意常与他人交谈，交换看法，讨论彼此感兴趣的事物，借以表达自己的喜怒哀乐、缓解内心压力。在沟通时，要学会有效聆听，做到耐心、虚心、会心，语言表达要清楚、准确、简练、生动。在交往实践中，我们可以不断丰富和完善自我的品格与修养。

四 提升社交素质的六大著名法则

（一）马太效应

马太效应是指强者越强、弱者越弱的现象，这也是生活中的常见现象。从社会交往的角度看，朋友多的人会借助频繁的交往交到更多的朋友，缺少朋友的人则会一直孤独下去。

马太效应提示，要想在某一个领域保持优势，就必须在此领域迅速发展。当成为某个领域的领头羊的时候，即使投资回报率相同，也能更轻易地获得比弱小的同行更大的收益。而若没有实力迅速在某个领域发展，就要不停地寻找新的发展领域，才能保证获得较好的回报。

（二）不值得定律

不值得定律最直观的表述是：不值得做的事情，就不值得做好，这个定律似乎再简单不过了，但它的重要性却常常被人们忽视。不值得定律反映出人们的一种心理，一个人如果从事的是一份自认为不值得做的事情，往往会保持冷嘲热讽、敷衍了事的态度。不但成功率低，而且即使成功，也不会有多大的成就感。

（三）手表定律

手表定律是指一个人有一只手表时，可以很明确地知道现在是几点钟，而当他同时拥有两只对时间指示不同的手表时，却难以确定时间。两只表并不能告诉一个人更准确的时间，反而会让看表的人难以得知准确时间。你要做的就是选择其中更值得信赖的一只手表，尽力校准它，并以此作为你的标准，听从它的指引行事。

（四）华盛顿合作规律

华盛顿合作规律是指在一定的条件下，一个人单独做事则会敷衍了事，两个人一起做就会互相推诿，三个人合作则永无成事之日。在日常生活和社会交往过程中，我们应该避免这种现象的产生，要形成生活和工作中的合力与凝聚力。有这样一则寓言：如果在篓子里放上一群螃蟹，即使不盖盖子，也没有一只螃蟹爬出来。这是什么原因呢？其实，这不是因为螃蟹“安分守己”，不想爬出来；而是因为螃蟹偏爱“窝里斗”，只要有一只螃蟹想往上爬，其他螃蟹便会把它拉下来，最后没有一只能够爬出去。

（五）零和游戏原理

当你看到两位对弈者时，你就可以说他们正在玩零和游戏。因为在大多数情况下，总会有一个赢，一个输，如果胜为1分，而输为-1分，那么，这两人得分之和就是：$1+(-1)=0$。这正是零和游戏的基本内容：游戏者有输有赢，一方所赢就意味着另一方输，游戏的总成绩永远是零。

零和游戏原理之所以广受关注，主要是因为在社会的方方面面都能发现与“零和游戏”类似的局面，胜利者的光荣后面往往隐藏着失败者的辛酸和苦涩。但我们沟通的目的绝非如此，只有双赢或多赢才会使沟通更加有效，发展更加持续。

“双赢”要求各方要有真诚合作的精神和勇气，在合作中不要耍小聪明，不要总想占别人的小便宜，要遵守游戏规则，否则“双赢”的局面就不可能出现，最终吃亏的还是自己。

（六）彼得原理

彼得原理是美国学者劳伦斯·彼得在对组织中人员晋升的相关现象研究后得出的一个结论：在各种组织中，由于习惯于对在某个等级上称职的人员进行晋升提拔，因而雇员总是趋向于被晋升到其不称职的岗位。彼得原理有时也被称为“向上爬”原理。这种现象在现实生活中无处不在：一名称职的教授被提升为大学校长后无法胜任；一个优秀的运动员被提升为主管体育的官员，却无所作为。

对个人来说，虽然每个人都期待着不停地升职，但要客观地评价自己的能力，与其在一个无法完全胜任的岗位勉力支撑、无所适从，还不如找一个自己能游刃有余的岗位好好发挥自己的专长，这样才能更加容易获得成功。

知识卡片

不同国别的文化	社　交　策　略
法国文化	1. 法国人很注意生活情调，他们把在优美环境中的会面、小酌、喝咖啡看作交友的好时光，从不在餐桌上谈生意 2. 法国人的自我感觉很好，但不喜欢被人奉承；无论是对人，还是对事，若能有根有据地指出其缺点、不足，反而能获得法国人的尊敬 3. 法国人要求别人赴约一定要准时，自己却常常迟到。越有身份的人参加活动时，越晚出现，以此表明其身份 4. 与法国人交往，应注意着装。应根据不同的场合、活动选择合适的衣服。如果始终穿同样一套衣服参加持续好几天的活动，则会被认为是对活动的不重视 5. 法国人喜欢追求完美，所以爱抱怨、发牢骚 6. 美国人表示“OK”的手势在法国则表示一文不值，千万别误解
美国文化	1. 赴约准时至关重要，早到要在门外等，晚到要说明原因并致歉 2. 美国人喜欢自信的品质。在他们面前过分谦虚往往只能招致对方的怀疑，他们会认为你能力不够 3. 在美国人人平等的观念深入人心，在交往中稍不注意，就会引起冲突 4. 多数服务行业的工作人员靠小费谋生，因为工资很低，向侍者支付一定数量的小费，是美国人的习惯 5. 美国人比较温和、直率，很容易结交，认识之后一般就直呼对方名字，称呼其职务反而会被误以为拒绝友谊 6. 用餐时千万别浪费食物 7. 美国人将年龄、收入、婚姻等视为个人隐私，应回避讨论

续　表

不同国别的文化	社　交　策　略
日本文化	1. 日本人喜欢委婉，不喜欢直接。日本人讲究礼仪，希望外国人见面也行鞠躬之礼，而不是握手。鞠躬越深就越表示尊重。 2. 地位越高、年龄越高越受重视和尊重。一口流利的英语常会使日本人对你刮目相看。 3. 日本人在会谈之始从职务高的人开始交换名片，接受时鞠躬。如果交换名片之后，后来再次同该日本人见面，却忘了其姓名，日本人会认为这是一种污辱。 4. 日本人颇以自己的烹饪术为自豪。同日本人吃饭，如果能从色香味的角度表示欣赏之意，日本人会对你产生很大好感；如果喜欢上生鱼片、四喜饭之类典型的日本饭菜，则非常有利于搞好宾主关系。 5. 日本人聚会喜欢唱歌。日本人的笑未必是表示快乐，可能是表示不好意思。 6. 日本人最爱面子。如果做了有损对方面子的事，就无异于与其彻底断交。 7. 在日本人眼中，首先作让步既是弱者，也无诚意。所以如果有必要让步，那也一定要使日本人作相应的让步。这种针锋相对近乎固执的谈判策略反而能赢得日本人的尊重。 8. 合同签好并不意味着大功告成，日本人可能会对已达成的协议要求重新商谈

总结案例

青春必须做点什么，不能让以后的自己后悔

19岁的王志强还是一名大二的学生，学习任务、学生会工作和在外兼职让王志强每天都过得特别忙碌。“记得去年期中考试前的那一个月，我同时要准备辩论赛，还要准备学校艺术团的表演，我就把自己一天的时间按半小时一档来划分，这半个小时跟同学商量辩论赛，准备自己的总结陈词，下半个小时又跑到另一栋楼里，看艺术团的团员演奏，商量哪里有待提高。有时候，班里还会有一些同学因大大小小的事务来找我，如请假、申请缓考之类的事。每件事情自己都要做好，真的很累。”有过这段经历之后，王志强开始尝试着把学生会、艺术团的事情交给部员去负责。

那段时间里，王志强经常忙得连吃饭的时间都没有，很多时候，都是别人去食堂吃饭时，顺便帮他买点吃的回来，节省下的时间，他可以一个人静下来为辩论赛和考试做准备。“这样很累，但我就是一个闲着就会难受的人，虽然我现在的职业规划还

不是特别明确，但我总是觉得，现在要多做点事情，不要等十年之后，后悔自己虚度了青春。”

就读于无机非金属专业的王志强，其职业理想却是与他所学的专业不太沾边的传媒策划。高考填报志愿时，王志强选择了录取率较高的理工科专业，但进入大学后，王志强仍然觉得，自己的最大兴趣还是传媒策划的工作。为此，王志强经常会对未来的职业规划感到迷茫，“每到这种时候，我都会去跟我的老师们谈心，他们总能为我解惑，给我提供很多好的建议。”在两年的时间里，王志强注册了求职网站，寻找着与传媒相关的兼职工作。销售、钢琴老师、服务员、网站编辑等，这名“00后”大学生在短短的时间里做了很多尝试。“每份工作对我来说都是锻炼自己的过程，在适应社会的过程中，我遇见了很多优秀的人，我喜欢他们身上那种上进的精神、喜欢他们快节奏的生活。”

分析：

对于这名“00后”来说，虽然未来的职业方向还并不明确，但一颗上进的心，对不同的工作一次次的尝试，不断地体验和学习，让他一直都在充实着自己，丰富着自己的青春。

活动与训练

活动7–5
信息传递

主题：信息传递。

目标：对组织结构信息传达有一定的认识。

建议时间：30分钟。

知识准备：学习社会交往的基本方法和策略。

活动步骤：

步骤一：将全班同学分成若干小组，确定每小组传递信息的第一人和最后一人，所有学生一字纵队排列。

步骤二：教师给队列信息传递的第一人发信息，学生将信息传递给第二人。

步骤三：信息由每小组的第一人依次向小组其他成员传递，直至最后一人。

步骤四：最后一人将接收到的信息还原为最原始的信息。

步骤五：判断最后一人所给的信息是否正确。

教师任务：

(1) 在上课前，为每个小组准备一份材料。

(2) 教师宣布完规则后，发放材料，给每小组信息传递的第一人3 ~ 4分钟时间，然后收回材料。

(3) 监督传递人员，他(她)们只能将信息说一遍，防止说数遍或防止慢于正常语速传递。

(4) 由最后一人讲述他(她)所听到的。

附：材料内容

材料一：我将于7月2日到7月4日外出度假，因此我希望这段时间能够为我提前寄送报纸。我记得你们可以在周六晚上送出周日的报纸，因此我也希望为我安排提早投递周日的报纸。

材料二：我想将我的私人账户转为两人共有，我还想知道你们对小额商业贷款的新规定，少于1万元的短期商业贷款的利率是多少？

材料三：我有意于7月6日带队参观博物馆，成员包括10名儿童，3名老人和4名年龄在18～23岁之间的成年人，这4个成年人中有一人是学生。请问分别买票享受老年人和学生折扣同购买团体票相比较，哪种方法更划算呢？

材料四：我想订购两束玫瑰，分别送往两个地方。一束送给我的母亲，她居住在苏州；另一束送给我的姐姐，她居住在安吉，玫瑰一定要新鲜。

思考与讨论

1. 在国际化的背景下，我们经常会面临着和不同国家、民族的人们共同组成工作团队，请通过收集资料说明如何做好跨文化沟通？

2. 在企业日常运作中，个人冲突无处不在，除了个人选择上的艰难抉择所引起的内心冲突外，更多的是人际关系引起的人际冲突。请通过查找资料说明：应如何认识这些不同情形的冲突？解决个人人际冲突时应采取哪些应对之策，从而将冲突平息于萌芽状态？

第八单元

团队认知与团队合作

第一节　认识团队

第二节　团队基本规则

第三节　转变团队角色

引导语

一滴水，只有融入大海，才能永不枯竭；一个人，只有融入团队，才能实现自我价值。

当今社会处于信息时代，知识、技术更新速度加快，市场竞争日趋激烈，仅靠个人的力量很难实现价值最大化，以团队的形式存在才能实现职业、事业的成功。因此，对于即将步入社会的高职学生来说，了解团队，培养团队合作精神，将有助于自己适应和融入社会，为实现职业生涯的可持续发展打好基础。

学习目标

- 认识团队，形成对团队的正确认知。
- 培养团队角色意识和团队信任感，主动融入团队。
- 掌握必要的由学生团队向工作团队转化的常识和技巧。
- 掌握团队文化建设、解决团队冲突、团队激励的办法，培养团队执行力，促进职业能力的发展。

第一节

认识团队

导入案例

一个人的网店

高职毕业生小李因为厌倦了职场的生活，也不想出去找工作，就想着在家里开一个网店。说干就干，他立马去了武汉的汉正街考察女鞋市场，回到老家后，就开始做开店创业计划书，准备在老家大干一场。

不久以后，小李成功注册了一家网店，但店铺必须面对的现实是如果不去付费推广，几乎没有多少流量。于是他找了一个开网店的朋友帮忙。经过一步步的发展，每月扣除成本后他能够获得的利润寥寥无几。在两年时间里，他每天坚持花18个小时守店，筋疲力尽，除了发货是家人的帮忙外，推广、客服、美工等都是亲力亲为，非常辛苦，钱却越来越难赚了。店铺开了三四年，也没有大的起色，基本不赚钱，他只好在某平台上把店铺转手。

分析：

市场中的很多工作需要团队合作才能完成，团队成员之间只有真诚合作，才能顺利实现团队目标。每一名学生都应负责地对待自己的工作，不能因个人私利而置学校和他人的利益于不顾。这样，才能形成凝聚力，增强战斗力，最大程度地挖掘集体的潜力。工作情景中也正是因为有不同的角色分工，形成合力，才能解决工作中的一个个难题。

一、认识团队

很小的孩子就懂得在游戏中与伙伴相互联络、结成群体、共同协作，才能完成一些独自一人完成不了的任务。把一群人集合在一起，是否就可称之为团队了呢？

（一）团队是什么

1994年，著名管理学教授斯蒂芬·罗宾斯提出“团队”概念：团队是为了实现某一目标而相互协作的个体组成的正式群体。团队是管理学界近年来较为流行的一个词，现代组织管理愈来愈重视团队。

团队是一个由若干个成员组成的小组，小组成员具备相辅相成的技术或技能，有共同的目标，有共同的评估标准和做事方法，共同承担最终的结果和责任。首先，团队必须是正式群体，团队不是堆积木，不是简单的排列组合，更不是搭帮结伙，而是群体的凝聚和合作。其次，团队成员必须拥有共同的目标，通过沟通与交流保持目标、方法、手段等高度一致，不断通力协作，最终将个体利益和整体利益完美整合，达到“1＋1＞2”的效果。团队把具有不同知识、技能和经验的人聚集在一起，形成角色互补，从而达到整个团队的有效组合。

俗话说：“人心齐，泰山移。”团队是由员工和管理层组成的有机共同体，它合理利用每一个成员的知识和技能以制订方案，协同工作，解决问题，最终达到共同的目标。

案例 8-1　激动人心的决赛

2022年2月5日晚，北京冬奥会第一个正式比赛日，由武大靖、任子威、范可新、曲春雨组成的中国短道速滑混合团体接力队，在决赛中以2分37秒348的成绩夺得冠军。这是中国体育代表团在北京冬奥会上获得的第一枚金牌，也是混合团体接力作为赛事新增项目在冬奥会历史上的第一枚金牌。“我永远都相信团队，从进国家队那天开始，我就永远相信队友，相信团队的力量。”对于冬奥会“三届元老”范可新来说，进入国家队12年来，团队是支撑她在冰场上奋斗的最大力量。她在采访中透露，直到比赛日上午，队员们还在探讨如何更好地配合，滑出最快速度。决赛中，中国选手敢抢敢拼，依靠团队配合，在中间棒次超越对手，最后一棒武大靖努力将领先保持到冲刺一刻，以0.016秒的优势拿下来之不易的冬奥首金。

（二）团队与群体的差异

斯蒂芬·罗宾斯教授认为，所有的团队都是群体，而只有正式的群体才可称为团队。

第一，群体强调群体中每个人的绩效，团队则强调集体绩效。

第二，群体的作用是中性的，有时甚至是消极的，而团队的作用是积极的。

第三，群体强调责任个体化，甚至团队的责任既可以是个体的，也可以是共同的。

第四，群体的技能是随机的或不同的，而团队的技能是互补的。

团队与群体之间关系密切且在一定情况下可以相互转化，群体可以慢慢培养成团队，逐步显现其强大的生命力；团队也可能退化成群体，当团队精神不复存在时，团队就会慢慢失去它的活力，不再具有竞争力。

对于一般意义上的群体，其集体工作的结果通常是小于个体成绩的总和的。在进行集体工作的过程中，往往有大量的个体成绩要在组织内部消耗掉，所以集体成绩最多也不过是个体结果的累积。但是，对于一个团队而言，其集体工作的结果是要大于全部个体成绩的总和的。

分析：下列四个类型的群体，哪一个是团队？

（1）龙舟队；（2）足球队；（3）旅行团；（4）候机旅客。

案例 8-2 成功团队案例分析

2007年7月16日，复星集团在香港联交所整体成功上市，融资128亿港元，成为当年香港联交所第三大首次公开募股（IPO），也是香港史上第六大首次公开募股。中国周刊有一篇报道叫"郭广昌的商业帝国"，介绍了复星集团董事长郭广昌的成功轨迹，"复旦五虎"打造了郭广昌的商业帝国。

郭广昌的核心团队共有五个人，他们是：郭广昌、梁信军、汪群斌、范伟、谈剑。这五个人都毕业于复旦大学，被称作"复旦五虎"。总结起来他们团队有这几个特点。相互信任；志同道合，能力互补；各尽其才，个人优势得到了最大的发挥。

第一，相互信任。1992年，二十四五岁的"复旦五虎"凑起3.8万元一起创业，早期收获的第一个一亿元是在医药生物领域获得的。郭广昌没有任何医药生物专业基础，但当他知道了生物工程和医药有前景后，充分信任具有专业基础的梁信军、汪群斌等人，并在他们的组织下在这个领域中取得了成功。相互的信任让他们不断取得成绩。

第二，志同道合，能力互补。"复旦五虎"都毕业于复旦大学，他们都在复星集团身居要职。现任复星集团董事长郭广昌毕业于复旦哲学系；原复星集团副董事长是毕业于复旦遗传学系的梁信军；首席执行官是汪群斌，毕业于复旦遗传学系；原复星集团联席总裁、复地集团董事长是范伟，毕业于复旦遗传工程系；谈剑，毕业于复旦计算机专业，现任复星集团监事会主席、软件体育产业总经理。这个核心团队总结说："我们身上有很多相似性和互补性。"志同道合让他们聚在一起，能力互补让他们把企业发展壮大

第三，各尽其才，个人能力得到了最大发挥。梁信军对这个"五人团队"的评价是："郭广昌不保守，从来没有觉得有什么事情只能想不能做，他的系统思维能力很强，处事比较公正，是一个很合格的董事长；在他之外，最适合做总经理的是汪群斌，他对行业的战略意识敏锐，情商智商兼具，行动能力、业务能力、学习能力和业务操作能力很强，是个领袖型的企业家；范伟，同他们两人的优点很像，有点差异的地方就是他不太爱说话，属于讷于言敏于行的那一类，但在品牌策划上，他又是其他人所不能及的；谈剑的学习能力很强，有段时间她分管我们的行政的时候，在财务上做得非常专业，一般的财务总监都比不过她。而且，在人际关系与业务合作上，她都很有一套。"

团队是一种特殊的群体，是由具有共同的创业理念、价值观和创业愿景，相互信任的人员组成的，为了共同的目标，团结合作，共同承担责任而组建的工作团队。复星集团的团队成员有高度的责任心；拥有合作精神，能时刻进行有效沟通，各自发挥着应有的聪明才智；有极具创新能力和远大目标的决策者。

职场箴言

理解、尊重并努力实现目标是融入团队的第一要务。

二 团队类型

（一）自我管理型团队

自我管理型团队通常由10 ~ 15人组成，他们共同执行解决问题的方案，并对工作结果承担全部责任，控制工作节奏，决定工作任务的分配，安排工作之间的休息，挑选员工，让员工进行互相绩效评估。

世界上许多知名的大公司都推行自我管理团队的模式，团队内部实行自我管理、自我负责、自我领导、自我学习的运行机制，共同实现团队目标。

案例 8-3 竹子的三大特点

竹子的第一大特点是群生。人们看到的往往是一片竹林，而不是孤零零的一棵竹子。对一棵竹子而言，它面对的只有死亡。这说明团队成员之间，只有抱团合作才能生存和发展下去。

竹子的第二大特点是虚心。竹子都是中空的。作为团队的一员，要能容得下其他人的，能向其他团队成员虚心学习的。

竹子的第三大特点是一节一节生长，生长一段，就接一个箍，再生长一段，再接一个箍。团队成员要学会总结和反思，才能不断地成长和发展。

（二）多功能型团队

多功能型团队是一种有效的团队管理方式，它将组织内部来自同一等级但不同工作领域的员工组织在一起完成某项任务。多功能团队一般为解决某项复杂的任务，将不同专业的人才临时组织在一起，并制订统一的工作目标和工作规范等。

案例 8-4 多功能的百度团队

百度是全球知名的科技公司，其团队以其创新和卓越的表现而闻名。百度团队在软件开发、搜索引擎技术和人工智能等领域取得了巨大成功。团队成员之间的紧密合作和灵活性使得百度能够不断推出具有影响力的产品和服务。

（三）虚拟团队

虚拟团队是指利用现代信息技术把实际分散的成员联系起来，以实现一个共同目标的工作团队。虚拟团队可视为现代通信技术、有效的信任与协同、最合适的人选三者的结合体。虚拟团队与传统的组织形式相比较，具有明显的人才优势、信息优势、竞争优势、效率优势、成本优势。

案例 8-5 "饿了么"虚拟平台的成功

"饿了么"是2008年创立的生活平台，主营在线外卖、新零售、即时配送和餐饮供应链等业务。创业十余年，饿了么致力于用科技打造本地生活服务平台，推动了中国餐饮行业的数字化进程，将外卖培养成中国人继做饭、堂食后的第三种常规就餐方式。饿了么在线外卖平台覆盖全国2 000余座城市。作为中国餐饮业数字化领跑者，"饿了么"秉承激情、极致、创新之信仰，以建立全面完善的数字化餐饮生态系统为使命，为用户提供便捷服务极致体验，为餐厅提供一体化运营解决方案。依靠高速发展的互联网，"饿了么"联通了一个依靠线上交易的虚拟团队，为用户搭建了种类繁多的餐饮平台。

三 团队的价值

团队有提高组织运行效率和竞争力等多种价值。团队的价值无处不在，有些名言和俗语更能解释其意义。比如，"二人同心，其利断金"，这是因为"同心"的团队可以有效提高组织的运行效率；"天时不如地利，地利不如人和"，这是因为"人和"的团队可以增强组织的民主气氛，促进成员参与决策的过程，使决策更科学、更准确；"一根筷子易折弯，十根筷子折不断"，这是因为"凝聚"的团队可以提升组织竞争力，可以应对多方面的挑战；"五人团结一只虎，十人团结一条龙，百人团结像泰山"，这是因为在多变的环境中，团队组织比个人更灵活，反应更迅速，更具凝聚力。

案例 8-6 团队合作的寓言故事

一群小鸟决定飞过太平洋，每只小鸟都找来一截树枝，它们远航时累了，就把树枝扔到水面上，靠浮在水面上的树枝稍稍休息而不至于过于劳累。

一天傍晚，飞了一天的小鸟们很累了，纷纷把嘴里的树枝扔到水面，停在水面上休息。突然，水中出现了一条鲨鱼，由于小鸟们的倒影像一群鱼，鲨鱼便慢慢游近鸟群向小鸟们发起攻击，鸟群急忙飞起来，没有来得及拿起水面的树枝，漂在水面上的树枝有些被冲散了，有些被鲨鱼咬断了。小鸟们尝试把水面上的树枝寻找回来，可是有的小鸟没能找回自己的树枝，没有树枝就等于不能休息，这样的话根本飞不过太平洋。于是小鸟们有的把两截树枝拼在一起来承受三只鸟的重量，有的两只鸟轮流用一截树枝休息。在它们团结协作下，最终成功地跨越了太平洋。

（一）团队具有激励作用

大雁在飞行的过程中，不断鸣叫，以叫声鼓励飞在前面的同伴，使同伴保持前进的信心。团队能增强成员的自信心。在一般情况下，有团队的其他成员在场，个体的工作动机会被激发得更强，工作效率会比单独工作时更高。

案例 8-7 雁阵效应

春来秋去的大雁在飞行时总是结伴为队，队形一会儿呈“一”字，一会呈“人”字。大雁为什么要结队飞行呢？

从空气动力学上讲，一群编成“人”字队形飞行的大雁，要比具有同样能量而单独飞行的大雁多飞70%的路程，也就是说，编队飞行的大雁能够借助团队的力量飞得更远——协同会增加70%的力量。

大雁的叫声热情十足，能鼓舞同伴，大雁用叫声鼓励飞在前面的同伴，使团队保持前进的信心——协调会增强组织成员的信心。

一支队伍中最重要的是领头雁。当领头的大雁累了，会退到队伍的侧翼，另一只大雁会取代它的位置，继续领飞——协调重在配合。靠着团结协作精神，才使得大雁能凌空翱翔，完成长途迁徙。

（二）团队具有内在吸附力和凝聚力

依照心理学家库尔特·勒温的观点，团队中会产生不同于个体单独环境中的行为反应效果。他认为，在团队中，成员的心理指向都自觉地或比较自觉地朝向组织的“内心”，寻求组织发展，实现团体目标，雁阵效应也充分说明了这一点。

（三）团队可以促进自我成长

“好风凭借力，助我上青云。”在大雁飞行中，团队成员会自觉地形成影响、交流、互补、促进的局面，从而不断地提高个体的认知水平，促进自我成长。

（四）团队可以提升自我价值感

在大雁飞行中，如果不是成群结队，很难有哪只大雁能成功迁徙。因为个人的力量再强大也是有限的。团队成员协同作战，建立互信，共同努力，克服障碍，取得成功，有助于提升个人的自我价值认同感。

总结案例

腾讯团队的协作管理

众所周知的腾讯公司有着实力强悍的建设团队，为了更好地协调内部成员的工作，腾讯始终坚持透明性的概念，以便每个团队之间的信息可以快速共享。

腾讯内部的每个团队每天早上都要举行一次上午会议，时间须超过十分钟。在早上的会议上，每个人轮流谈论他们前一天的工作以及在新的一天需要完成的工作，同时与团队的其他成员交流在工作中遇到的问题。根据问题的难易程度，安排具体的解决方案。会议结束后，如果问题仍未解决，则相关人员将继续讨论解决方案，其他团队成员开始做新的工作。这种方法不仅能确保团队之间的信息交换，而且还有助于更有效地完成工作任务。

腾讯的每个团队都有自己的“进度墙”，它将实时更新团队成员的工作进度和产品的完成程度。从最初的产品计划到产品完成再到发布阶段，整个产品改进过程将显示在进度墙上，其中还包括各个环节中的问题。这个进度墙可以实现产品生产的透明性，使每个团队成员可以及时了解产品的整体进度，也可以在遇到问题时通过整体力量解决问题。这是一种非常有效的工作方法。

另外，腾讯还建立了业务分析系统和实时监控系统，不仅可以实现每个产品业务数据的实时汇总，还可以实时监控这些数据的异常情况，降低了产品出现问题的概率。

分析：

一个好的团队必须是一个具有完整角色和完整职能的团队。因此，腾讯的大多数内部团队都是根据产品所需的工作标准组成的。不同的成员承担不同的工作职责。任何完整的团队都可以独立完成产品开发和操作，以满足用户需求。同时，它为企业创造了更多的经济利益。

活动与训练

活动8-1
我是国王还是兵

主题: 我是国王还是兵(搭纸塔)。

目标: 感受团队的重要性,体会在团队中沟通与协调的重要性,反思以往自己在团队中的表现,思考今后在团队中的角色定位。

建议时间: 25分钟。

活动步骤:

步骤一:学生按每组6人左右分成若干小组。教师介绍规则及流程:游戏自始至终不能说话,也不能写字,更不能发短信。小组长不参加这个游戏,他们只能旁观,做观察员。每个小组发20张报纸、一卷胶带和一把剪刀,游戏时要把报纸全部用完。从教师说“开始”到“停”,游戏时间是10分钟。时间一到,各组必须停止搭纸塔,小组成员开始讲话,各组给自己的纸塔取名字,请每个小组派一个代表向大家介绍自己的纸塔。观察员汇报观察到了什么。另外指导教师和各组组长将作为评委按纸塔的高度、结构性、稳固性、实用性、美观性进行点评,为每个组的纸塔打分,每项为2分,满分为10分。

步骤二:游戏开始。各组完成搭纸塔任务。小组长进行观察和记录。

步骤三:游戏结束。教师和小组长为各组评分,宣布评选结果。

步骤四:小组成员围绕如下问题进行小组讨论:在整个活动中你扮演什么角色?你为什么会选择这个角色?你平时在生活中也经常扮演这样的角色吗?扮演这样的角色使你得到哪方面的满足,又带来哪些缺憾?在扮演这样的角色的过程中,你有没有发挥自己的长处和创造力?你发现自己某些限制和不足了吗?在小组中你是否发表过自己的意见?你的意见是怎样表达的?你的意见是被接纳了还是被否定了?你有何感受?

步骤五:学生代表做分享。

步骤六:教师总结。结合学生的讨论内容,得出结论:一个有领导、有配合、有能动性的队伍才能称为团队。

总结评价:

(1)当本组成员愿意利用一切可能去完成任务、保持与其他成员进行沟通,而且大家目标一致时,才能创造出最具竞争能力的团队。请回顾成员表现,回答是否做到了这一点。

(2)当条件受限时,团队成员目标必须一致,才能顺利完成任务。请分析本组成员条件受限时的表现。

(3)通过此次活动亲身体验团队合作的重要性。你是否认识到明确团队目标是团队合作的核心这一道理?

活动8-2
心有千千结

主题：心有千千结。

目标：让参与者从游戏中体会到协作的重要性，增强团队成员的归属感，激发团队成员的奋斗精神，认识到合作与奉献对团队成功的促进作用。

建议时间：25分钟。

活动步骤：

步骤一：把全班分为三组，三组同学手拉手围成圆圈，并记住自己的左手和右手边分别拉的是谁，一定要记住，你左手拉的是谁的右手，右手拉的是谁的左手，不能记错。

步骤二：记住后，闭眼（轻柔的音乐响起），当听到主持人说放手时，大家立刻放手，并在一定范围内随意走动。当听到主持人说“停”时，大家开始找到原来左、右手所牵的那两个同学。

步骤三：当手牵住后，在不能松手的前提下，恢复到起初的完整的圆圈。

步骤四：再把整个班级合起来围成一个大圆，按照之前的方法解结。

注：当遇到难以解开的结时，主持人要鼓励小组成员不要放弃，要相信一定可以解开。前提是不能松手。

步骤五：学生代表做分享。

步骤六：教师总结。这个游戏可以让参与者认识到有解不开的心结是在所难免的，要正视它，同时只要团体成员互帮互助，心结都会被打开。

总结评价：

（1）同学们通过解“心结”的游戏，能体会到生活中的人际关系问题吗？

（2）同学们的感受是什么？

（3）同学们通过活动应该有所体会，比如：解结并不是那么容易的事，越复杂的结解越难；在解结的过程中所有在结里的学生必须都得动起来；小结不解，大结难解；没有指挥，大家白忙，良好的集体要在统一的指导下才有可能出成绩。

思考与讨论

1. 分析建立团队精神的重要因素和主要障碍。
2. 讨论小组中个人扮演的角色，个人表现的优点和缺点。
3. 讨论“心有千千结”这句话对企业团队建设的意义。

第二节

团队基本规则

导入案例

不欢而散的一场创业梦

2018年，四个毕业于计算机专业的同班同学决定联合创业，共同创造基于手机应用的社交平台。他们认为自己具有不同的技能和经验，可以一起实现商业目标。他们每个人都投入了自己的时间、才华和资金，合作似乎进展顺利。

然而，随着合作时间的推移，问题逐渐浮出水面。第一件事情是他们不能达成共识，缺乏有效的沟通和协调机制。这导致了一些重要的决策被推迟，不能按期执行，而在此期间，他们错失了市场机会。每个人都有自己的想法和目标，他们很难一起工作，没有团队精神。更糟糕的是，他们没有达成有关所有者权益和股份分配的明确协议。在最初的时候，这可能不是一个问题，但随着业务发展，这变得越来越重要。某些团队成员感受到自己的努力被忽略和低估，认为其他一些人赚到的比付出的更多，导致了一系列的争吵和不信任。

最后，合作破裂了。团队在短时间内解散，合作终止。他们的理想和愿望被迫终止。

分析：

这个案例展示了团队合作可能会遇到的问题：缺乏共识，甚至互相敌对。当然，任何合作都需要谨慎考虑并建立执行协议和沟通机制。这可以帮助团队在解决问题时做出更好的决策，避免成员间的争吵，最终达成共同的目标，并培养团队精神。

一、团队需要怎样的成员

（一）诚信在先

“人无信则不立”，诚信是做人的基本准则。心理学家乔治·赫华斯根据多年的研究，把“与同事诚信合作”列为成功的九大要素之首，可见诚信的重要性。

“道不同，不相为谋”，忠诚需要对团队的认同感，这是作为一名团队成员所应具备的基本价值理念。诚实守信就是不讲假话、不歪曲事实、不隐瞒自己的观点，光明磊落、处事实在、遵守诺言，履行自己应承担的义务，从而取得别人的信任。“人而无信，不知其可”，从古到今，讲诚信的人备受尊重和爱戴。没有诚信精神，不可能塑造出良好的个人形象，无法得到上级和团队成员的信赖，也就失去了与人竞争的资本。只有当你做到了“言必信，行必果”时，才能真正赢得团队成员的广泛信赖，也为自己的事业注入了活力。

案例 8-8　团队合作的案例故事

一位学者做了这样一个实验：把6只猴子分别关在3间空房子里，每间2只，房子里分别放着一定数量的食物，但放的位置高度不一样。第一间房子的食物就放在地上，第二间房子的食物分别从易到难挂在不同高度的位置上，第三间房子的食物高高悬挂在房顶。数日后他们打开房子，发现第一间房子的猴子一死一伤，伤的缺了耳朵断了腿，奄奄一息，第三间房子的猴子也死了，只有第二间房子的猴子活的好好的。究其原因，第一间房子的猴子一进房间就看到了地上的食物，于是，为了争夺唾手可得的食物，两只猴子大打出手，结果伤的伤，死的死。第三间房子的猴子虽然做出了努力，但食物悬挂得太高，获取难度过大，它们够不到，被活活饿死了。

（二）尊重所有人

尊重没有高低之分、地位之差、资历之别，在尽量保持自我个性的同时平等待人、有礼有节、尊重所有人，能为一个团队营造出和谐融洽的气氛，使团队资源最大程度地进行共享。让对方感到自己很重要，对于一个团队来说，意义重大。

尊重别人是一种美德，它会赢得认同、欣赏和合作。无论构建团队还是构建社会，不尊重朋友，将失去快乐；不尊重同事，将失去合作；不尊重领导，将失去机会；不尊重长者，将失去品格；不尊重自己，将失去自我。

案例 8-9　尊重和荣誉

2004年雅典奥运会最后一块金牌，将在男子马拉松比赛中产生。巴西选手德利马已经35岁，这是他最后一次登上奥运舞台，他为此做了充分准备。离终点只剩下最后6千米，他步伐稳健，呼吸匀称，只要再坚持20分钟，他的梦想就能实现。

然而一个爱尔兰人突然闯入赛道，将德利马强行拉到路边人群。这次意外，彻底打乱了德利马的比赛节奏。最终，他被追赶者超越，只收获一枚铜牌。令人诧异的是，他在进入体育场时已经调整心态，一路微笑着跑过终点。在颁奖仪式上，他极有风度，丝毫看不出刚刚经历过一场意外。他接受媒体采访时说："我的目标是赢得奥运会奖牌。感谢上帝，我实现了这个目标。赢得铜牌的快乐，胜过一切可能有的怨恨之情。"那个爱尔兰人，最终被判处12个月缓刑和3 000欧元的罚金，并终身不得进入体育赛场。然而德利马痛失金牌的结果，却不会因为这次裁决而改变。

国际奥委会高度赞扬德利马的体育精神，向他颁发了一枚以现代奥林匹克之父顾拜旦命名的奖牌，表彰他"公平竞争和发扬奥林匹克精神的出色表现"。他回巴西后，受到了英雄般的欢迎。后来，德利马接受了爱尔兰人的道歉，并应邀访问了爱尔兰首都都柏林。他说："我知道爱尔兰人民对袭击事件感到痛心，但我不会记恨袭击我的人，更不会记恨爱尔兰人民。"

12年后，奥运会第一次来到了巴西。就在家乡父老面前，在马拉卡纳体育场内，47岁的德利马站在了主火炬旁，点燃了熊熊燃烧的圣火。这是体育赋予他的最高荣誉。

（三）宽容面对

宽容既是一种素质，又是一种品德，更是一种境界。宽容的核心是宽厚、包容、忍耐、谅解。只有宽容地对待团队中的人，别人才会宽容地对待自己，团队合作的默契才能实现。宽容是团队合作中最好的润滑剂，它能消除分歧，使团队成员互敬互重、彼此包容、和谐相处，从而使每个成员都能安心工作，体会到合作的快乐。

职场箴言

记住一个人的好处，忘记一个人的坏处，原谅曾经对自己造成伤害的人，珍惜与团队成员的情谊，才能营造出融洽的工作环境。

案例 8-10 唐太宗与魏徵的故事

魏徵曾是唐太宗李世民之哥哥李建成的重臣，他曾经多次劝说李建成早早下手杀掉李世民，以免后患，可李建成没有听魏徵的。宣武门事变后，李建成被自己的弟弟李世民杀死，李世民做了皇帝。李世民君临天下之后，有人就向李世民悄悄告状，说魏徵曾经替李建成出过好多对李世民不利的主意。后来，唐太宗不计前嫌，重用魏徵，还主动和魏徵结为亲家，使魏徵觉得“喜逢知己之主，竭其力用”。“贞观之治”之所以国泰民安，魏徵功不可没。

（四）理性信任

团队是一个协作互补的群体，它需要团队成员之间建立理性地相互信任的关系，信任是合作的基石，它具有神奇的力量。如果连起码的信任都做不到，那么，团队合作就是一句空话，绝没有落实到位的可能。

案例 8-11 丰田生产方式

丰田生产强调质量、效率和灵活性，这也是丰田汽车成为世界顶尖汽车制造商的关键因素之一。丰田生产的核心是团队合作和持续改进，在丰田的生产线上，员工们被鼓励积极参与问题解决和工作流程改进。每个员工都有权利和责任提出改善建议，而这些建议经过团队的讨论和决策后将被迅速实施。这种基于团队合作的持续改进方式，使丰田能够实现高效率、高质量的生产，并不断提升其竞争力。

二、团队角色认知与融入技巧

（一）角色认知

团队形成阶段大家都很客气，在工作中会逐步建立彼此间的信任和依赖关系，取得一致的目标，各自对照典型特征确定角色。通常情况下，团队角色有以下几种。

1. 实干者

实干者具有效率高、责任感强、守纪律但做事比较保守的典型特征。由于其可靠、高效及处理具体工作的能力强，因此在团队中作用很大，实干者不会仅根据个人兴趣来完成工作。

2. 协调者

协调者具有冷静、自信、有控制力的典型特征。擅长领导一个具有各种技能和个性特征的群体，善于协调各种错综复杂的关系，擅长平心静气地解决问题。

3. 推进者

推进者具有好挑战、好交际、富有激情的典型特征。他是行动的发起者，敢于面对困难，并义无反顾地加速前进；敢于独自做决定而不介意别人反对。推进者是确保团队快速行动的最有效成员。

4. 创新者

创新者创造力强，具有个人主义者的典型特征。善于提出新想法和开拓新思路，在项目刚刚启动或陷入困境时，创新者显得非常重要。

5. 信息者

信息者具有外向、热情、好奇、善于交际的典型特征。有与人交往和发现新事物的能力，善于迎接挑战。

6. 监督者

监督者具有冷静、不易激动、谨慎、精确判断的典型特征。监督者善于分析和评价，善于权衡利弊来选择方案。

7. 凝聚者

凝聚者具有合作性强、性情温和的典型特征。凝聚者善于调和各种人际关系，在冲突环境中其社交和理解能力会成为宝贵资源。凝聚者信奉“和为贵”，有他们在场，团队成员能协作得更好，团队士气更高。

8. 完美者

完美者具有埋头苦干、守秩序、尽职尽责、易焦虑的典型特征。对于完成那些重要且要求高度准确性的任务，完美者起着不可估量的作用。完美者在管理方面崇尚高标准严要求，注意准确性，关注细节，坚持不懈。

从以上描述可知：实干者善于行动；协调者善于寻找到合适的成员；推进者善于让想法立即变成行动；创新者善于出主意；信息者善于发掘最新“情报”；监督者善于发现问题；凝聚者善于化解矛盾；完美者强调细节。比如，对于某个软件项目工作团队，实干者适合做模块设计、编写程序等工作；协调者适合做项目管理工作；推进者适合做对项目进度影响较大的工作；创新者适合做系统架构设计工作；信息者善于做需求调研工作；监督者适合做软件质量保证和测试工作；凝聚者适合做团队建设工作；完美者适合做需求、设计和一些重要产出物的评审工作。

案例 8-12　《西游记》中的团队

《西游记》作为中国古代四大名著之一，其深刻描绘的团队合作精神是这部作品得以传颂千古的重要原因之一。团队成员各有特色，互补性强，共同完成了取经的艰巨任务，很好地诠释了团队中不同角色的重要性以及协作的力量。

唐僧作为团队的领袖和取经的主要驱动力引领着整个团队。他虽然法力不高，但他是团队的精神支柱。唐僧的角色体现了领导力中的愿景设定和激励团队的重要性。孙悟空作为团队中的技术核心和主要战斗力，拥有超凡的能力，是团队克服困难的关键。猪八戒虽然贪吃懒惰，但他的幽默和乐观态度常常能够缓解团队的紧张气氛，同时他也在关键时刻贡献自己的力量。猪八戒的角色体现了团队中角色的多样性，以及每个人都有其独特的价值和作用。沙僧是团队中的稳重担当，他勤劳、忠诚、细心，负责照顾团队的日常起居和行李搬运等杂务工作。沙僧的存在使得团队能够更加顺利地运行，他的默默付出和无私奉献为团队的成功奠定了基础。

（二）初入团队与磨合技巧

在团队磨合阶段，成员对事情意见不同，互不服气、不服从领导、不愿受团队纪律约束的现象时有发生。有人的地方就会有冲突，在团队成员之间出现冲突是不可避免的，当冲突出现的时候能够面对和化解，是每一个团队成员都应掌握的基本技能。

1. 识别建设性冲突和破坏性冲突

（1）建设性冲突。支持团队目标并增进团队绩效，能激发团队成员的才干与能力，带动创新和改变。团队成员可在建设性冲突中学习有效解决和避免冲突的方法。对建设性冲突的合理处理，将带来团队的整合。

（2）破坏性冲突。在团队中制造相互之间的对立态度，可导致信息失真，歪曲事实真相，损害团队成员的身心健康，消耗组织的时间与能量，使个人和团队都为此付出极大的情绪上和经济上的代价。

2. 掌握化解冲突的技巧

（1）竞争。当组织发生突发性事件时，作为团队领导，应在平衡各种方法的可行性基础上，快速反应，这时就有必要采取竞争策略。竞争策略是牺牲一部分成员的利益，换取团队整体利益的策略。使用竞争策略的好处是可以压制部分团队成员对整体利益的损害，快速形成决策，解决冲突，树立权威，但这种策略并未触及冲突的根本原因，即便强迫对方服从，对方也不一定真心服从。

（2）迁就。当团队遇到严重困难和挑战的时候，和谐比分裂更重要，应采用迁就策略。迁就策略是抚慰与自己对立的一方，愿意把对方的利益放在自己的利益之上，做出自我牺牲，遵从他人观点，从而维持相互友好的关系。使用迁就策略，会受到对方的欢迎，但有时在重要问题上迁就别人，可能会被视为软弱。虽然迁就可能会缓和冲突，维持团队的和谐气氛，但可能鼓励一些不合规的观点，并可能出现潜在的新冲突。

（3）回避。当对方过于冲动，或暂不具备解决问题所需的条件时，不妨暂时回避，让对方冷静下来以创造解决冲突的条件。回避策略是指冲突一方意识到冲突的存在，选择忽视和放弃的态度，但不采取与对方合作的方式，从而维护自身利益的一种策略。使用回避策略只是使事态没有发展得更坏，仅维护了暂时的平衡与和谐，问题没有得到根本解决。

（4）合作。当双方的利益都很重要，而且不能够折中，需要力求一致的解决方案时，双方应相互支持并高度尊重。合作策略是主动跟对方坦诚地讨论问题，寻找互惠互利的解决方案，尽可能使双方的利益都达到最大化，而不需要任何人做出让步的解决方式。使用合作策略虽然能双赢且是目前非常流行的解决冲突的方法，但要达成协议需要一个漫长的谈判过程。

（5）妥协。妥协是指双方势均力敌，难以找到互惠互利的解决方案时，所做出的可以满足双方最基本目标的行为，妥协的双方没有明显的输家和赢家。妥协策略是冲突双方都愿意放弃部分观点和利益，并且共同分享冲突解决带来的收益或成果的策略。使用妥协策略虽然不是最好的解决问题的方法，但常常可以在双方利益、时间、成本、关系等各个方面取得较好的平衡，因此也是化解团队冲突的常用方法。

职场箴言

理解、包容和支持是团队生存与工作的三大关键要素。

（三）认同团队与深度融合

在团队正常运行阶段，团队成员对自己在团队中担任的角色和共同解决问题的方法已达成共识，整个团队达到自然平衡、差异缩小、队员互相体谅的状态。

1. 认同团队目标

每个团队都有一个既定的目标，对团队成员的行动起导航作用，个人的目标要与团队的目标相一致。每个团队成员必须认同团队目标并通力合作，为实现共同目标而努力。

2. 认同团队规则

每个团队都有自己的运行规则，包括工作纪律、团队合作、激励措施等，要求每个成员必须认同并遵守，确保团队的和谐与凝聚力。

（四）融入高效团队的素质要求

在团队高效运作阶段，大家互相关心，互相支持，能够高效而圆满地解决问题、完成任务，使团队内部达到高度统一，最终共同达到目标。斯蒂芬·罗宾斯教授对高效团队的特征进行了系统性的概括（如图 8-1 所示）。

图 8-1　高效团队的特征

1. 清晰的目标

团队不仅要目标清晰明确，更要知道自己在实现团队目标中应担当的责任。高效团队对他们所要达到的目标要有清楚的了解，并坚信这一目标的意义和价值。所以，清晰的目标能激励团队成员把个人目标融入团队目标，并鼓励成员全心投入、通力协作、彼此激励、不断创新，去完成个人无法完成的目标。

2. 相关的技能

高效团队是由有能力的成员组成的。他们具备实现理想目标所必需的技术和能力，还有能够良好合作的个性品质，这两点缺一不可。更为重要的是，每个队员要积极主动，不断提升自己的能力和技能，来适应团队不断发展的需要。

3. 相互的信任

信任首先要从自身做起。成员间相互的信任是高效团队的显著特征，每个成员对其他成员的品行和能力都应深信不疑，只有信任他人才能换来他人的信任。

4. 高度的忠诚

高效的团队成员对团队表现出高度的忠诚。为了使团队获得成功，他们愿意调动和发挥自己最大的潜能。

5. 良好的沟通

团队成员要学会主动沟通，建立通畅的信息交流渠道。这有助于团队成员迅速而准确地了解彼此的想法和情感。

6. 应变能力

对于高效团队来说，尽管员工的角色由工作说明、工作纪律、工作程序及其他一些正式文件明确规定，但成员角色具有灵活多变性，需要其他成员具备充分的应变能力。

7. 有效的领导

有效的领导能为团队指明前进方向。领导能鼓舞团队成员的自信心，帮助他们更充分地了解自己的潜能。有效的领导需要团队成员的理解和支持，领导自身也需要别人的包容和帮助。

8. 内部支持和外部支持

支持环境是高效团队的必要条件。从内部条件来看，团队应拥有一个合理的基础结构，比如适当的培训、评估团队成员总体绩效的测量系统、人力资源系统等。从外部条件来看，管理层应给团队提供完成工作所必需的各种资源。

三 团队工作常用方法

（一）尝试赏识别人

团队效率的高低在于成员默契是否配合，而这种默契来自团队成员之间的互相欣赏和熟悉。

案例 8-13 赏识改变人生

林先生青年时期做记者时，曾报道过一个小伙子靠修自行车生活的事情。在报道的最后，林先生情不自禁感叹：“像心思如此细密、手法那么灵巧、风格这样独特的修车工，一定会有所成就的吧！”林先生不曾想到，他多年前无心写下的这几句话，竟影响了这个小伙子的一生。如今，当年的修车工已经是一家自行车厂的大老板了。在一次邂逅中，这位老板诚挚地对林先生说：“林先生写的那篇报道，打破了我生活的盲点，使我想，为什么不能把修车的生意做得更大呢？”从此，他成了当地自行车生产领域的知名人物。

1. 赏识是一种心态

很多时候，同处于一个团队中的成员常常会设“假想敌”，尤其是因某事分出了你高我低时，落后的人心里不是滋味，有时还会变得嫉妒、狭隘。这时，需先摆正心态，用客观的目光去看你的“假想敌”到底有没有长处，哪怕是一点点比自己好的地方都是值得学习的。

2. 赏识是一种关爱

赏识团队的每一个成员，都是在为团队增加助力。要想成功地融入团队之中，就要善于发现每一个成员的优点，让团队成员从你的赏识中感受到真切的关怀和爱护。

3. 赏识是一种激励

对他人的赏识，会令他们有被尊重、被认可的感觉，会增强他们的自信心，增加对工作的满足感、成就感；会增加他们对成功、荣誉的渴求；会增加他们发展自我、挑战自我的勇气和决心，令他们充满激情地、全身心地投入工作。

（二）进行良好的沟通

一个人身在团队之中，良好的沟通能力是一种必备的能力。团队成员拥有良好的沟通能力是保持团队有效沟通和旺盛生命力的必要条件；作为成员，要想在团队中获得成功，有效沟通是最基本的要求。团队成员要勤于沟通、善于沟通，让团队成员都了解自己、欣赏自己、喜欢自己。

案例 8-14　空间站建设事业中的团队合作

在我国的空间站建设事业中，团队合作至关重要。首先，空间站项目涉及多个学科领域，包括航天工程、生命科学、物理学、计算机科学等。每个团队成员都拥有自己专业领域的知识和技能，通过团队合作，能够实现知识与技能的互补，共同解决复杂的技术难题和科学研究问题。其次，空间站项目中的任务往往具有高度的协同性，需要多个部门和团队之间紧密配合、协同作战。团队合作能够确保任务执行的顺畅和高效，避免信息孤岛和沟通障碍，提高项目的整体执行力和应对突发事件的能力。

（三）站在团队目标上定位自身发展

“皮之不存，毛将焉附”，团队合作不反对个性，但个性必须服从团队目标，要有整体意识、全局观念，考虑团队整体需要，个人要不遗余力地为团队的共同目标努力。

1. 忠诚于团队的目标和使命

团队成员要忠实于团队的目标和使命，信守对团队的承诺，恪尽职守地为团队做贡献。

2. 对团队有深厚的感情

团队成员要以团队的成功为己任，从心智上、思维上、情感上全身心地投入团队，把为团队做贡献当成一件无上光荣的事。团队成员要将个人的成功与团队的成功紧密相连，视团队的成功为自己最大的成功。

3. 将团队的利益摆在首位

团队成员不能做有损于团队荣誉、形象和利益的事，当个人利益与团队利益发生冲突时，甘愿牺牲个人利益以维护团队利益。

只有每个成员都认真履行自己的职责，自觉遵守和服从团队的行动法则，同心协力，步调一致，才能使团队高效运转。

（四）超越自我，挑战高端

成功的团队提供给成员积极合作的机会，而对团队成员来说，在工作中享受合作的乐趣才能提高工作效率。有关调查结果表明，企业内部生产效率最高的群体，并不是薪金最高的员工，而是那些工作心情最愉悦的员工。愉快的工作环境、和谐的团队氛围，会使人心情愉悦，因此使员工工作得更加积极。

1. 拥有强烈的归属感

团队成员只有对团队拥有强烈的归属感，强烈地感觉到自己是团队的一员，把工作当成一种乐趣、一种享受，才会真正快乐地投身于工作之中。

2. 建立良好的人际关系

创造良好的人际关系，创造愉快的工作环境，可以使员工忘记工作的单调和疲倦，也会使工作变成很快乐的事情。员工只有超越自我，享受工作的快乐，才会充满激情地对待眼前的工作，才会拥有最佳的工作状态，才会进入良性循环，从而创造更高、更广阔的发展空间。

案例 8-15 小刺猬吃苹果

一天，小刺猬散步，突然，一个东西砸在它的头上。仔细一看，原来是一个大红苹果从树上掉了下来，它狠狠地咬了一大口，苹果又甜又脆，十分好吃。

小刺猬吃完这个苹果，不满足，又拿起一块石头，向苹果树投去，可是它个子矮小，本身没有那么大力气，石子还没有投到苹果，便落了地。它又爬到树上去摘，可是，自己的手臂太短，苹果枝条太细，小刺猬无可奈何只好放弃。小刺猬刚要走，看见一只小山羊，站立在山头，它便高兴地跑了过去。

小山羊看到小刺猬很着急，便问："出了什么事？"

小刺猬首先用手指了指，喘着粗气，又在小山羊耳旁悄悄地说了几句，小山羊高兴得手舞足蹈。

小刺猬和小山羊飞快地向苹果树跑去。

小山羊开始用头撞苹果树，每撞一下，树上就掉好几个苹果。就这样，它们一个撞，一个拾，不一会儿，苹果就堆得跟小山一样。

它们兴奋无比，一边吃香甜的苹果，一边交谈着团结合作，助人为乐的道理。

（五）友好合作，互惠互利

团队合作能力的核心是团队合作精神。团队合作精神是大局意识、互惠互利和服务精神的集中体现。内心拒绝与他人合作的成员，虽然表面上加入了团队，但本质上却独立于团队以外，很难与其他团队成员互惠合作。实践证明，几乎没有团队能在其成员缺乏团队合作精神的情况下顺利运转，也几乎没有一个人能在其缺乏团队合作精神的情况下获得成功。篮球运动员迈克尔·乔丹说过这样一句话："一名伟大的球星最突出的能力就是让周围的队友变得更好。"正是这种团队合作精神把迈克尔·乔丹送到了事业之巅。21世纪是全球共融的时代，互惠互利、高效创新的团队合作精神将在这一时代得到倡导和彰显。

（六）勇敢面对团队责任

负责，不仅意味着对错误负责，对自己负责，更意味着对团队负责，对团队成员负责，并将这种负责精神落实到工作的每一个细节之中。勇敢地说"是我的错"，不仅反映了一个人诚信的品质，还表现出一个人敢于负责的勇气。勇于负责是一种积极进取的精神，是团队成员应具备的基本素质。如果你不敢或不愿担负责任，你就不能被认可，就不能成为一名优秀的团队成员。

在一个团队中，要赢得团队中其他成员的尊重，就要努力培养自己勇于负责的精神，成为一个敢于承担责任的成员。如果所有成员都能对自己负责，并能够对团队负责，就一定能打造出具有竞争力的团队。麦肯锡公司曾对一个成功的人应具备什么样的素质做过一个调查，结果有近90%的人选择了要敢于承担责任。敢于承担责任，是一名优秀团队成员应具备的基本素质，也是一种人生态度。

案例 8-16 这是"逆袭"，更是"进击"

中国女排的里约之旅，在北京时间2016年8月21日上午以一枚金牌画上圆满句号。小组赛接连失利，跌跌撞撞才晋级；交叉赛越战越勇，一路拼搏终夺冠。中国队证明重要的不是怎么开始比赛，而是怎么结束比赛。"一个球哪怕你接不住，也要拼尽全力冲过去"，这是老一辈女排运动员留下的遗产，"打一分算一分，一分一分咬下来"，这是新一代女排运动员写下的精神。因艰难，才更显勇毅；因奋斗，才弥足珍贵。曾振奋整个国家的中国女排，再次用一次跌宕起伏的夺冠，振奋了我们的精神。有人说，中国女排从来没有过"统治地位"，几乎每一次夺冠都靠艰难的拼搏完成。而在最困难的时刻，呈现出最顽强的精神，或许就是女排精神的实质。这恰如郎平所言："女排精神不是赢得冠军，而是有时候知道不会赢，也竭尽全力。是你一路虽走得摇摇晃晃，但站起来抖抖身上的尘土，依旧眼中坚定。"

竞技体育不仅是身体、技巧的比拼，也是"精神力"的较量——有赛场上对胜利的强烈渴望，更有赛场外向着梦想默默地坚持。郎平说："不要因为我们赢了一场就谈女排精神，也要看到我们努力的过程。"的确，"女排精神"不是喊出来的，而是靠日复一日的强化训练、一点一滴的艰辛付出凝铸而成的。

无论赛场成败，女排精神一直都在。

从20世纪80年代“五连冠”，到成绩滑坡陷入低潮，“两起两落”却始终目光坚毅看着前方。从起步到巅峰，从巅峰到低谷，从低谷到崛起，从崛起再到巅峰，张蓉芳、梁艳、冯坤、赵蕊蕊、惠若琪、朱婷……输过、赢过、奋斗过，哭着笑着坚持着，数十年来，这支队伍用一次次的拼搏展现体育的本质，让人看到了不畏竞争、永不言败、执着坚持的精神魅力。

今天，我们正需要重新叫响“女排精神”，从个人看，有机会、有舞台，但也只有一步步地往前走，才能收获梦想；从国家看，发展不易，前行维艰，中流击水之时，更需要鼓起精神、振奋意志。无论我们走了多远，无论我们怎样改变，理想信念不能丢，那种创造历史的精气神不能变。正因此，我们应该理直气壮地赞美这种精神、弘扬这种精神，因为只有有了宝贵的“精神力”，才能写下更灿烂的诗篇。

没有一场胜利可以唾手而得，没有一个冠军不经风雨洗礼，恰如历史的道路不是大街上的人行道，而是会“有时穿过泥泞，有时横渡沼泽，有时行经丛林”。但是，在挫折中前行、不磨灭初心，未来再远、梦想再大，也将抵达。

（七）增加快乐情感，保持对工作的热忱

快乐是这个世界上最有价值的也是最具感染力的一种情感，它发自内心，是一种职场团队需要的情感体验。在团队中，你的热忱会鼓舞他人，使团队焕发动力，朝着美好的理想迈进。

热忱就是保持对一件事物、一份事业充足的兴趣、持续的毅力、积极的行动；热忱就是拥有了远大目标之后的不懈努力。热忱工作的人会保持高度的自觉，会把全身的每一个细胞激活，完成心中渴望的事情。这是一种强劲的情绪，一种对人、对事、对信仰的强烈的情感。在团队工作中需要注入巨大的热忱，只有热忱才能取得工作的最大价值和最大成功。作为一种精神特质，热忱代表一种积极进取的精神力量，可以转化为巨大的能量，从而推动团队工作快捷有效地完成。

案例 8-17 小王的火锅餐厅

演唱会场地外的大巴车、餐厅内的应援和粉丝大合唱、“和所有的烦恼说拜拜，和所有的快乐说嗨嗨”欢乐的生日歌……这些能让顾客感受到的温暖和快乐的场景，都出现在小王的火锅餐厅。近年来，小王的火锅餐厅不断提升服务质量，升级场景，让顾客体验到美味的同时，也感受用餐的温暖和快乐。

如生日服务，或许有些人会觉得这是“社死”行为，但不可否认，感到快乐的顾客居多。不知不觉，他的餐厅和过生日已经成为一种符号，“过生日就去这家餐厅”

已成为不少人不假思索的选择。在社交平台上,“在餐厅过生日”相关话题数超100个,其中“在小王的火锅餐厅过生日”话题播放次数最高。

被网友誉为“唱生日歌最卖力的员工”的鑫哥,已经记不清自己为多少顾客过过生日了,只记得高峰时期一天唱了40多遍《生日祝福歌》。他甚至有了自己的“粉丝”,不少顾客专门来这里找他过生日。“看着别人开心,我也很开心,我们希望每一名顾客都快乐。”

在这里,还有一种快乐叫“演唱会第二现场”。小王所在的城市经常会举办演唱会,演唱会场地正好在他餐厅的旁边。他不仅准备了荧光棒、话筒和音响,设置了粉丝限定狂欢区,还租了大巴车到演唱会现场接粉丝到店吃火锅,网友表示,小王是懂“演唱会后遗症”的——太晚打不到车。

一方面,他为顾客提供火锅沸腾的温暖和食物的美味;另一方面,他为顾客提供情绪价值,让顾客在海底捞感受到信任和被信任。

(八)善于学习,不断学习

21世纪是竞争的时代,更是学习的时代。人们要善于学习和不断学习,尤其是在工作中保持学习的意识和能力,是现代社会发展的重要要求。

总结案例

高度融合的某家居品牌

某家居品牌是世界上知名度最高的品牌之一,它所创建的团队文化独具特色,为人称道,也是它成功的关键所在。

该公司的团队以家具的品类来分,一个团队共同负责同一家具部的工作(比如,办公家具、厨房用品、地毯部、沙发部)。该公司文化是:平等、低调、朴实、现代。

该公司的低调平民文化不仅反映在其家具的价格上,而且表现在其公司上层领导的个人风格上。该公司的创始人从不张扬,而且穿着朴素,生活简单。

该公司的招牌广告语是:“你不必富有,只需机灵。”它创造的团队文化也具有类似特征。

为了鼓励团队成员间的高度融合和协作,公司并不给每个员工明确的岗位说明,相反,他们要求团队成员自己商榷讨论决定谁负责什么,该如何运作最为有效等,然后按计划执行。团队的领导人也没有特殊的头衔,与他人平等,主要起协调沟通的作用,理顺团队并让每个人都能充满乐趣地工作。

公司创立之初员工的离职率很高,但公司认为,这是公司的核心文化的重要组成部分，就坚持了下来。在此过程中，当地的应聘者慢慢也熟悉了公司的文化，认同的人才被聘任，整个运作就变得越来越顺利。

因为该公司只是一个家居用品店，每个人的工作内容都不复杂，每个人都能胜任他人的工作，没有人是不可取代的，所以团队的管理关键在于队员之间的互相磨合和默契，在于创造积极向上的、彼此信任和喜欢的团队气氛。

这样在任何人忙不过来的时候，暂时有空闲的人就会主动帮助，让顾客得到良好满意的服务。团队成员互相认同、彼此喜爱就成了最有效的鼓励团队合作的手段。将此模式扩大到整个商店，就会产生整个商店即一个大团队的效果。

该公司专门规定将一年中的某一天用来奖励所有员工。如何做呢？就是把在那一天售出的家具的全部收入分给每个员工。商店的员工因此对公司都有强烈的归属感，将自己视为大家庭中的一员，于是更加努力工作。这样的正向循环使公司的气氛越来越好。

分析：

该家居品牌的成功大部分来自对产品的细分，以及对生产的细分和对销售的细分，这充分提升了消费者对家居材料分类和家居设计的参与度，改善了用户的实际使用体验，将设计与使用之间形成呼应。但这种销售模式的设计与实施需要强大的团队做基础，一个从设计、施工、测试、组装、使用、销售以及反馈的高配合度的团队是该公司走向世界的强大后盾，他们用实际销量和超高的使用率证明了企业文化的成功。

活动与训练

团队角色自我知觉问卷

活动8-3
团队生存能力提升

主题：团队生存能力提升。

目标：帮助同学体会信任的建立取决于自己对团队成员的信心，相互之间的沟通是树立这种信心的基础。一旦信任完全建立，你会感觉到团队的工作气氛是那么轻松愉快。

建议时间：25分钟。

活动步骤：

步骤一：教师讲解“信任背摔”活动要求与流程。学员分组。

步骤二：教师示范“信任背摔”活动。教师让每组学员围成一个向心圆，而教师自己站在中央来做示范。教师双手绕在胸前进行以下的沟通。教师问：“我准备好了，你们准备好了吗？”全体团队成员回答：“准备好了。”这时教师整个身体完全倒在团队成员的手中。

步骤三：同学分组进行体验。

步骤四：小组讨论。教师组织各小组分享“信任背摔”后的感悟及经验。

步骤五：教师总结。结合学生分享的内容，总结如何提升团队生存能力。

总结评价：

（1）在活动中，你的团队合作精神如何？

（2）你认为团队生活和工作中最大的困难是什么？有何改进措施？

活动8-4
团队挑战岛

主题：团队挑战岛

目标：增强团队成员之间的沟通与协作能力，培养解决问题的能力和创造性思维。

活动步骤：

步骤一：选择户外拓展基地或室内模拟场地，布置成多个“挑战区”，如“迷宫寻宝”“搭建桥梁”“密码破译”等。

准备三个挑战任务：

（1）迷宫寻宝：团队成员需共同解决谜题，找到通往宝藏的正确路径。

（2）搭建桥梁：利用有限资源，在规定时间内搭建一座足够稳固的桥梁，以承载全队成员通过。

（3）密码破译：根据一系列线索，团队合作解密信息，获得下一个挑战的关键信息。

步骤二：根据挑战内容准备相应的道具，如绳子、木板、指南针、谜题卡等。

步骤三：将参与者随机分为若干小组，每组5~7人，确保每个小组在能力、性格上有所差异，以模拟真实工作场景。

步骤四：团队组建。各队选队长、定队名、设计队旗与口号，增强团队凝聚力。

步骤五：教师介绍各挑战区的任务内容、难度系数及完成标准，强调团队合作的重要性各队根据任务难易程度及自身特长选择挑战顺序。

总结评价：

（1）成果展示：各队展示挑战成果，阐述团队合作中的亮点与不足。

（2）角色扮演反馈：每个成员分享自己在团队中的角色、贡献及感受。

（3）团队反思：讨论团队在合作过程中遇到的问题、解决策略及未来改进方向。

（4）表彰环节：根据挑战完成情况与团队表现，评选出“最佳合作奖”“最具创意奖”等奖项，增强团队荣誉感。

（5）教师总结：通过这样的实训活动，不仅能够有效提升同学们的合作意识与协作能力，还能在挑战中激发团队成员的潜能与创造力，为未来的工作打下坚实的基础。

思考与讨论

1. 在挑战中，团队合作的重要性体现在哪些方面？

2. 你是否积极参与了挑战？得到哪些启示？

第三节

转变团队角色

导入案例

董事长为什么不满意

一家外企招聘职员，吸引了不少人前去应聘。应聘者头脑聪明、博学多才，是同龄人中的佼佼者。聪明的董事长知道，这些学生有渊博的知识作后盾，书本上的知识是难不倒他们的，于是，公司人事部就策划了一个别开生面的招聘会。招聘开始了，董事长让前6名应聘者一起进来，给他们发了15元，让他们去街上吃饭。并且要求，必须保证每个人都要吃到饭，不能有一个人挨饿。

六个人从公司里出来，来到大街拐角处的一家餐厅。他们派了一个代表上前询问就餐情况，服务员告诉他们，虽然这里米饭、面条的价格不高，但是每份最低也得3元。他们一合计，按照这样的价格，6个人一共需要18元，可是现在手里只有15元，无法保证每人一份。于是，他们垂头丧气地走出了餐厅。

回到公司，董事长问明情况后摇了摇头，说："真的对不起，你们虽然都很有学问，但是都不适合在这个公司工作。"其中一人不服气地问道："15元怎么能保证6个人全都吃上饭？"董事长笑了笑说："我已经去过那家餐厅了，如果5个或5个以上的人去吃饭餐厅就会免费加送一份。而你们是6个人，如果一起走进餐厅的话，可以得到一份免费的午餐，可是你们每个人只想到自己，从没有想到凝聚起来，成为一个团队。这只能说明一个问题，你们都是以自我为中心、没有一点团队合作精神的人。而缺少团队合作精神的公司又有什么发展前途呢？"

听闻此话，6名大学生顿时哑口无言。

分析：

初入职场的同学们还没有改变学生时代所形成的习惯，工作中不能及时认知自己的角色，没能考虑工作团队的共同目标，没有考虑到团体利益与自身利益直接存在紧密的联系，职场团队中每个人应该具备一些共同的特质，包括团队成员对共同目标的认同和重视；科学严谨的规则和职责分工；成员间彼此赏识、尊重、信任、支持与协作；不断学习、不断寻求发展的能力，等等。所以尽快由学生团队的一员转型到工作团队的一员，是成功向合格员工过渡的重要一步。

为了顺应团队管理的现代组织模式，承担着为社会培养合格人才重任的学校，也在逐步把团队管理理念运用到学校的教育和教学活动中来，以期培养学生的团队合作精神，提升学生的自我管理能力，使学生在校学习期间就能为走入社会做好准备。从学生活动，到班级管理，再到课堂教学活动，团队可以说渗透在学校管理的方方面面。但因为学校和社会的不同，学生团队和工作团队也呈现出极大的差异性，学生团队在向工作团队过渡中也有不少的工作要做。

一　认知差异

具体来说，学生团队和工作团队的差异性表现如下。

（一）目标不同

学生团队的目标服务于学校的管理目标，是在培养学生团队协作能力的同时，提升学生的组织性、纪律性及自我管理能力。而工作团队的目标是提升工作效率，使团队成员在规定的时间内高质量地完成企业或组织布置的阶段性任务，增强企业竞争力。

（二）整体效能和每个个体联系的紧密程度不同

学生团队整体效能的高低对学生个体并不产生本质的影响。即使处于某一个团队中，学生个体的主要目的也是学习知识和技能，没有薪酬或职位方面的任何要求。所以，学生团队的效能只会影响到团队整体目标的达成，而影响不到学生个体的物质和精神追求。而工作团队不同，其总体目标是为了效益，个体目标也是为了效益，效益不仅关系到企业的生存，更关系到团队个体成员的生存。这里的生存包括两个层面：一是个体成员的薪资和福利，决定了个体成员的物质生活层面；二是个体成员的职业发展空间，决定了个体成员的精神生活层面。

（三）氛围不同

团队氛围的形成需要人和环境两方面的共同作用，即团队成员中的个体必须认同团队的目标或工作安排。所以，认同过程能否达成不仅取决于团队目标设置得是否合理、工作安排得是否恰当等客观因素，还取决于成员是否具有自主性、认知力等主观因素。因此，学生团队成员的工作意愿不如工作团队成员积极和高涨。

上述这些不同直接决定了无论从团队的目标、计划，还是从团队的凝聚力、忠诚度、竞争力以及效率等方面来说，学生团队都不如工作团队规范、明晰、紧密和高效。相应地，学生团队成员的规则意识、敬业精神、目标愿望等也不如工作团队成员那么明确和强烈。

案例 8-18 我不过是在为老板打工

李浩是一名高职毕业生，在一家贸易公司工作。踌躇满志的他对职业未来的憧憬逐渐被现实打破，由于是职场新人，似乎一切都没有那样简单。过了一段时间之后，一系列困扰他的问题接踵而来。没有业绩，老板无视他，同事们也认为他可有可无。一天，他愤愤地对朋友说："我在公司里的工资是最低的，老板也不把我放在眼里，如果再这样下去，我就辞职不干了。"

"你把那家贸易公司的业务都弄清楚了吗？做国际贸易的窍门完全弄懂了吗？"他的朋友问道。

"还没有！"

"'君子报仇十年不晚'，我建议你先静下心来，认认真真地工作，把与你的岗位相关的一切贸易技巧、商业文书和公司组织完全搞通，甚至包括如何书写合同等具体细节都弄懂了之后，再一走了之，这样做岂不是既出了气，又有许多收获吗？"

李浩听从了朋友的建议，一改往日的消极抵触态度，开始认认真真地工作起来，甚至下班之后，还常常留在办公室里研究商业文书的写法。

一年之后，那个朋友偶然遇到他。"现在你大概都学会了，可以准备拍桌子不干了吧？""可是，我发现近半年来，老板对我刮目相看，最近更是委以重任，又升职、又加薪。说实话，不仅仅是老板，公司里的其他人都开始敬重我了！"

那么，李浩是为老板打工还是为自己工作呢？

二、转变角色

职业学家程社明说过一句话：正确的角色定位需要理智，及时的角色转变需要智慧。大学毕业生到工作人员的角色转变，意味着学生时代的结束，工作生涯的开始。顺利完成角色转变，尽可能缩短转变过程的时间，是适应职业环境的关键。角色转变过程是学生进入社会的一个重要过程。

（一）转变心态

学生时代是人生最美好的时代，无忧无虑，衣食无忧。一旦走进社会，就意味着要为自己、为家人的生活负责，要承担养家的责任。两个时期责任不同，所以一定要尽快转变心态。

（二）转变环境

学校环境纯粹，老师、同学和睦相处，就像一个大家庭。职场却如战场，每天面对不同的情况，面对陌生的客户，还要时刻面临被投诉的风险。在这个过程中要快速学会正确处理与同事之间的关系，正确对待、满足客户的要求。

（三）加强协作意识

进入社会后，人际交往能力的良好发挥是适应环境的关键。如何处理人际关系对于一个人未来的发展至关重要。好的人际关系可以帮助你在事业上取得成功，更好地实现自己的人生价值；糟糕的人际关系则会使你陷入孤立的境地，消极被动。所以在工作上要懂得与人合作，谦虚学习，取人之长、补己之短，形成团队意识。

三 融入工作团队

要实现从学生团队向工作团队的顺利转化主要是实现对组织文化、价值和行为规范的认同，个体尽快融入团队中，将所学技能尽快转化为岗位工作和团队工作能力。

（一）提升市场竞争意识

市场竞争意识是对市场竞争的认识、意愿、思想观点和态度的总称。它包括敢于竞争的意识，勇于创新的意识，遵纪守法的意识，以及善于合作的意识等。学校里的竞争毕竟不同于社会竞争。如今是市场经济，只有拥有市场竞争意识、遵循市场竞争规则的团队或组织才能在市场竞争中立于不败之地，也只有拥有市场竞争意识、遵循市场竞争规则的团队成员才能成为具有社会竞争力的团队成员。所以，在学校期间，学生们就应该树立法治观念和理性竞争意识，主动适应竞争社会的法则，这样才能顺利适应工作团队的要求。

（二）提升挫折耐受能力

挫折耐受力指个体在遭遇挫折情境时，经得起打击和压力，可以摆脱和排解困境而使自己避免产生心理与行为问题的能力，这反映了一个人的心理素质水平。

当代青年，生活条件优越，备受父母呵护，从小遇到的困难和挫折很少，这也导致其独立生活能力差，承受挫折的能力比较弱。他们在一帆风顺时表现得很好，碰到不如意的事情难免会手足无措。因此，提升挫折耐受能力对于当今学生来说更加重要。

案例 8-19　阿甘的抗挫能力

1955年出生的张海迪，在5岁那年不幸被确诊为脊髓血管瘤。这一疾病导致她胸部以下完全瘫痪，从此失去了自由行走的能力。然而，面对这样的打击，张海迪并没有选择放弃，而是用她的坚韧和毅力开始了与命运的抗争。由于身体原因，张海迪无法像其他孩子一样走进学校接受正规教育。但她对知识的渴望并未因此而减弱。相反，她在家中通过自学，完成了小学、中学甚至大学的课程。在这个过程中，她需要付出比常人更多的努力和汗水，但她从未放弃过对知识的追求。后来，张海迪展现出了她在文学创作和翻译方面的才华。她先后翻译了《海边诊所》等数十万字的英语小说，并创作了《轮椅上的梦》《绝顶》等多部文学作品。这些作品不仅展现了她的文学才华，更传递了她对生活的热爱和对命运的抗争精神。张海迪的故事激励着无数人在面对困难和挑战时保持坚韧不拔的精神。她用自己的行动证明了即使身体残疾也无法阻挡对知识的追求和对生活的热爱。

（三）提高学习自主性

良好的自主学习能力是工作团队对其成员的基本要求，也是工作团队成员的核心素质之一。在学校里，因为有老师的要求和监督，学生们一般都处于被动的学习状态。而社会情景完全不同，没有人时时要求和监督，一切遵循优胜劣汰的自然法则。没有自主学习能力就难以快速接受新知识，也就没有创新能力。在崇尚提高团队创新力、构建创新型团队的社会中，自主学习能力是非常重要的。

（四）提高自我管理能力

如今，企业之间的竞争日渐激烈，也更加残酷。一个企业或组织要在竞争中得以生存和发展，不仅要仰仗管理者卓越的领导能力，还要仰仗团队成员的自我管理能力。所以，国内众多企事业单位和其他组织机构都把自我管理能力作为对高素质人才的基本素质要求。可以说，自我管理能力既是企事业单位提高运营效率的机制基础，也是团队成员从业和发展的能力基础。

（五）积极参与社会实践

了解社会是了解工作团队的前提，要了解社会，就要参与必要的社会实践，以获得更多的与社会融合的机会。首先，由于认知能力有限，学生不能像成年人那样去思考问题和处理问题，所以，学生处理挫折、失败、冲突等问题的能力较为欠缺，需要在社会中得到培养和磨炼。其次，学生的最终目的是顺利进入社会，而社会实践可以说是沟通学校和社会的桥梁。学生在社会实践中了解社会要求，在社会实践中检验所学，在这个环节中可以时刻纠正错误、弥补不足，避免在从学生角色向职业人角色转变时过于仓促。

总结案例

从电影中感悟团队精神

在电影《红海行动》中，军人强烈的信念感和使命感让观众感动……中国海军的“蛟龙突击队”更是将团队配合诠释得淋漓尽致，完美无缺！

最让人感到真实和震撼的是影片中“蛟龙突击队”超强的凝聚力和向心力，以及所向披靡的战斗力！这样的军事武装小分队，体现了中国军人真正拥有的团队精神！从头至尾的战斗，不仅让观众为他们的英勇无畏而钦佩，也为他们的生死攸关而揪心……队长不惧生死、冷静思考、理性分析。责任感强的他，是整个团队的核心。临危不乱的淡然与分工明确的指派，都让人为之惊叹。他让“蛟龙突击队”的力量发挥到极致，以8敌150的骄傲感不言而喻，让1+7大于150。

在影片中，更有诸多细节的刻画，体现了个人精神与团队意识的融合，使命感和责任感的表达，以及军人对命令的绝对服从。在这部影片中，每个军人都脱离了个人主义，全身心地服从于集体，听命于指挥。无论是情感上的流露、战术上的配合，还是各个独立的个体之间的高度信任，都能够让我们看到这是一支超强的现代化军事小分队……虽然仅有不到10人，但团结起来迸发的力量与意志令人敬佩。这部影片巧妙地避开个人英雄主义的套路，军人们通过超默契的配合与作战，营救出了人质，完成好了任务！

分析：

这部影片充分体现了集体主义在现实中的重大意义，是一部团队意识绝佳的军事题材战争片，他们用实际军事战争体现了团队合作的充分性以及角色担当的必要性。

活动与训练

活动8–5
驿站传书

主题：驿站传书。

目标：了解融入团队的必要技巧，比如，充分沟通、统一规则、团队协作等。

建议时间：30分钟。

活动步骤：

步骤一：讲解活动要求与流程。学生分组排成一列，每个人相当于一个驿站，教师把一个写有7位数的数字信息卡片交到最后一位同学的手中，同学将信息依次向前传递。最前面的同学收到信息后迅速举手，并把信息写在纸片上交给教师。

步骤二：教师讲解游戏规则：不能讲话；不能回头；后面的同学不能越过一定界线；不能传递纸条和扔纸条。

步骤三：游戏开始。将学生平均分成7 ～ 9人的若干小组，进行游戏。

步骤四：小组讨论。派出代表与全班同学分享心得。

步骤五：教师总结。结合学生讨论内容，讲解融入团队的技巧。

总结评价：

（1）在团队中，如何给人以良好的第一印象？

（2）在团队中，如何积极地表达对他人的赏识、尊重和信任？可以举例说明。

（3）在团队中，如何更好地与他人合作？

活动8-6
红黑博弈游戏

主题：红黑博弈游戏。

目标：培养学生的合作能力。

建议时间：30分钟。

活动步骤：

将一群人分成A、B两组，两组人之间不许交流，在经过内部讨论、投票之后向对方出牌，出牌只能是红黑两色。另备一名联络员，用于在两组之间公布对方的出牌，联络员必须在确认A或B组的出牌结果有效之后，才能公布对方小组的出牌。

游戏规则：

（1）双方各自选出自己的组长，由组长组织投票，统计出多少张红牌、多少张黑牌，以少数服从多数的方式报告联络员小组投票的结果。

（2）小组中，只要有一人弃权，则该次投票无效，投票的有效性由联络员进行确认。

（3）得分规则如下：

① 如果双方都出黑牌，各得正3分；

② 如果有一方为红牌，另一方为黑牌，则出黑牌方得负5分，出红牌方得正5分；

③ 如果双方都出红牌，各得负3分。

（4）游戏一定要进行5轮投票，其中第二轮得分 ×2，第四轮得分 ×3，最后的胜负规则是：累计正分最高者获胜。

附：红黑游戏表，如表8-1所示。

表8-1　红黑游戏表

组　别	1	2	3	4	5	合　计
A组						
B组						

思考与讨论

1. 作为高职学生,如何实现学生角色向职业人角色的转变?

2. 从学生团队融入工作团队需注意什么?你预测过自己将要遇到的困难了吗?你将如何解决?

第九单元

质量意识与环保理念

第一节 质量与质量管理

第二节 树立正确的质量意识

第三节 环保理念

引导语

质量意识是一个企业从管理者到每一个员工对质量和质量工作的认识和理解，这对质量行为有着极其重要的影响。质量意识是企业生存和发展的思想基础。

环保理念是企业员工的责任，更是企业的生命。环保理念不仅仅指企业污染控制和企业员工的环保意识，更强调节约，强调资源的循环再利用。

大学生树立质量意识及环保理念，是职业素养培养与提升的重要内容。大学生只有树立了质量意识，将来在岗位工作中，才能自觉地保证硬件、软件和流程性材料的质量、工作质量和服务质量。而环境保护已经成为个人和企业不可推卸的责任，企业在承担这份责任的同时，同样能受益于环保理念所带来的积极影响。

学习目标

- 能够形成正确的质量意识。
- 掌握现代质量管理的内容。
- 积极培养良好的环保理念。

第一节

质量与质量管理

导入案例

呼吸机问题待解，飞利浦又一产线“沦陷”

荷兰医疗设备巨头飞利浦2023年12月宣布召回一款核磁共振成像设备，此前美国食品和药品管理局（FDA）提出了对该设备爆炸风险的担忧，对这家仍在疲于应对与其睡眠呼吸暂停设备相关诉讼的公司来说无异于雪上加霜。

飞利浦表示，将自愿召回其某款核磁共振成像系统，原因是氦气压力可能积聚过高。在最坏的情况下，这可能会导致设备爆炸，造成财产损失或人身伤害。美国FDA将此次召回确定为最严重的一类召回，并补充说，已有一起爆炸事件的报告。飞利浦表示，其在全球销售了约340台该款设备，其中150台在美国。

分析：

飞利浦作为全球知名的医疗设备制造商，其产品广泛应用于医疗领域，因此产品的质量和安全性至关重要。核磁共振成像系统是一种高精度的医疗设备，如果存在安全隐患，不仅可能对患者的健康造成影响，还可能对医护人员和医院财产造成威胁。此次事件也提醒了企业应重视产品质量和安全性，并及时采取措施应对可能存在的风险。企业应该建立健全的品质管理体系，加强生产环节的质量控制，确保产品的安全性和可靠性。同时，在发现产品存在问题时，企业应该及时采取措施进行修复或召回，以最大限度地减少对用户的影响。

一、质量的基础知识

质量是构成社会财富的关键内容。人类社会自从有了生产活动，特别是以交换为目的的商品生产活动，便产生了质量活动。人类通过劳动增加社会物质财富，不仅表现在数量上，更重要的是表现在质量上。从人们的衣、食、住、行，到休闲、工作、医疗、环境等无不与质量息息相关。优良的产品和服务质量能给人们带来便利和愉快，给企业带来效益和发展。

知识卡片

质量意识是品质控制人员对品质的一种感知度。做好质量要把握以下三点：第一是对产品的熟悉程度，第二是对质量异常的敏感程度，第三是要善于总结。

它和制度的区别就在于：质量意识，使有机会犯错的人不愿犯错；制度，使想犯错的人不敢犯错。

质量问题是经济发展的战略问题，它直接关系到企业的竞争力和可持续发展。质量是指一组固有特性（如性能、安全性、寿命、可靠性、可维修性）满足要求的程度。质量管理通常包括制订质量方针和目标、质量策划、质量控制、质量保证和质量改进。质量控制贯穿于产品形成的全过程，对产品形成全过程的所有环节有关质量的作业技术和活动都进行控制。

二 质量管理理论

关于质量，存在以下5个错误观念：① 只要质量高就是美好的东西；② 质量是无法评估衡量的；③ 质量越高经济成本越高；④ 所有质量问题都是由一线人员造成的；⑤ 质量部门对质量问题负全责。

全面质量管理理论产生于20世纪60年代，至今仍在不断发展完善过程中。其代表人物是质量管理专家费根鲍姆（A. V. Feigenbaum）和朱兰（J. M. Juran）等。全面质量管理的基本特点是“三全”和“一多样”：全面的质量管理、全过程的质量管理、全员参加的质量管理和质量管理方法多样化。

案例 9-1 降落伞的真实故事

这是一个发生在第二次世界大战中期，美国空军和降落伞制造商之间的真实故事。在当时，降落伞的安全度不够完美，即使经过厂商努力改善，使得降落伞制造商生产的降落伞的良品率已经达到了99.9%，应该说这个良品率即使现在许多企业也很难达到。但是美国空军却对此公司说不，他们要求所交降落伞的良品率必须达到100%。于是降落伞制造商的总经理便专程去飞行大队商讨此事，看是否能够降低这个水准。因为厂商认为，能够达到99.9%已接近完美了，没有什么必要再改。美国空军当然一口回绝，因为品质没有折扣。

后来，军方要求改变检查品质的方法。那就是从厂商前一周交货的降落伞中，随机挑出一个，让厂商负责人装备上身后，亲自从飞行中的机身跳下。这个方法实施后，不良率立刻变成了零。

全面质量管理是指管理对象不限于狭义的产品质量，而是包括过程质量、服务质量和工作质量等多个方面。全面质量管理强调以过程质量和工作质量来保证产品质量，强调提高过程质量和工作质量的重要性。

全面质量管理强调质量管理的广义性，即在进行质量管理的同时，还要进行产量、成本、生产率和交货期等的管理，保证低消耗、低成本和按期交货，提高组织经营管理的服务质量。

职场箴言

丢失一个钉子，坏了一只蹄铁；
坏了一只蹄铁，折了一匹战马；
折了一匹战马，伤了一位将军；
伤了一位将军，输了一场战斗；
输了一场战斗，亡了一个帝国。

全过程的质量管理是指对产品的设计阶段、生产制造阶段、使用和售后服务阶段实施全过程的质量管理。对产品质量形成的全过程的各个环节加以管理，就可以形成一个综合性的质量管理工作体系。该体系以防为主，防检结合，重在提高。

全员参与的质量管理是指全员的质量教育和培训。这要求明确职责、权限和联系方式，开展各种形式的基层质量管理活动，设置严格的质量奖罚制度，坚持质量管理、人人有责。

案例 9-2 三星手机爆炸事件

2016年8月24日，有韩国网友上传了多张三星Note 7发生“爆炸”后的照片，当时Note 7开卖还不到一周，有韩媒将Note 7戏称为“100万韩元的炸弹”。就像是多米诺骨牌一样，Note 7在其他国家也接二连三出现疑似电池“爆炸”的问题，逼得三星不得不选择全球召回250万台Note 7，以挽回声誉。但是，三星公司宣布的全球召回并不包括中国市场，三星公司声称国行版Note 7电池供应商不同，让消费者放心购买。然而，9月18日，百度贴吧出现了国行版Note 7爆炸照片，让刚刚发布声明称国行版Note 7电池供应商不同的三星十分尴尬。

航空公司集体封杀：美国联邦航空局9月8日发出警告，“强烈建议”乘客登机后不要启动Note 7或为其充电，也不要放在托运行李内。随后，日本国土交通省、韩国国土交通部、新加坡航空公司、澳洲航空公司、维珍澳洲航空公司、阿联酋阿提哈德航空公司、中国民用航空局也纷纷加入这一行列，为Note 7手机下达飞行禁令。

销量一落千丈：根据相关研究机构的数据，截至2016年6月30日，三星公司在中国的销量已经跌至第六位，排在华为、OPPO、苹果、VIVO和小米之后。三星公司在中国的销量仅为华为的三分之一左右。手机电池爆炸事件以后，几个著名电商甚至已将Note 7下架。

品牌形象损毁：各国民航管理机构和各大航空公司发布的禁令给三星手机打上“不安全手机”的标签，更让三星品牌形象损失不可估量，三星公司甚至可能面临品牌重建。

赶工期惹的祸：有知情人士爆料，三星Note7“电池起火爆炸”，与公司高层一项“加快推进新产品上市进程，从而超越苹果”的决定有关。

质量管理敷衍了事：根据报告显示，三星手机的故障率是安卓阵营中最高的。当然绝大部分是小故障。但是一直管控不了小故障，出现爆炸等严重问题只是时间早晚而已。

全面质量管理是集管理科学和多种技术为一体的一门科学。全面、综合地运用多种方法进行质量管理，是全面质量管理的客观要求。影响产品质量的因素越来越复杂，必须根据不同情况，灵活运用各种现代化管理方法和措施加以综合治理。

质量管理四项基本原则如下。

（1）质量的定义是符合要求，不是“好”。

（2）质量的系统是预防，不是检验。

（3）质量的工作准则是零缺陷，不是“差不多就好”。

（4）质量的衡量是不符合要求的代价（指因返工而发生的额外成本），不是指数。

三 PDCA循环

要搞好质量管理，除了有一个正确的指导思想，还必须有一定的工作程序和管理方法，PDCA循环就是质量管理活动所应遵守的科学工作程序，是全面质量管理的基本工作方法。PDCA循环是由“质量控制之父”休哈特（Walter A. Shewhart）提出的，随后被美国质量管理统计学专家戴明（W. E. Deming）采纳、宣传，从而获得普及，故也称为“戴明环”。

(一) PDCA循环的含义和特点

PDCA循环中的四个英文字母分别plan(计划)、do(执行)、check(检查)、act(处理)的首字母。它反映了质量改进和完成各项工作必须经过的4个阶段。这4个阶段不断循环下去,周而复始,使质量不断改进。

PDCA循环示意图,如图9-1所示。

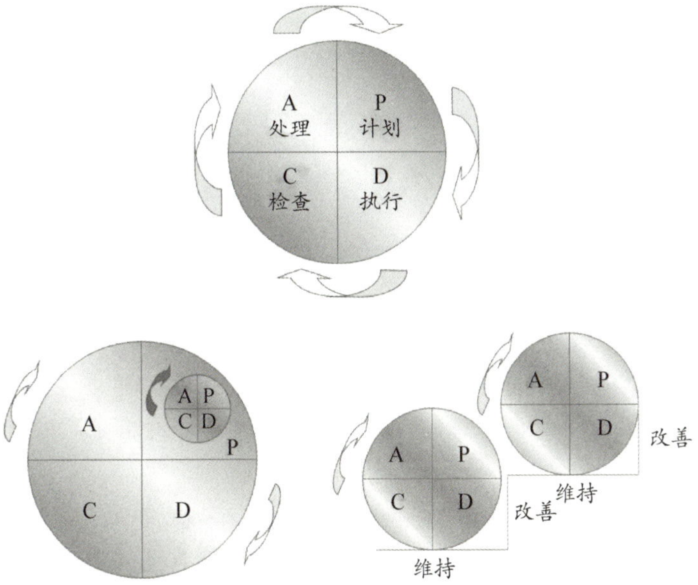

图9-1 PDCA循环示意图

PDCA循环的特点:一是大环套小环,互相衔接,互相促进;二是如同爬楼梯,螺旋式上升,不断循环、不断上升。通过PDCA循环,使组织各环节、各方面的工作相互结合、相互促进,形成一个整体。整个企业的质量管理体系构成一个大的PDCA循环,各部门、各环节又都有小的PDCA循环,依次又有更小的PDCA循环,从而形成一个大环套小环的综合质量管理体系。经过一个PDCA循环,使一些质量问题得到解决,质量水平因此得到提高,从而跨上更高一级台阶,而下一次循环将是在该次循环已经提高的基础上进行的,如此循环,使产品质量持续改进、不断提高。

(二) PDCA具体实施的要点

1. 计划制订阶段——P阶段

计划制订阶段的实施要点有:对质量现状进行分析,找出存在的质量问题;分析造成产品质量问题的各种原因和影响因素;从各种原因中找出影响质量的主要原因;针对影响质量问题的主要原因制订对策,拟定相应的管理和技术组织措施,提出执行计划。

2. 计划执行阶段——D阶段

计划执行阶段主要是按照预定的质量计划、目标和措施及其分工去实际执行。

3. 执行结果的检查阶段——C 阶段

检查阶段主要根据计划的要求，对实际执行情况进行检查，寻找和发现计划执行过程中的问题。

4. 处理阶段——A 阶段

处理阶段是对存在的问题进行深入的剖析，具体分为两个步骤：根据检查的结果，总结成功的经验和失败的教训。成功时即可纳入标准，巩固成绩。失败时应提出该循环尚未解决的问题，并将其转到下一循环中去。

总结案例

QMS 质量管理系统

在离散制造行业中，对于单件小批量生产，质量管理一般要求检验每个零件、每道工序的加工质量。为保持产品的可追溯性，传统的管理模式是通过手写或者Excel表格录入的方式来记录产品的原材料物料批次号、过程、在制品质量数据、成品质量数据等，这种管理方式虽然能够在一定程度上保持产品的可追溯性，但也暴露出了一些问题：质检量大，表单填写烦琐；二次人工汇总和统计的信息无法确保准确性；品质追溯无法满足等。

在QMS质量管理系统中，包含产品生产过程中大量的静态数据和动态数据，针对企业现状实现对质量的信息化管理。充分利用QMS质量管理系统，有助于实现质量数据的实时准确采集，保证质量信息的全面可追溯性。

分析：

QMS质量管理系统实现了对零件从原材料、生产过程，到成品出库生产全过程质量数据的采集和质量信息的全面可追溯。系统在企业成功实施和使用，有助于实现对所有任务的原材料物料批次号、过程质量信息、成品检验数据、生产批次信息的实时管理和全面可追溯性，实现对质量数据的实时采集和统计，实现对所有操作人员和外协厂家一次送检合格率的实时统计和计算，实现质量信息可追溯性，最终使质量管理效率得到明显提升。

活动与训练

活动 9-1
企业质量管理案例分析

主题：企业质量管理案例分析。

目标：

（1）通过对企业质量管理的分析探讨，认识质量管理的构成要素。

（2）比较不同企业的质量管理，认识质量管理对企业发展的影响。

建议时间：40分钟。

活动准备：收集不同的企业管理案例。

活动步骤：

步骤一：收集和活动准备。课前每个小组学生至少收集两个不同类型企业的质量管理案例。

步骤二：个人展示。学生逐一展示案例，结合这些企业发展情况，谈谈企业管理对企业发展的意义，比较不同企业质量管理的差异。

步骤三：小组讨论。学生自由讨论不同企业质量管理的差异性，探讨原因，总结质量管理对企业发展的重要性。

步骤四：教师总结。教师针对讨论结果，以及质量管理对企业发展的长远影响，分析、反馈、给予评价。

总结评价：

（1）质量管理的构成要素有哪些？

（2）举例说明质量管理对企业发展的影响。

活动9-2
走进3·15

主题：走进“3·15”国际消费者权益日。

目标：通过了解“3·15”，认识产品质量与每一个消费者都是休戚相关的。

建议时间：40分钟。

活动准备：收集“3·15”质量万里行的相关资料。

活动步骤：

步骤一：收集和活动准备。课前每个小组学生至少收集三个因产品质量侵害消费者权益的案例。

步骤二：个人展示。学生逐一展示案例，从消费者的角度分析质量的重要性。

步骤三：小组讨论。学生自由讨论分析案例的起因及危害，总结产品质量对人们生活的重要性。

步骤四：教师总结。教师针对讨论结果，分析、反馈、给予评价。

总结评价：

如何理解质量是企业发展的生命线？

思考与讨论

1. 如何区分质量、质量管理、质量控制？
2. 简述全面质量管理理论。
3. 你认可的质量管理做得较好的企业品牌有哪些？他们是如何做的？

第二节 树立正确的质量意识

导入案例

割草的男孩

一个替人割草打工的男孩打电话给陈太太说:“您需不需要割草?”陈太太回答:“不需要了,我已有了割草工。”男孩又说:“我会帮您拔掉花丛中的杂草。”陈太太回答:“我的割草工也做了。”男孩又说:“我会帮您把草割齐。”陈太太说:“这件事我请的那个人也已做了,谢谢你,我不需要新的割草工人。”

男孩便挂了电话,此时男孩的室友问他说:“你不是就在陈太太那边割草打工吗?为什么还要打这个电话?”男孩说:“我只是想知道我做得有多好!”

分析:

只有不断地探询客户的评价,你才有可能知道自己的长处与短处。不要萧规曹随,要凡事多问几个“为什么”。

一、质量教育的目的和作用

人是一切管理要素中的核心,提高人的素质和质量意识是搞好质量的关键。企业应高度重视对员工的质量教育与培训工作,并把它作为一项长期的质量经营战略来实施。不断增强企业全体员工的质量意识,并使之掌握和运用质量管理的方法和技术,也就是通过质量教育工作,使员工牢固地树立“质量第一”的思想,明白质量对于我国社会主义建设的意义,质量对于提高人民生活水平的意义,质量是企业生存发展的根本所在。

质量教育应该使每个员工认识到自己在提高质量中的责任,从而自觉提高业务管理水平和操作技术水平，严格遵守工艺纪律，提高自身的工作质量。一些有远见的企业都把当今的时代看成一个质量竞争的时代，都在围绕“质量既是挑战，又是机遇”这一主题不断推进企业的经营管理。开展质量教育不仅仅是针对员工的教育与培训，所有的经营管理人员和专业人员也必须接受质量教育。现代企业竞争日趋激烈，客户的需求日益多变。为了在质量方面获得竞争中的领先地位，企业必须在质量管理方面进行大量的教育培训工作。

二 质量意识教育

质量意识是指一个企业从领导层到每一位员工对质量和质量工作认识与理解的程度。质量意识的提升对提高企业整体质量水平起到至关重要的作用，质量意识教育是提升员工质量意识的有效手段。

企业中每位员工的质量意识因其个人背景、经验、教育和思维方式等多种因素的不同而存在差异。这种差异性可能导致在质量管理和质量工作执行过程中出现不一致和误解，从而影响产品或服务的质量。因此，通过多种方式和不同层级来开展质量意识工作，以缩小员工之间的质量意识差异并提升整体认知程度，是至关重要的。

在质量意识教育模型中，意识层是指一个组织或团队的文化理念及团队成员意识层面。因此，在意识层推进质量意识教育主要包括两个方面：对质量文化理念的梳理与确定和对员工意识层面的教育。支撑层是指一个组织或团队的质量责任体系机制的建设。因此，在支撑层推进质量意识教育主要包括三个方面：明确组织或团队各岗位各级员工的质量职责；建立各岗位、各级员工质量绩效评价制度；建立日常巡察机制。质量意识教育模型中的基础层是指员工的能力基础及员工能力水平提升。因此，基础层质量意识教育主要包括员工个人能力综合评估、员工个人能力提升培训两方面。通过建立质量意识教育模型，可以成体系、分层级地开展质量意识教育工作，有效提升质量意识教育工作的深度与广度。

三 质量意识的五个维度

质量意识是一个企业从领导决策层到每一个员工对质量和质量工作的认识和理解的程度，这对质量行为起着极其重要的影响和制约作用。基于企业管理角度分析，质量意识主要涵盖了责任意识、规则意识、危机意识、客户意识和精品意识，这些质量意识在企业管理中是相互关联的，共同构成了企业质量文化的核心要素。通过培养和强化这些质量意识，企业可以提高员工对质量的重视程度，提升企业的质量管理水平，从而在激烈的市场竞争中获得优势。

（一）责任意识

责任意识在企业管理中具有至关重要的作用。从产品生产的角度来看，责任意识可以视为保证企业产品生产质量的“第一道关卡”。如果缺乏责任意识，员工以懒散、敷衍的态度对待工作，将对产品质量产生不良影响。一个具有良好责任意识的员工会明确自己的职责和义务，以高度的责任感认真履行自己的工作。这样的员工不仅能够在自己的岗位上认真完成分内之事，还能够积极主动地发现问题、解决问题，并预防潜在的质量问题。

（二）规则意识

规则意识要求企业员工严格遵循各种规章、制度、规范和条例等，从而确保工作的有序性和高效性。当员工具备强烈的规则意识时，他们不仅会在工作中严格遵守相关规定，还会对这些规定产生内心的认同，从而更加自觉地执行规定。对于产品质量而言，规则意识确保了生产过程的稳定性和产品的一致性。员工明白每一步操作都有其依据和标准，从而避免了随意性和误差的出现。当出现问题时，也能够迅速追溯到具体的环节和责任人，有利于问题的及时解决和预防。

（三）危机意识

危机意识是指一种居安思危的心理状态，即在相对安全的环境中，保持警觉性，对潜在的危机进行预测和准备。这种意识强调对风险和不确定性的认知，以及采取措施防范潜在危机的必要性。在企业管理中，危机意识具有至关重要的意义。在竞争激烈的市场环境中，企业面临着各种不确定性和风险，如市场变化、技术更新、竞争对手等。因此，具备危机意识的企业能够保持警觉，及时发现潜在的危机，并采取相应的措施进行应对。

（四）客户意识

客户意识是一个重要的商业理念，它强调员工应始终以客户需求为导向，站在客户的角度思考问题，提供满足客户需求的产品或服务，并不断提升客户满意度。这种理念的核心是关注客户的需求和期望，并将其置于企业自身利益之上。企业可以通过培养和加强员工的客户意识，提高客户满意度和忠诚度，从而在竞争激烈的市场中获得竞争优势。

（五）精品意识

精品意识是一个追求卓越、精益求精的理念，它要求对产品质量和工作质量进行深入发掘，以达到完美的标准。持有这种意识的人通常追求高标准、精细化的产品或服务，并且对每一个细节都严格把关，确保最终呈现的是无可挑剔的精品。在企业管理中，精品意识是推动企业不断进步、提升竞争力的重要动力。它能激发员工对工作的热情和创造力，促使他们不断探索、尝试和改进，使产品或服务达到更高的品质标准。持有精品意识的团队通常能够提供超越竞争对手的产品或服务，从而赢得客户的信任。

职场箴言

品质保证的“三不”政策：① 不接受不良品；② 不制造不良品；③ 不流出不良品。“三不放过”原则：① 事件原因分析不清不放过；② 事件责任者与群体未受到教育不放过；③ 事件没有防范措施不放过。

四 营造企业质量文化

企业质量文化是在企业长期经营活动中培育形成的，是遵循最高质量目标、核心价值标准的质量观念的行为规范。通常，它不仅直接显现为产品质量、服务质量、管理和工作质量，而且从质量心理以及质量意识形态等方面表现出企业的整体素质。部分企业始终不能解决低质量、高消耗的症结，在一定意义上说，受到落后的质量文化的制约是重要原因之一。

一些质量文化层次低的企业，主要表现为：管理层盲目以利润为中心，缺乏对员工的教育培训，导致员工思想、技术素质低；责任感不强；工作质量差；整体质量意识和敬业精神淡薄；严重的表现为有令不行，有禁不止，不负责任，敷衍塞责，蒙混欺骗，唯利是图；甚至有法不依，发展到游离法规之外的假冒伪劣的肆意妄为。当今质量管理的特点之一是：全面质量管理从强调全员参加管理、强调最高管理者亲自领导，正逐步扩展到强调培育质量文化。

质量文化包括质量价值观、质量伦理道德、质量制度、全员质量意识、企业风尚等。

（一）质量价值观

质量价值观是质量文化的核心要素，也是企业全体员工对质量的共识，价值观和价值观体系是决定人类行为的心理基础。在同一质量要求下，不同质量价值观的员工会表现出不同质量的工作态度与方式。

（二）质量伦理道德

质量伦理道德是指企业调整与外在关系和内部员工之间的道德规范，这也是企业质量制度的必要补充，是决定和影响企业质量成效的重要的群体规范方式。

（三）质量制度

质量制度是质量文化的“硬件”，对企业的每个部门和人员来说都带有强制性的义务。质量制度是实现企业质量方针和质量目标的有力措施和手段。

（四）全员质量意识

现代的质量管理强调全员质量意识，即全员参与质量活动，这既是权利，也是义务。自由参与能培养员工的归属意识，使员工充分认识到企业产品或服务的质量与企业效益、个人效益的统一性，从而激发员工参与质量管理的积极性、主动性。

（五）企业风尚

企业风尚是指企业员工之间的相互关系所表示出来的行动规律，它体现了员工之间的愿望、兴趣，情感传统、习惯等。

（六）其他

影响产品质量的几大因素包括原料、设备、方法、人员、环境、测试方法。

企业必须以坚定的决心、持之以恒的态度来推动质量文化的建设。真正在企业中创造出一种以质量为中心的文化氛围。

总结案例

张瑞敏砸冰箱

有缺陷的产品就是废品，海尔集团首席执行官张瑞敏这样解释砸冰箱的原因。1985年，张瑞敏刚到海尔（时称青岛电冰箱总厂）。有一天，一个朋友要买一台冰箱，结果挑了很多台都有毛病，最后勉强拉走一台。朋友走后，张瑞敏派人把库房里的400多台冰箱全部检查了一遍，发现共有76台存在各种各样的缺陷。张瑞敏把职工们叫到车间，问大家怎么办？多数人提出，也不影响使用，便宜点儿处理给职工算了。当时一台冰箱的价格是800多元，相当于一名职工两年的收入。张瑞敏说："我要是允许把这76台冰箱卖了，就等于允许你们明天再生产760台这样的冰箱。"他宣布，这些冰箱要全部砸掉，谁生产的谁来砸，并抡起大锤亲手砸了第一锤！很多职工砸冰箱时流下了眼泪。然后，张瑞敏告诉大家——有缺陷的产品就是废品。三年以后，海尔人捧回了中国冰箱行业的第一块国家质量金奖。

分析：

"张瑞敏砸冰箱"一事树立了所有员工的品质意识，有缺陷就是不良品，没有等级之分。企业的生产目标只有一个就是没有不良品，最终达到"零缺陷""高标准"。

活动与训练

活动9-3
大家来找茬

主题：大家来找茬。

目标：树立正确的质量意识。

建议时间：40分钟。

活动准备：通过互联网及其他方式搜集质量意识淡薄的案例图片，准备游戏。

活动步骤：

步骤一：每一个小组派代表展示质量意识淡薄的案例图片4 ~ 5个。

步骤二：其他小组观察图片，在图中找茬。

步骤三：交流讨论图中不恰当的地方，讨论质量意识淡薄的严重后果。

步骤四：每个小组汇总总结。

步骤五：教师根据学生表现总结并点评。

总结评价：

（1）质量意识的重要性体现在哪些方面？

（2）如何理解“质量无小事”？

活动9-4
辩　论　赛

主题： 举行以“企业生产是以质量为先还是效率为先”为主题的辩论赛。

目标： 正确认识质量与效率的关系。

建议时间： 40分钟。

活动准备： 通过互联网及其他方式查找相关资料，准备辩论赛。

活动步骤：

步骤一：各参赛队按一辩到四辩的顺序进行自我介绍 。

步骤二：各方观点陈述，时间各3分钟。

步骤三：一对一攻辩阶段。

步骤四：自由辩论。

步骤五：总结陈词阶段。

步骤六：教师根据学生表现总结并点评。

总结评价：

（1）你认为质量和效益谁为先？

（2）举例说明如何更好地处理质量和效益的关系？

思考与讨论

1. 员工树立正确的质量意识包括哪些内容？
2. 营造企业质量文化包括哪些内容？

第三节

环保理念

导入案例

流沙之难：巴西丰当尾矿库溃坝事件

2015年11月5日下午3点多，巴西丰当尾矿库中央出现类似海浪的现象，大坝斜坡像“一条蛇”一样慢慢向前延伸，随着运动加速出现扭曲变形。最终，尾矿库坝体发生破裂引发溃坝事故，泥石流状的红棕色泥浆从大坝左侧倾泻而下，有毒污泥如潮水般涌出，对当地流域和社区造成了破坏性影响。据统计，该事故导致19人死亡、600个家庭房屋被毁，至少40万人无法正常用水。溃坝之后，超过4 300万立方米的红棕色尾矿泥浆流入附近的多西河，并沿着河道不断扩散，17天后，尾矿泥浆汇入了距离大坝600多千米远的大西洋。据联合国环境署相关资料，红棕色泥浆污染了14.69平方千米的植被，杀死至少11吨鱼类种群，泥浆流经之处水生生物基本灭绝，如此严重的环境灾难给巴西人民留下了难以磨灭的“红棕色记忆”。

分析：

尾矿库一般指用来堆存矿石选别后排出废渣（即尾矿）的场所。由于尾矿中重金属、选矿药剂等毒害成分较多，因此尾矿库成为威胁周边居民健康和生态环境的直接污染源。2015年11月5日，巴西丰当尾矿库发生溃坝事件，导致大量有毒尾矿泥浆涌入下游村庄和河流中，对当地居民和环境造成了严重损害。该事件危害之大、影响之深，被认为是“巴西历史上最严重的环境灾难”。

党的二十大报告指出，中国式现代化是人与自然和谐共生的现代化，强调“尊重自然、顺应自然、保护自然，是全面建设社会主义现代化国家的内在要求”。同时，报告还提出要“推动绿色发展，促进人与自然和谐共生”的战略部署。具体来说，报告提出了一些重要举措，例如，如实施全面节约战略，发展绿色低碳产业，倡导绿色消费，统筹产业结构调整、污染治理、生态保护、应对气候变化，推动形成绿色低碳的生产方式和生活方式；提升生态系统多样性、稳定性、持续性，实施生物多样性保护重大工程，科学开展大规模国土绿化行动，提升生态系统碳汇能力；完善生态保护补偿制度；持续深入打好蓝天、碧水、净土保卫战，基本消除重污染天气，基本消除城市黑臭水体，加强土壤污染源头防控，提升环境基础设施建设水平，推进城乡人居环境整治。这些措施旨在推进绿色发展、促进人与自然和谐共生，为实现全面建设社会主义现代化国家的目标提供有力支撑。

职场箴言

环保公约

培养绿色情感，爱护花草树木。
言行举止文明，崇尚勤俭节约。
爱护环境卫生，创建绿色氛围。
节水节电光荣，废旧品资源化。
学习环保知识，积极宣传环保。
争做环保明星，建设绿色家园。
提高环保素质，增强生活品位。
提倡绿色消费，追求现代文明。

一 环保的相关概念

环境是人类赖以生存、生活和生产必需的自然条件和自然资源的总称。它包括大气、水、海洋、土地、矿藏、森林、草原、野生动物、自然遗迹、人文遗迹、自然保护区、风景名胜区、城市、乡村等。环保是环境保护的简称，是指人类为解决现实的或潜在的环境问题，协调人类与环境的关系，保障经济社会的持续发展而采取的各种行动的总称。对自然环境的保护有利于防止自然环境的恶化，环境保护包括：对青山、绿水、蓝天、大海的保护，对地球生物的保护，对人类居住、生活环境的保护。保护环境能使之更适合人类工作和劳动的需要。

环境污染是指人类直接或间接地向环境排放超过其自净能力的物质或能量，从而使环境的质量降低，对人类的生存与发展、生态系统和财产造成不利影响的现象。

环境的自净作用是指由于大气、水、土壤等具有扩散、稀释、氧化还原及生物降解等作用，人类向环境排放污染物质的浓度和毒性会自然地降低，这种现象称为环境的自净作用。如果排放的物质超过了环境的自净能力，环境质量就会发生不良变化，危害人类健康和生存。

案例 9-3 日本水俣病事件

该事件指1953 ~ 1956年发生在日本熊本县水俣市的一起公害事件。1953年发现首例怪病，症状初始是口齿不清、步态不稳、面部痴呆；进而耳聋眼瞎、全身麻木；最后精神失常、身体弯弓高叫而死。1955年5月又出现了50多例。经调查分析，是由于含甲基汞的工业废水持续排入水俣湾水体，通过食物链和生物浓缩后使生物（如鱼和介壳类动物）中毒，人食用有毒生物后，由于摄入甲基汞而发病。这种病因最早发现在水俣湾而被命名为“水俣病”。日本水俣病事件是20世纪全球重大环境公害事件之一，其死伤人数统计因时间和统计口径的不同而有所差异。截至2024年，日本政府认定的水俣病患者大约为3 000人，但实际受害人数可能远高于此数字。

二、环境污染的危害

（一）土壤遭到破坏

化肥和农药的过度使用，工业固体废弃物的随意倾倒、填埋，与空气污染有关的有毒尘埃降落，泥浆随处喷洒，危险废料随处抛弃，所有这些都在对土地构成不可逆转的污染。

（二）气候变化和能源浪费温室效应严重威胁着全人类

据权威科研机构预计，海平面将持续升高，许多人口稠密的沿海地区可能将首先被海水淹没。气温的升高也将对农业和生态系统带来严重影响。

（三）空气污染

空气中含有许多因取暖、运输和工厂生产带来的污染物。这些污染物威胁着数千万市民的健康。空气中的污染物主要为一氧化碳、二氧化硫、二氧化氮和可吸入颗粒。

（四）水资源受到威胁

据统计，世界上有四分之一的地方长期缺水，人类必须设法保护水源。

（五）化学污染

工业生产带来的数百万种化合物存在于空气、土壤、水、植物、动物和人体中。即使作为地球上最后的大型天然生态系统的冰盖也受到污染。一些有机化合物、重金属、有毒物质都集中存在于整个食物链中，并最终将威胁到动植物的健康，导致土壤肥力减弱。

另外，环境问题还包括生物的多样性减少、森林面积的减少、混乱的城市化、海洋的过度开发和沿海地带被污染、极地臭氧层空洞等。

案例 9-4　大气污染

四日市位于日本东部海湾。1955年这里相继兴建了十多家石油化工厂，化工厂终日排放的含二氧化硫(SO_2)的气体和粉尘，每年二氧化硫和粉尘排放量达13万吨之多，大气中二氧化硫浓度超过标准5～6倍，烟雾厚达500米，其中含有害的气体和金属粉尘，它们相互作用生成硫酸等物质。1961年，呼吸系统疾病开始在这一带出现，并迅速蔓延。据报道，患者中慢性支气管炎占25%，哮喘病患者占30%，肺气肿等占15%。1972年，该市共确认哮喘病患者达817人，死亡十多人。

三　环境污染的种类

环境污染包括：大气污染、噪声污染、辐射污染、水污染和固体废弃物污染。

（一）大气污染

由于人类活动或自然过程使某些有害物质进入大气中，因呈现出足够的浓度且达到了足够的存在时间，而危害了人体的健康。大气污染的主要污染物有颗粒污染物和气态污染物。

（1）颗粒污染物是指固体粒子、液体粒子或它们在气体介质中的悬浮体，又称为气溶胶状态污染物。

飘尘＜10微米，可长时间漂浮于大气中。

降尘＞10微米，在较短时间内沉降到地面。

总悬浮微粒（TSP），＜100微米的所有固体颗粒。

粉尘，＞1微米且＜200微米，先悬浮后沉降。

烟，＞0.01微米且＜1微米，漂浮于大气中。

雾，＜100微米，悬浮于大气的小水滴。

飞灰，特指燃料燃烧产生的较细的固体颗粒物。

黑烟，特指燃料燃烧产生的可见的气溶胶。

（2）常见的气态污染物，如表9-1所示。

表9-1　常见的气态污染物

类别	来源	危害	迁移
硫氧化物	矿物燃烧、火山活动	形成酸雨	硫酸或硫酸盐，干、湿沉降
碳氧化物	不完全燃烧的机动车排气	破坏血红蛋白	生物吸附光合作用
氮氧化物	燃烧过程中的细菌作用	造成光化学烟雾温室效应破坏臭氧层	硝酸或硝酸盐，干、湿沉降在大气中光离解
碳氢化合物	汽车尾气中的有机物蒸发	造成温室效应，产生光化学烟雾	发生电化学反应
卤素化合物	合成化学品	造成温室效应，破坏臭氧层 人体氟危害	在大气中破坏臭氧层

（二）噪声污染

噪声是指不需要的声音超过人们生活和社会活动所允许的程度。

噪声会损伤听力（>80分贝）、干扰睡眠、对人体生理机能引起不良反应、干扰语言交谈和通信联络，特强噪声会损坏仪器设备和建筑结构。

常见的噪声源有压缩机、大功率泵、加热炉、风机、汽轮机、碎煤机等。

减少噪声污染的措施：设计、选用低噪声设备；对于高噪声设备采取加隔声罩、消声器、减震措施；火炬等气流噪声加装消声设备；购置防护用品。

（三）辐射污染

辐射污染是指电磁辐射的强度达到一定程度时，对生物机体功能或生态系统具有破坏作用。

在辐射作用下，机体的反应程度取决于辐射的种类、剂量、照射条件及机体的敏感性。辐射可引起放射病，它是机体的全身性反应，会使几乎所有器官、系统均发生病理性改变，但其中以神经系统、造血器官和消化系统的改变最为明显。人体受到大剂量电离辐射的一次或数次照射，可发生急性放射病。在从事放射性工作中，如防护不当，机体长期受超容许剂量的体外照射，或有放射性物质经常少量进入并蓄积在体内，则可引起慢性放射病。

针对辐射的来源，在辐射防护中要注意三个主要因素：时间、距离、屏蔽。外照射防护的三大原则是间隔防护、距离防护、屏蔽防护；内照射防护的基本方法有围封隔离、除污保洁和个人防护。

知识卡片

切尔诺贝利核事故

1986年4月26日，乌克兰切尔诺贝利核电站4号机组发生严重核事故，这是迄今为止发生的最严重的核事故之一。事故导致大量放射性物质泄漏到环境中，对周边地区造成了长期而深远的影响。据多家机构联合完成的调查报告显示，切尔诺贝利事故造成的直接死亡人数可达4 000人，这些人基本都是因受到过量辐射而罹患癌症去世；超过60万人因直接参与爆炸后的清理工作或生活在受污染区域而身体健康受损。此外，事故还对环境造成了严重破坏，影响了生态平衡和生物多样性。切尔诺贝利核事故提醒我们，核能的使用必须严格遵守安全规定，以防止类似灾难的再次发生。

（四）水污染

水污染是指由有害化学物质造成水的使用价值降低或丧失。污水中的酸、碱、氧化剂，以及铜、镉、汞、砷等化合物，苯、二氯乙烷、乙二醇等有机毒物，会毒死水生生物，影响饮用水源、风景区景观。污水中的有机物被微生物分解时消耗水中的氧，威胁水生生物的生命安全，水中溶解氧耗尽后，有机物进行厌氧分解，产生硫化氢、硫醇等难闻气体，使水质进一步恶化。

废水从不同角度有不同的分类方法。据不同来源分为生活废水和工业废水两大类；据污染物的化学类别又可分无机废水与有机废水。长期以来，人们一直认为自来水是安全卫生的。但是，因为水污染，如今的自来水已不能保证完全安全卫生。一项调查显示，在全世界自来水中，测出的化学污染物有2 221种之多，其中有些已被确认为致癌物或促癌物。

（五）固体废物污染

固体废物是指人类在生产建设、日常生活和其他活动中产生的，在一定时间和地点无法利用而被丢弃的污染环境的固体、半固体废弃物质。

固体废物分类的方法有多种，按其组成可分为有机废物和无机废物；按其形态可分为固态的废物、半固态废物和液态（气态）废物；按其污染特性可分为危险废物和一般废物等。根据《中华人民共和国固体废物污染环境防治法》，固体废物可分为工业固体废物、生活垃圾、建筑垃圾、农业固体废物、危险废物。现对工业固体废物和生活垃圾做简要介绍。

1. 工业固体废物

工业固体废物是指在工业、交通等生产过程中产生的固体废物。

固体废物污染环境的途径，如图9-2所示。

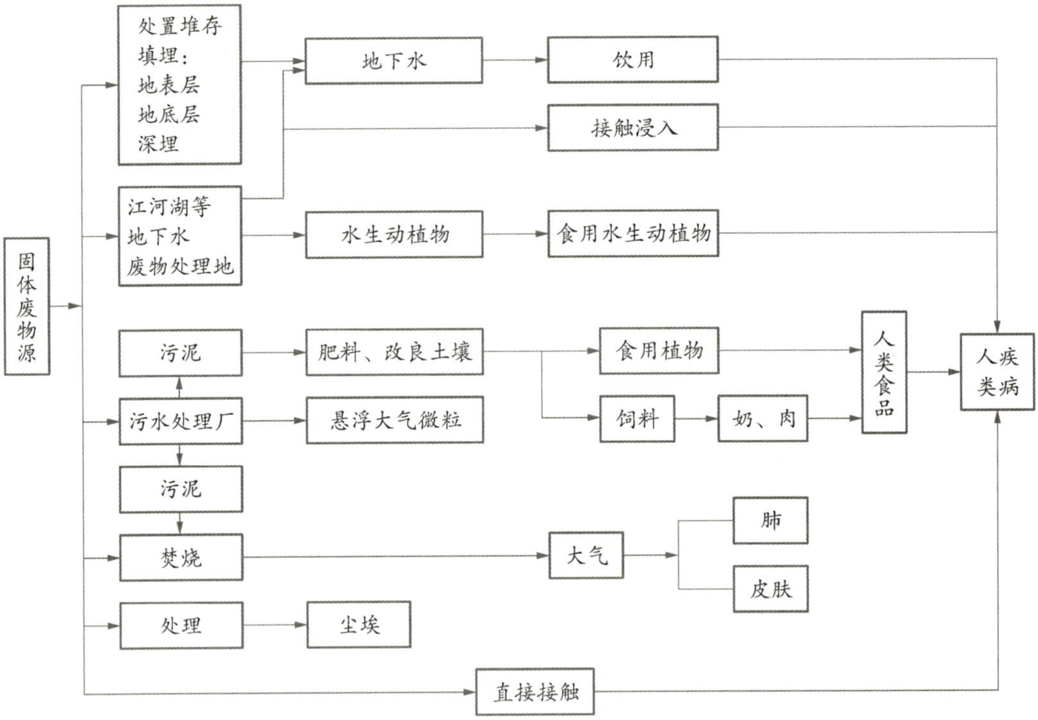

图9-2　固体废物污染环境的途径

2. 生活垃圾

生活垃圾又称为生活固体废物，是指在城市居民日常生活中或为城市日常生活提供服务的活动中产生的固体废物。

四 清洁生产

（一）问题的提出

20世纪70年代中后期，西方工业国家开始探索清洁生产问题。1989年，联合国环境规划署（UNEP）首次正式提出清洁生产的概念，并制订了推行清洁生产的行动计划。1990年，联合国环境规划署正式提出清洁生产的定义。1996年，联合国环境规划署对清洁生产的定义进行了修改。

清洁生产是一种创造性的思想，该思想将整体预防的环境战略持续应用于生产过程、产品和服务中，以期增加生态效率并减少对人类和环境的风险。对生产过程，要求节约原材料和能源，淘汰有毒原材料，减降所有废弃物的数量和毒性；对产品，要求降低从原材料的提炼到产品的最终处置的全生命周期的不利影响；对服务，要求将环境因素纳入设计和所提供的服务中。

清洁生产审核指对企业现在的和计划进行的工业生产实行预防污染的分析和评估，是企业实行清洁生产的重要前提。在实行预防污染分析和评估的过程中，应制订能够减少能源、水和原辅料使用，消除或减少产品和生产过程中有毒物质的使用，减少各种废弃物的排放及其毒性的方案。

通过企业清洁生产审核达到以下目的：核对有关单元操作、原材料、产品、用水、能源和废弃物的资料；确定废弃物的来源、数量以及类型，确定废弃物削减目标，制订经济有效的削减废弃物产生的计划；提高企业对由削减废弃物获得效益的认识和知识；判定企业效率的高低的瓶颈部位和管理不善的地方；提高企业经济效益、产品和服务质量。

清洁生产审核思路，如图9–3所示。

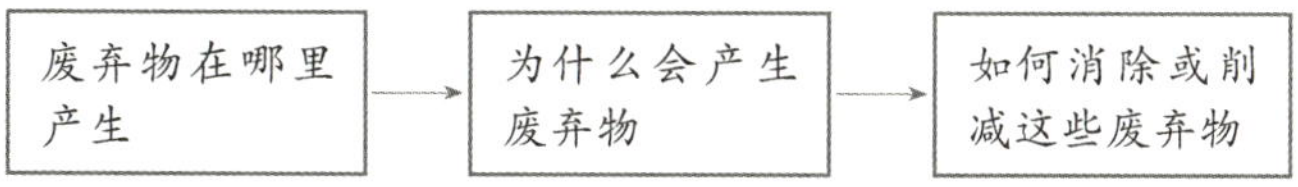

图9–3　清洁生产审核思路

（二）污染源原因分析

通过现场调查和物料平衡找出废物的产生部位并确定产生量，分析产品生产过程的每一个环节，针对每一个废物产生原因，设计相应的清洁生产方案，包括免费方案和付费方案，通过实施这些方案消除这些废物产生的原因，从而达到减少废物产生的目的。

清洁生产的实施程序，如图9–4所示。

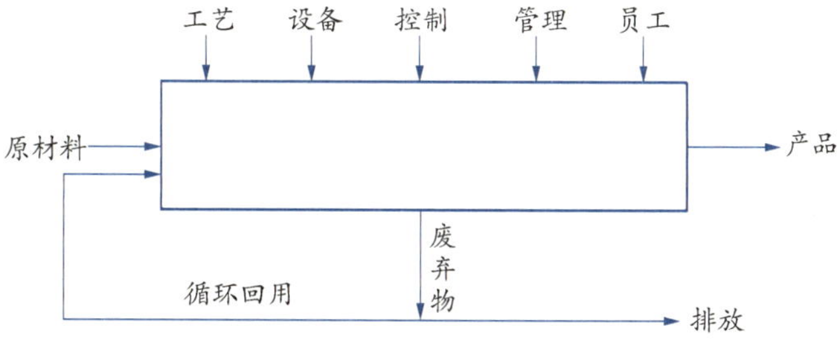

图9–4　清洁生产的实施程序

1. 原辅料和能源

原辅料本身所具有的特性，比如，纯度、毒性、难降解性等，在一定程度上决定了产品及其生产过程对环境的危害，因而选择对环境无害的原辅料是清洁生产所要考虑的重要方面。

2. 技术工艺

生产过程的技术水平基本上决定了废物产生数量和种类，先进技术可以提高原材料的利用效率，从而减少废物的产生。结合技术改造预防污染是实现清洁生产的一条重要途径。

连续生产能力差、生产稳定性差、工艺条件过严等都可能导致废物的产生。

3. 设备

设备作为技术工艺的具体体现在生产过程中也具有重要作用，设备的搭配（生产设备之间、生产设备和公用设施之间）、自身的功能、设备的维护保养等均会影响废物的产生。

4. 过程控制

过程控制对生产过程十分重要，反应参数是否处于受控状态并达到优化水平（或工艺要求），对产品的得率和废物产生数量具有直接的影响。

5. 产品

产品本身决定了生产过程，同时产品性能、种类的变化往往要求生产过程做出相应的调整，因而会影响到废物的种类和数量。

6. 管理

加强管理是组织发展的永恒主题，任何管理上的松懈和遗漏，如岗位操作过程不够完善、缺乏有效的奖惩制度等，都会影响到废物的产生。

案例 9-5　骨　痛　病

在日本富川平原上有一条河叫神东川。1931年自三井矿业公司在神东川上游开设了炼锌厂后，炼锌厂成年累月向神东川排放含有金属镉的废水。农民引河水灌溉，便把废水中的镉转到土壤和稻谷中，两岸农民饮用含镉之水，食用含镉之米，使镉在体内积存，最终导致骨痛病。对死者解剖发现，其全身多处骨折，有的达73处，身高也缩短了30厘米。报道说，到1972年3月，骨痛病患者已达到230人，死亡34人，并有一部分人出现可疑症状。1979年镉污染农田换土工程开工，历时33年，整项工程耗资407亿日元（约合25.5亿元）。

7. 员工

任何生产过程，无论其自动化程度多高，从广义上讲均需要人的参与，因而员工素养的提高和积极性的激励也是有效控制生产过程废物产生的重要因素。缺乏专业技术人员、缺乏熟练的操作工人和优良的管理人员，以及员工缺乏积极性和进取精神都可能导致废物的增加。

8. 废物

废物本身所具有的特性和状态直接关系到它是否可再用或循环使用，只有当它离开生产过程时才称为废物。

五 保护环境从身边小事做起

（一）节约资源能源

节约用水，对水做到重复使用；节约用电，使用节能灯；珍惜纸张，少用一次性制品，节约森林资源；节能减排，少用空调，循环利用一切可再生资源。

（二）减少排污、减少污染

不要直接将废油液、废切削液、废酸液倒到下水道之中。慎用清洁剂，减少水污染，使用无磷洗衣粉。

案例 9-6 赤潮现象

大量的含磷污水进入水源后，会引起水中藻类疯长，使水体发生富营养化，水中含氧量下降，水中生物因缺氧而死亡。水体也由此成为死水、臭水。同样地，大量的含磷污水进入海洋，也会导致海水富营养化，出现赤潮现象。清洁剂中的壬基苯酚被证实为一种环境激素，会干扰内分泌激素的调节机制，使得动物后代失去性别特征，而丧失繁衍能力。

（三）垃圾分类回收，以便循环利用

目前常用的垃圾处理方法主要有综合利用、卫生填埋、焚烧和堆肥。其中，填埋效果差、占地广、容易对地下水产生二次污染；焚烧对空气污染大、投资也大；堆肥仅解决部分垃圾的处理问题。只有提倡禁止垃圾焚烧和掩埋，将城市垃圾进行科学的分类回收利用，才是将城市垃圾变废为宝，使地球环境不断得到改善、更新，解决城市污染问题的根本之道。

自然能源是有限的，再生能源是无限的。良性的能源利用回收是一件利国利民的重大科技项目。城市垃圾成为再生能源并加以开发利用的基础是垃圾分类。垃圾分类就是在源头将垃圾分类投放，分类收集，并通过分类运输和分类处置使之重新变成资源。目前，垃圾分类已成为世界性的潮流。

总结案例

治污创美
——广东省珠海市探索农村污水治理新模式

曾经荒废闲置的坑塘洼地，摇身一变，成了乡村“明星公园”。这里绿树萦绕、鸟语花香、鱼翔浅底，是村民日常休闲的首选之处，而这个公园还暗藏玄机——其实它是一套农村生活污水处理系统。

“之前那里就是一片废弃的泥塘，现在变成了天然的鱼塘，周围种上了花草树木，村里许多老人早晚都喜欢到那旁边长椅上乘凉，村里河道的水也清澈多了。”村支书说道。位于珠海市斗门区莲洲镇西滘村四九顷自然村（以下简称四九顷村）的“生态氧化塘”，是珠海市聚焦农村环境改善，深入推进农村污水治理的缩影。

分析：

2020年，斗门区政府投资约134万元对四九顷村污水处理设施进行升级改造。工程包括三部分：完善管网、升级设备、打造景观，结合村庄人居环境改善需求和氧化塘工艺特点，因势利导将设施及周边空地建造为村庄小公园，氧化塘选用类似“小喷泉”效果的扬水曝气，岸边种植观赏性好且具有分解污染物能力的美人蕉、芦苇、鸢尾等水生植物，并配套生态浮岛、休闲步道和座椅，打造成珠海市农村生活污水治理“治污创美”新名片。

活动与训练

活动9–5
“环境保护，我先行”演讲比赛

主题： 举行“环境保护，我先行”演讲比赛。

目标： 正确认识环境与人和谐统一的关系。

建议时间： 60分钟。

活动准备： 通过互联网及其他方式查找相关资料，准备演讲比赛。

活动步骤：

步骤一：进行活动前期的准备工作。

步骤二：参赛选手入场签到，分组及各组抽签决定出场顺序。

步骤三：由活动主持人介绍活动目的、出席嘉宾等事项，并邀请领导致辞。

步骤四：参赛者上台演讲，评委当场评分。

步骤五：评委点评。

步骤六：主持人公布比赛最后名次，颁奖，比赛结束。

总结评价：

（1）你认为环境的重要性体现在哪些方面？

（2）环境保护如何从我做起？

活动9–6
案例分析

主题：企业环境污染案例分析。

目标：通过对不同类型企业环境问题的分析探讨，认识清洁生产对企业可持续发展的重要性。

建议时间：40分钟。

活动准备：学生收集不同的企业环境问题案例。

活动步骤：

步骤一：收集和活动准备。课前每个小组学生至少收集两个不同类型企业的环境问题案例。

步骤二：个人展示。学生逐一展示案例，结合这些企业发展情况，谈谈企业清洁生产对企业发展的意义。

步骤三：小组讨论。学生自由讨论不同企业环境问题的差异性，探讨产生环境污染的原因，总结环境保护的重要性。

步骤四：教师总结。教师针对讨论结果，以及清洁生产对企业发展的长远影响，分析、反馈、给予评价。

总结评价：

（1）环境污染的类型有哪些？

（2）举例说明清洁生产对企业发展的影响。

思考与讨论

（1）环境污染的危害主要表现在哪些方面？环境污染的常见类型有哪些？

（2）简述清洁生产审核的思路及实施程序？

（3）举例说明，如何做一个环保者？

第十
单元

职场安全与职业健康

引导语

“无危则安、无缺则全”，安全与健康对每个人来说都至关重要，小则关乎个人或家庭的幸福，大则关乎国家的稳定与发展。职业安全是民生大事，一丝一毫不能放松。作为新时代的大学生应提前学习职场安全知识，在以后的工作中应坚持底线思维、极限思维，把安全隐患发现在前、解决在先，不放过任何一个漏洞，不留下任何一个盲点；着力从根本上消除事故隐患、从根本上解决问题，不断提升职场安全和职业健康水平。

从认知安全开始，深刻认识到职场安全与健康的艰巨性、复杂性、紧迫性，要克服麻痹思想和侥幸心理，始终保持如履薄冰的高度警觉。掌握一些应急常识和技能，对于每个大学生来说都非常的重要。

学习目标

- 了解职场安全的基本概念。
- 学会识别职场安全隐患。
- 了解常见职业病及劳动禁忌。
- 掌握应急避险的基本技能。

第一节 职场安全与健康

导入案例

违规作业致中毒

2021年4月21日，黑龙江省绥化市某公司在车间停产期间，制气釜内气态物料未进行退料、隔离和置换，釜底部聚集了高浓度的氧硫化碳与硫化氢混合气体，维修作业人员在没有采取任何防护措施的情况下，进入制气釜底部作业，吸入有毒气体造成中毒窒息，再加上救援人员盲目施救，致使现场4死9伤。

分析：

该事故的原因是安全风险辨识和隐患排查治理都不到位，该公司没按规定要求开展自检自查，没有辨识出三车间制气釜检修存在氧硫化碳和硫化氢混合气体中毒窒息风险并未制订可靠防范措施。同时作业人员安全意识差，且现场未配备足够的应急救援物资和个人防护用品。可见，生产中安全基础薄弱、安全管理混乱会酿成惨剧。增强职场安全意识，进行现场管理十分必要。

党的二十大报告指出："坚持安全第一、预防为主，建立大安全大应急框架，完善公共安全体系，推动公共安全治理模式向事前预防转型。推进安全生产风险专项整治，加强重点行业、重点领域安全监管。提高防灾减灾救灾和重大突发公共事件处置保障能力，加强国家区域应急力量建设。"

在工作和生活中，要牢固树立安全发展理念，正确处理安全和发展的关系，坚持发展决不能以牺牲安全为代价这条红线。2016年，中共中央、国务院出台了《关于推进安全生产领域改革发展的意见》。近年来，以危险化学品、矿山、消防、交通运输、城市建设、工业园区、危险废物等为重点的安全生产专项整治持续稳步推进。科技强安专项行动初见成效，危险化学品、煤矿等重点行业领域安全生产风险监测预警系统不断完善，安全生产风险分级管控和隐患排查治理双重预防工作机制逐步建立。在党中央、国务院的坚强领导和各地区、各有关部门的共同努力下，全国安全生产水平稳步提高，事故总量，以及较大事故、重特大事故发生率持续下降。

职场安全既关系人民群众的生命财产安全，也关系改革发展和社会稳定大局。保护劳动者的生命安全和职业健康是安全生产最根本、最深刻的内涵，是职场安全本质的核心。

一 了解职场安全

（一）什么是安全、危险、事故

1. 安全

安全是指安稳而无危险的事物，泛指没有危险、不受威胁和不出事故的状态。它是人民对生产生活中是否可能遭受健康损害和人身伤亡的综合认识。在生产过程中，不产生人员伤亡、导致职业病、设备设施损坏或环境危害的条件，是为安全条件。不因人、机、环境的相互作用而导致系统失效、人员伤害或其他损失的状况，是为安全状况。

2. 危险

危险是指可能造成人员伤害（或疾病）、财产损失、作业环境破坏的根源或状态。危险与安全是一组相对的概念，“无危则安、无缺则全”，危险意味着不安全。根据系统安全工程的观点，危险是指系统中存在导致发生不期望后果的可能性超过了人们的承受程度的一种状态。危险必须指明具体对象，如危险环境、危险条件、危险状态、危险物质、危险场所、危险人员、危险因素等。

3. 事故

事故是指造成死亡、疾病、伤害或财产损失及其他损失的意外事件。事故是突然发生的与人民的期望和意愿相反的事件，是意外的变故和灾祸。在生产过程中，事故是指造成人员死亡、伤害、职业病、财产损失或其他损失的意外事件。如果事件的后果是人员死亡、受伤或身体的损害就称为伤亡事故，如果没有造成人员伤亡的就是非人员伤亡事故。

（二）什么是重大危险源、事故隐患

1. 重大危险源

重大危险源是指长期或者临时地生产、搬运、使用或者存储危险物品，且危险物品的数量等于或者超过临界量的单元（包括场所和设备）。当单元中有多种物质时，如果各类物质的量满足一定数值，就是重大危险源。从安全生产角度看，危险源就是可能造成人员伤害、疾病、财产损失、作业环境破坏的物质或状态。

2. 事故隐患

事故隐患是指导致事故发生的根源，泛指生产系统中可能造成事故发生的人的不安全行为、物的不安全状态和管理上的缺陷。如果生产过程中物的状态、人的行为和环境条件不能满足标准、规章、规定、规程的要求，就可能发生事故。

（三）保证职场安全的基本活动

要想保证职场的安全，就要综合运用各种方法、技术和手段辨识职场中的各种安全隐患（危险源），评价职场的危险性，并采取控制措施使其危险性达到最低值，使事故的发生概率降到最低，从而使职场达到最佳的安全状态。

职场安全的基本活动包括以下内容。

（1）安全隐患辨识：运用各种有效的分析方法发现、识别系统中的危险源。

（2）危险性评价：评价危险源可能导致事故、造成人员伤害或财产损失的危险程度。通过评价了解系统中的潜在危险和薄弱环节，最终确定系统的安全状况。

（3）事故的预防与控制：利用工程技术和管理手段消除、控制危险源，预防危险源可能导致发生的事故，避免造成人员伤害和财物损失。

以上三者是一个有机的整体，也是一个循环渐进的过程，主要强调通过持续的努力，实现职场安全水平的不断提升。

二 职场安全隐患识别

（一）安全标志

安全标志，是职场中最常见、最明显的安全提示信息。它犹如交通信号标志，是规范作业、安全作业的基本要求。通过职场中的各种安全标志可以非常直接地对现场的安全隐患进行识别。职场中常见的安全标志一般有以下几种。

1. 安全色

安全色是表达安全信息的颜色，即用不同颜色分别表示禁止、警告、指令、提示等意义。按照我国安全色标准规定，安全色有红色、蓝色、黄色、绿色四种。① 红色表示禁止、停止，用于禁止标志。例如，机器设备上的紧急停止手柄或按钮及禁止触动的部位都使用红色。红色有时也用于防火标志。② 蓝色表示指令，必须遵守。③ 黄色表示警告和注意。如厂内危险机器和警戒线、交通行车道中线、安全帽等。④ 绿色表示安全状态或可以通行。例如，车间内的安全通道、行人和车辆通行标志、安全防护设备都用绿色。

2. 安全标志

安全标志分为禁止标志、指令标志、警告标志和提示标志四类。

（1）禁止标志：含义为禁止人们实施不安全行为。其基本形式为带斜杠的圆形框，圆环和余斜杠为红色，图形符号为黑色，衬底色为白色，如图 10-1 所示。

（2）指令标志：含义为强制人们必须采用防范措施或做出某种动作。其基本形式是圆形边框，图形符号为白色，衬底色为蓝色，如图 10-2 所示。

（3）警告标志：含义为提醒人们注意周遭环境，避免发生危险。其基本形式为正三角形边框，三角形边框及图形符号为黑色，衬底色为黄色，如图 10-3 所示。

（4）提示标志：其含义为向人们提供某种信息，如标明安全设施或场所。其基本形式是正方形边框，图形符号为白色，衬底色为绿色，如图 10-4 所示。

除了以上四大类安全标志，文字辅助标志也经常配合一起使用。文字辅助标志以矩形边框为基本形式，包含横写和竖写两种书写形式。

图 10-1　禁止标志

图 10-2　指令标志

图 10-3　警告标志

图 10-4　提示标志

横写时，文字辅助标志与标志连在一起或分开书写，在标志的下方或旁边。此时，文字辅助标志与禁止标志和指令标志配合使用时，文字使用白色，衬底色使用标志的颜色；当与警告标志一起出现时文字使用黑色，衬底色使用白色，如图 10-5 所示。

补充标志

横写时：

1. 文字辅助标志写在标志的下方或旁边，可以和标志连在一起，也可以分开。
2. 禁止标志、指令标志为白色字；警告标志为黑色字。
3. 禁止标志、指令标志衬底色为标志的颜色，警告标志衬底色为白色。
4. 文字字体均为黑体字。
5. 安全标志牌要有衬边。除警告标志边框用黄色勾边外，其余全部用白色将边框勾一窄边，即为安全标志的衬边，衬边宽度为标志边长或直径的 0.025 倍。

图 10-5　补充标志（横写）

竖写时，文字辅助标志写在标志杆的上部。禁止标志、警告标志、指令标志、提示标志均为白色衬底，黑色字。标志杆下部色带的颜色和标志的颜色一致，如图10-6所示。

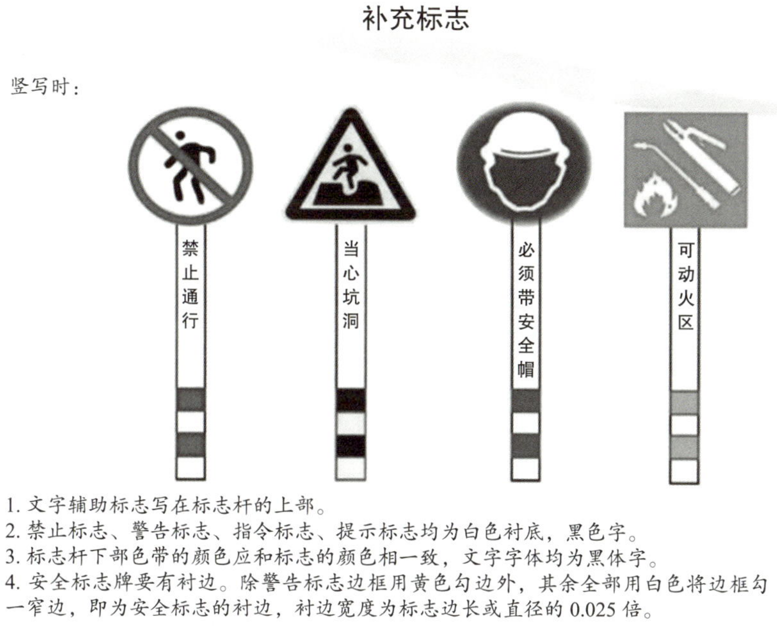

图10-6　补充标志（竖写）

标志牌的固定方式分附着式、悬挂式和柱式三种，悬挂式和附着式的固定应稳固不倾斜，柱式的标志牌和支架应牢固地连接在一起。

安全标志牌安装的高度应尽量与人眼的视线高度保持一致。悬挂式和柱式标志牌的下缘距地面的高度不宜小于2米，局部信息标志的高度应适具体情况而定。安全标志牌应设在醒目、明亮的地方，让大家看见后有足够的反应时间来关注信息内容。标志牌不应设在门、窗、架等可移动的物体上，以免标志牌随母体物体一起移动，影响认读和安全信息传递。标志牌前不得放置妨碍认读的障碍物。标志牌与视线夹角应接近90度，观察者位于最大观察距离时，最小夹角不低于75度。多个标志牌一起放置时，应按警告、禁止、指令、提示类型的顺序，先左后右、先上后下地排列。

（二）生产型职场安全隐患识别

生产型职场安全隐患识别主要是根据危险有害因素（或事故）的划分类别来进行识别。

1. 按安全隐患的来源和性质划分

生产型职场安全隐患类别的划分方法很多，如根据《生产过程危险和有害因素分类与代码》（GB/T 13861−2022）的规定进行分类，将生产过程中的危险、有害因素分为人的因素、物的因素、环境因素、管理因素等几类。

2. 按照事故类别划分

另一种是根据《企业职工伤亡事故分类》（GB/T 6441−1986），将安全隐患划分为：物体打击、车辆伤害、机械伤害、起重伤害、触电、淹溺、灼烫、火灾、高处坠落、坍塌、冒顶片帮、透水、放炮、火药爆炸、瓦斯爆炸、锅炉爆炸、容器爆炸、其他爆炸、中毒和窒息、其他伤害，共20种。

知识卡片

海因里希因果连锁理论

海因里希（W. H. Heinrich）在工业安全理论基础上第一次提出了因果连锁理论，阐述导致伤亡事故各种原因因素间及与伤害间的关系，认为伤亡事故的发生不是一个孤立的时间，尽管伤害可能在某瞬间突然发生，却是一系列原因时间相继发生的结果。

（一）伤害事故连锁构成

海因里希把工业伤害事故的发生、发展过程描述为具有一定因果关系的时间的连锁，即：

（1）人员伤亡的发生是事故的结果。

（2）事故的发生原因是人的不安全行为或物的不安全状态。

（3）人的不安全行为或物的不安全状态是由于人的缺点造成的。

（4）人的缺点是由不良环境诱发或者由先天的遗传因素造成的。

（二）事故连锁过程影响因素

海因里希将事故因果连锁过程概括为以下五个因素。

（1）遗传及社会环境。遗传因素及社会环境是造成人的性格上缺点的原因。遗传因素可能形成鲁莽、固执等不良性格；社会环境可能妨碍教育、助长性格的先天缺点的发展。

（2）人的缺点。人的缺点是使人产生不安全行为或造成机械、物质不安全状态的原因，它包括鲁莽、固执、过激、神经质、轻率等性格上的先天缺点，以及缺乏安全生产知识和技术等后天的缺点。

（3）人的不安全行为或物的不安全状态。所谓人的不安全行为或物的不安全状态是指那些曾经引起过事故，可能再次引起事故的人的行为或机械、物质的状态，它们是造成事故的直接原因。

（4）事故。事故是由于物体、物质、人或环境的作用或反作用，使人员受到伤害或可能受到伤害的，出乎意料的、失去控制的事件。

（5）伤害。由于事故直接产生的人身伤害。海因里希用多米诺骨牌来形象地描述这种事故因果连锁关系（如图10-7所示）。在多米诺骨牌系列中，一个骨牌被碰到了，则将发生连锁反应，其余的几个骨牌相继被碰倒。如果移去中间的一个骨牌，则连锁被破坏，事故过程被终止。他认为，企业安全工作的中心就是防止人的不安全行为，消除机械的或物质的不安全状态，终断事故连锁的进程而避免事故的发生。

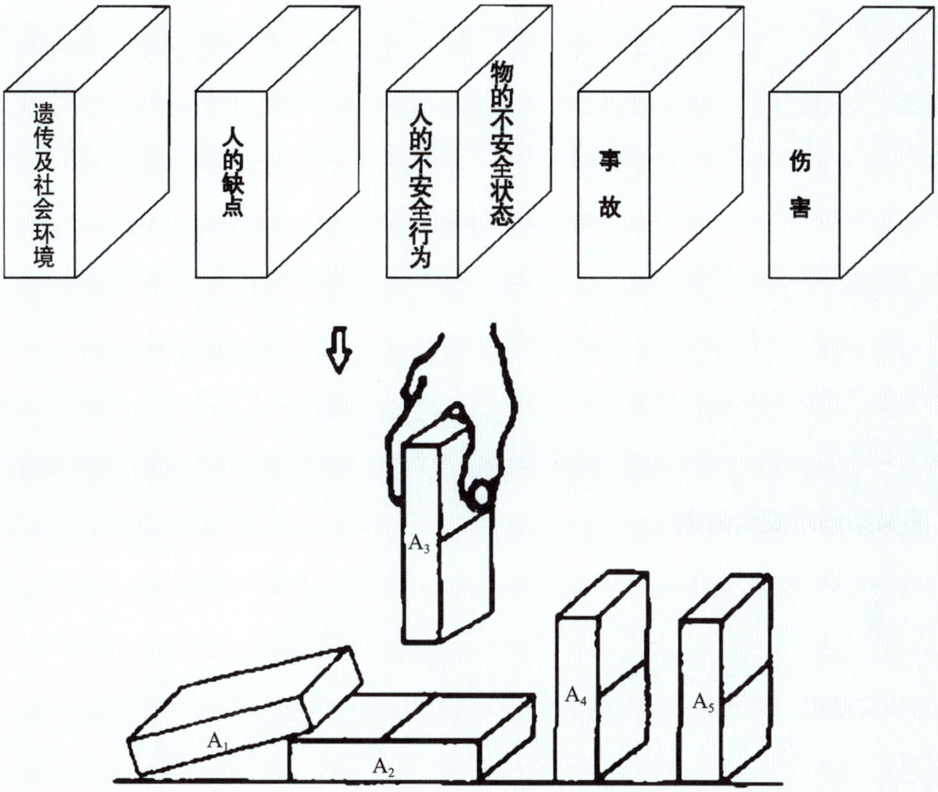

图10-7 海因里希事故因果连锁示意图

海因里希通过收集、统计55万件机械事故，得出了一个重要结论，即在机械事故中，死亡和重伤、轻伤、无伤害事故的比例为1 ： 29 ： 300，国际上把这一法则叫作“事故法则”（如图10-8所示）。

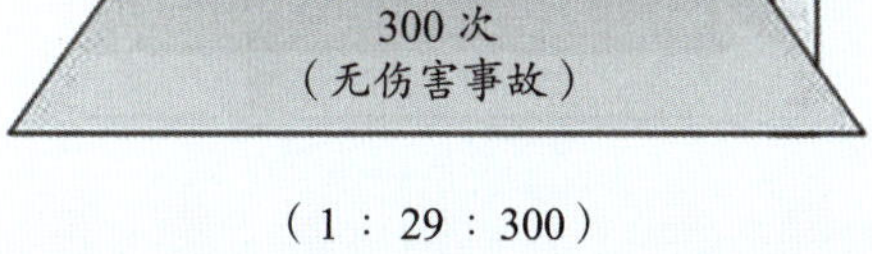

图10-8 “事故法则”

后续的研究表明，对于不同的生产过程、不同类型的事故，这个比例关系会略有不同。它说明了这样一个道理，即在进行同一项生产活动中，发生一定次数的意外事件，必然会导致重大伤亡事故的发生。企业生产过程中若要防止重大事故的发生，就必须减少甚至消除无伤害事故，必须重视事故的苗头和未遂事故，否则终将会酿成大祸。

海因里希的理论也存在局限性。比如，他对事故产生的根本原因的核心观点始终认为只是由“人的不安全行为”单一因素直接导致的，而现代的“事故致因理论”认为导致事故产生有四大要素（人的不安全行为、物的不安全状态、管理缺陷、环境缺陷）。但这并不能否定其理论尤其是“多米诺骨牌论”的核心精髓，即：如果移去因果连锁中的任何一块骨牌，则整个连锁环节将被破坏，事故发生的过程即被终止，从而达到控制事故的目的。

（三）服务型场所安全隐患

酒店、餐饮、旅游、娱乐等服务型场所，由于人员密集，不可预见因素多，一旦发生安全事故就会导致大量人员伤亡，因此更应学会识别其中的安全隐患。

服务型场所安全隐患的主要类别有以下几种。

1. 火灾隐患

火灾是最普遍的威胁公众安全的灾害之一。服务型场所存在的常见火灾隐患有以下几种：选用的建筑材料存在较大的火灾隐患；消防设施缺乏、停用的现象较普遍；安全出口宽度不够；疏散通道不畅；电气线路凌乱；强弱电线路没有分开；消防安全管理制度不健全，落实不到位；管理人员消防安全意识差，流动性大。

2. 用电隐患

用电隐患包括能引起火灾或触电事故的短路、过负荷、漏电、接触电阻过大等情况。触电事故分为直接触电、感应电压触电、跨步电压触电、剩余电荷触电、静电触电和雷电触电。

3. 食品安全隐患

食品安全隐患大致包含下列几种：食品本身有害、有毒，食品被有害、有毒物污染，不卫生的设备或用具，生熟食品交叉污染，使用了腐败变质的原料，剩余食物未重新加热，误用有毒有害物，不适当的贮存，食品加工烹调不当。

4. 空气质量安全隐患

空气质量安全隐患主要包括过于封闭的公共服务场所存在的空气质量隐患，公共场所吸烟带来的空气质量隐患，复印机、传真机等办公设备造成的空气质量隐患，通风系统造成的空气质量隐患。

5. 信息安全隐患

信息安全隐患主要包括网络攻击和对网络攻击的检测及防范问题，信息安全保密问题，安全漏洞与对策问题，系统内部安全防范问题，病毒防范问题，数据备份与恢复问题等。

三 职业危害监测

职业危害是指职工生产劳动过程所发生的对人身的威胁和伤害。职业危害因人们所从事的职业或职业环境中所特有的危险性、潜在危险因素、有害因素及人的不安全行为所造成的危害。

（一）职业环境监测

职业环境监测是经常性工作，内容包括：监测、监督安全生产法规的贯彻执行；检查作业环境质量，评价劳动条件是否符合国家标准；掌握职业环境有害物质性质和浓度在时间、空间中的分布；为人体接触与健康状况关系提供依据；为控制危害和制订防治计划提供依据。

（二）职业环境监测方法

1. 物理因素监测

物理因素监测大多采用仪器测定。物理因素对人体的作用强度，主要取决于发生源的特性及有关的参数、发生源的数量、分布的地点及其与工人的距离。故在拟订物理因素监测方案时，应参照上述情况确定监测点、监测时间和次数。通常实在发生源附近人员不同的活动地点和接触程度不同的时间内进行监测，并分别记录接触的次数和持续时间。这种方式可以用来评价工作地点的噪声强度，也可以用来分析职业场所内不同强度噪声的分布情况。

2. 化学毒物监测

（1）正确的空气采样是准确测定空气有害物质浓度的重要前提。空气采样可分为区域采样和个体采样两种方式。

（2）皮肤污染量的测定。有些化学物质，如有机磷农药、苯胺、四乙铅等，能通过完整的皮肤而进入人体，这有时甚至可成为主要的进入人体的途径。对于这些化学物质，应测定其对皮肤、衣服、手套等的污染量。

（3）生物学监测。生物学监测可分为直接测试和间接测试。直接测试，即测定血液、尿等生物样品中毒物或其代谢物，可用来估计毒物的接触量，有时还可以估计其在体内的负荷量。间接测试，即测定毒物或其代谢物的作用所引起的生化或生理反应。目前常用的生物样品有尿液、血液、头发、呼出气体等。有时可以采集唾液、乳汁、汗液、指甲及其他生物样品进行测定。

3. 生产性粉尘监测

生产性粉尘监测方法有许多，如计算法、质量法、分离分散相法、作业环境浓度测定法、个体接触浓度测定法、总粉尘浓度测定法、呼吸性粉尘浓度测定法、绝对浓度测定法、相对浓度测定法等。通过这些测定的结果，可以使我们了解作业场所粉尘浓度的变化，以便技师采取相应的控制措施。

总结案例

开展职业健康讲座 守护职工健康

2022年，《中华人民共和国职业病防治法》颁布实施20周年，在第20个全国《中华人民共和国职业病防治法》宣传周期间，某市供电公司通过线上线下相结合的方式，开展一系列“一切为了劳动者健康”主题宣传活动。通过制作宣传视频、宣传标语、“健康工作理念”条幅，引导职工树立职业健康防护意识。同时，通过开展线上讲座，组织全员学习普及职业病的基本常识、防护知识和劳动者享有的职业卫生保护权利，增强职工自我保护能力，积极营造关心关注支持职业病防治的浓厚氛围。

“做完操，虽然流了不少汗，但全身肌肉得到放松，肩颈的疼痛感也减轻了。”该单位的刘某做完健身操后感慨道。职工们纷纷表示，活动干货满满、受益匪浅，在今后的工作生活中会认真做好个人防护措施，在努力工作的同时保持健康的生活状态。

该供电公司也表示将进一步树立职业卫生责任意识，逐步改善职工劳动条件，维护劳动者健康权益。

分析：

数据显示，当前全球每15秒就有一人死于工作相关的事故或疾病，这些不仅给相关工作人员及其家庭带来困扰，给企业也带来一定的负面影响，这说明了职业健康安全的重要性。案例中的电力公司这一用人单位作为职业病防治责任的主体，作为依法维护劳动者职业健康的第一责任人，通过宣传和管理体现了对员工职业健康的呵护。

活动与训练

活动10-1
技能实践

主题：正确使用消防灭火器。

目标：通过实践，掌握消防灭火器的正确选用和使用方法，能够在发生火灾时，有效实现消防灭火和人身安全防护。

建议时间：30分钟

活动准备：准备各种类型的消防灭火器材。

活动步骤：

步骤一：教师讲解演示干粉灭火器的正确使用方法。

步骤二：每位同学依次动手操作，学会正确使用灭火器材的方法。

步骤三：以小组为单位，进行快速且标准火灾演练。

步骤四：优胜组颁发安全生产班组红旗。

思考与讨论

（1）应如何加强对灵活就业群体的劳动保护？

（2）服务型职场安全隐患的主要类别有哪些？

第二节 职业病与职业健康

导入案例

长期使用气枪致职业性噪声聋

近几年，刘先生感觉自己的听力越来越差了。

从事噪声作业16年，2021年3月，刘先生来到深圳市职业病防治院进行职业健康检查，发现双耳听力损失符合噪声聋特征。进一步调查发现，刘先生每天在噪声中作业10小时，且在工作期间需要使用气枪，虽然每个工作班使用时间短、次数不多，但气枪吹扫产生的噪声为非稳态强噪声，瞬间噪声强度可达90分贝。经过职业病诊断程序，刘先生最终被诊断为职业性轻度噪声聋。

分析：

噪声较大的产业主要有电子设备制造业、金属制造业、橡胶和塑料制品业、专用设备制造业，以及电气机械和器材制造业等。职业性噪声聋发病过程缓慢，初期表现为高频听力损失，对日常生活影响不大，患者自身不易察觉。随着工作与生活中语言交流障碍越来越大，这时听力已经造成了不可逆的严重损害。劳动者在职业活动中因接触有毒有害物质或因素而引发尘肺病、职业中毒、噪声聋等职业性疾病的问题，值得关注。

一、职业病与防护

从广义上讲，职业病是指职业性有害因素作用于人体的强度与时间超过一定限度，人体不能代偿其所造成的功能性或器质性病理改变，从而出现的相应的临床症状。职业病会影响人的劳动能力。在2018年修订的《中华人民共和国职业病防治法》中，职业病的定义为：“企业、事业单位和个体经济组织等用人单位的劳动者在职业活动中，因接触粉尘、放射性物质和其他有毒、有害因素而引起的疾病。”职业病的分类和目录由国务院卫生行政部门会同国务院劳动保障行政部门制定、调整并公布。

（一）职业病的特点

（1）病因有特异性。在接触职业性有害因素后才可能患职业病。在进行职业病诊断时必须有职业史、职业性有害因素接触的调查。在控制这些因素接触后可以降低职业病的发生和发展。

（2）病因大多可以检测。由于职业性有害因素明确，且发生的健康损害一般与接触水平有关，所以可通过检测评价劳动者的接触水平在一定范围内判定“剂量—反应”关系。

（3）不同接触人群的发病特征不同。接触情况和个体差异的不同，会造成不同接触人群的发病特征不同。

（4）治疗难度大。对大多数职业病而言，目前尚缺乏特效治疗方法，应加强预防措施。

（二）职业病危害因素

在生产工艺过程、劳动过程和生产环境中存在各种可能危害职场人群健康和影响劳动能力的不良因素，称职业性有害因素，也称职业病危害因素。

按职业病危害因素性质，可将职业病危害因素分为以下几种。

（1）环境因素：物理因素（如异常气象条件、异常气压、噪声、振动、电离辐射等）；化学因素（如生产性毒物和粉尘等）；生物因素（如炭疽杆菌、霉菌、布氏杆菌、病毒等）。

（2）与职业有关的其他因素：不适合的生产布局；不适合的劳动制度等。

（3）其他因素：与劳动过程有关的劳动者生理、劳动者心理方面的因素等。

（三）常见职业病种类

根据《中华人民共和国职业病防治法》的规定，2013年12月23日，原国家卫生和计划生育委员会、人力资源和社会保障部、原国家安全生产监督管理总局、中华全国总工会四部门联合印发《职业病分类和目录》，将职业病分为10大类132种，如表10-1所示。

表10-1 职业病分类和目录

职业病分类	职业病种类
一、职业性尘肺病及其他呼吸系统疾病	（一）尘肺病 1. 矽肺；2. 煤工尘肺；3. 石墨尘肺；4. 碳黑尘肺；5. 石棉肺；6. 滑石尘肺；7. 水泥尘肺；8. 云母尘肺；9. 陶工尘肺；10. 铝尘肺；11. 电焊工尘肺；12. 铸工尘肺；13. 根据《尘肺病诊断标准》和《尘肺病理诊断标准》可以诊断的其他尘肺病。 （二）其他呼吸系统疾病 1. 过敏性肺炎；2. 棉尘病；3. 哮喘；4. 金属及其化合物粉尘肺沉着病（锡、铁、锑、钡及其化合物等）；5. 刺激性化学物所致慢性阻塞性肺疾病；6. 硬金属肺病

续　表

职业病分类	职业病种类
二、职业性皮肤病	1. 接触性皮炎；2. 光接触性皮炎；3. 电光性皮炎；4. 黑变病；5. 痤疮；6. 溃疡；7. 化学性皮肤灼伤；8. 白斑；9. 根据《职业性皮肤病诊断总则》可以诊断的其他职业性皮肤病
三、职业性眼病	1. 化学性眼部灼伤；2. 电光性眼炎；3. 白内障（含辐射性白内障、三硝基甲苯白内障）
四、职业性耳鼻喉口腔疾病	1. 噪声聋；2. 铬鼻病；3. 牙酸蚀症；4. 爆震聋
五、职业性化学中毒	1. 铅及其化合物中毒（不包括四乙基铅）；2. 汞及其化合物中毒；3. 锰及其化合物中毒；4. 镉及其化合物中毒；5. 铍病；6. 铊及其化合物中毒；7. 钡及其化合物中毒；8. 钒及其化合物中毒；9. 磷及其化合物中毒；10. 砷及其化合物中毒；11. 铀及其化合物中毒；12. 砷化氢中毒；13. 氯气中毒；14. 二氧化硫中毒；15. 光气中毒；16. 氨中毒；17. 偏二甲基肼中毒；18. 氮氧化合物中毒；19. 一氧化碳中毒；20. 二硫化碳中毒；21. 硫化氢中毒；22. 磷化氢、磷化锌、磷化铝中毒；23. 氟及其无机化合物中毒；24. 氰及腈类化合物中毒；25. 四乙基铅中毒；26. 有机锡中毒；27. 羰基镍中毒；28. 苯中毒；29. 甲苯中毒；30. 二甲苯中毒；31. 正己烷中毒；32. 汽油中毒；33. 一甲胺中毒；34. 有机氟聚合物单体及其热裂解物中毒；35. 二氯乙烷中毒；36. 四氯化碳中毒；37. 氯乙烯中毒；38. 三氯乙烯中毒；39. 氯丙烯中毒；40. 氯丁二烯中毒；41. 苯的氨基及硝基化合物（不包括三硝基甲苯）中毒；42. 三硝基甲苯中毒；43. 甲醇中毒；44. 酚中毒；45. 五氯酚（钠）中毒；46. 甲醛中毒；47. 硫酸二甲酯中毒；48. 丙烯酰胺中毒；49. 二甲基甲酰胺中毒；50. 有机磷中毒；51. 氨基甲酸酯类中毒；52. 杀虫脒中毒；53. 溴甲烷中毒；54. 拟除虫菊酯类中毒；55. 铟及其化合物中毒；56. 溴丙烷中毒；57. 碘甲烷中毒；58. 氯乙酸中毒；59. 环氧乙烷中毒；60. 上述条目未提及的与职业有害因素接触之间存在直接因果联系的其他化学中毒
六、物理因素所致职业病	1. 中暑；2. 减压病；3. 高原病：4. 航空病：5. 手臂振动病；6. 激光所致眼（角膜、晶状体、视网膜）损伤；7. 冻伤
七、职业性放射性疾病	1. 外照射急性放射病；2. 外照射亚急性放射病；3. 外照射慢性放射病；4. 内照射放射病；5. 放射性皮肤疾病；6. 放射性肿瘤（含矿工高氡暴露所致肺癌）；7. 放射性骨损伤；8. 放射性甲状腺疾病；9. 放射性性腺疾病；10. 放射复合伤；11. 根据《职业性放射性疾病诊断标准（总则）》可以诊断的其他放射性损伤
八、职业性传染病	1. 炭疽；2. 森林脑炎；3. 布鲁氏菌病；4. 艾滋病（限于医疗卫生人员及人民警察）；5. 莱姆病
九、职业性肿瘤	1. 石棉所致肺癌、间皮瘤；2. 联苯胺所致膀胱癌；3. 苯所致白血病；4. 氯甲醚、双氯甲醚所致肺癌；5. 砷及其化合物所致肺癌、皮肤癌；6. 氯乙烯所致肝血管肉瘤；7. 焦炉逸散物所致肺癌；8. 六价铬化合物所致肺癌；9. 毛沸石所致肺癌、胸膜间皮瘤；10. 煤焦油、煤焦油沥青、石油沥青所致皮肤癌；11. β-萘胺所致膀胱癌
十、其他职业病	1. 金属烟热；2. 滑囊炎（限于井下工人）；3. 股静脉血栓综合征、股动脉闭塞症或淋巴管闭塞症（限于刮研作业人员）

（四）职业性损害的三级预防

《中华人民共和国职业病防治法》第一章总则第三条指出：“职业病防治工作坚持预防

为主、防治结合的方针，建立用人单位负责、行政机关监管、行业自律、职工参与和社会监督机制，实行分类管理、综合治理。”其基本准则应按三级预防加以控制，以保护和促进职业人群的健康。

1. 第一级预防

第一级预防又名病因预防，是指从根本上消除或控制职业性有害因素对人的作用和损害。可通过改进生产工艺和生产设备，合理利用防护设施及个人防护用品，以减少或消除劳动者与有害因素接触的机会。主要有以下几个方面。

（1）根据我国工业企业设计卫生标准，改进生产工艺和生产设备。

（2）与职业卫生相关的法律、法规和标准。

（3）个人防护用品的合理使用和职业禁忌证的筛检，如生产性粉尘所导致的尘肺，可以佩戴防尘口罩，凡有职业禁忌证者，禁止从事相关工作。

（4）控制已明确能增加发病危险的生活方式等个体危险因素，如禁止吸烟可预防多种慢性非传染性疾病、职业病或肿瘤。

2. 第二级预防

第二级预防是指早期检测和诊断人体受到职业性有害因素所致的健康损害并予以早期治疗、干预。受经济和技术影响，尽管第一级预防措施是理想的方法，但难以实现理想效果，因此第二级预防也是十分必要的。其主要手段是定期进行职业性有害因素的监测和对接触者的定期体格检查，以尽早发现病损和诊断疾病，及时预防、处理。

3. 第三级预防

第三级预防是指在患病以后，实施积极治疗和促进康复的措施。在实施第三级预防时要坚持以下几个原则：将已有健康损害的接触者调离原有工作岗位，并进行合理的治疗；找到接触者受到健康损害的原因，改进生产环境和工艺过程，加强一级预防；促进病人康复，预防并发症的发生和发展。除极少数职业中毒有特殊的解毒治疗方法外，大多数职业病主要依据受损的靶器官或系统，采取临床治疗原则，给予对症治疗。

三级预防体系相辅相成、合为一体。第一级预防针对整个人群，是最重要的，第二级和第三级是第一级预防的延伸和补充。全面贯彻和落实三级预防措施，做到源头预防、早期检测、早期处理、促进康复、预防并发症、改善生活质量，构成职业卫生的完整体系。

二、劳动禁忌与职业健康

职业健康的定义有很多种，比较权威的是1950年由国际劳工组织和世界卫生组织的联合职业委员会给出的定义：“职业健康应以促进并维持各行业劳动者的生理、心理及社交处在最好状态为目的；防止劳动者的健康受工作环境影响；保护劳动者不受健康危害因素伤害；将劳动者安排在适合他们的生理和心理的工作环境中。”现代医学与卫生学调查研究表明，不同的职业、不同的职业场所、不同的职业劳动环境与条件、不同的劳动方式，甚至同一企业，不同的管理者和不同素质的劳动者，都有不同的职业健康问题。

（一）体力劳动引起的身体损伤及预防

1. 体力劳动引起的身体损伤及原因

（1）长期重复一定姿势引起疾患。劳动者需要在工作中长期重复一定的姿势，导致个别器官或系统过度紧张而引起疾患。

（2）不良劳动环境条件。高温、寒冷、潮湿、光线不足、通道狭窄等，增大了劳动者劳动负荷，加大了劳动强度，容易产生疲劳和损伤。

（3）劳动组织和劳动制度安排不合理。劳动时间过长，劳动强度过大，休息时间不够，轮班制度不合理等，容易形成过度疲劳，造成身体损伤。

（4）劳动者身体素质问题。劳动者身体素质不好，安排的劳动强度与劳动者身体状况不适应。

2. 预防体力劳动身体损伤的措施

（1）采取合理的工作姿势。改善作业平台和劳动工具，使之符合人体解剖学特点，加强劳动者作业训练，使劳动者能够采取正确的工作姿势和方式，尽量避免不良作业姿势，避免和减少负重作业，使身体各部位处于自然状态，减轻身体承受的压力。

（2）改善劳动环境。科学合理地设计劳动环境，控制劳动环境中的各种有害因素，创造良好的劳动环境条件，如适宜的温度、湿度、光照、空间等，这样既有利于劳动者的健康，又能够提高劳动效率。

（3）科学优化劳动组织和劳动制度。通过有效的工效学调查分析，合理组织劳动，根据个体选择适当的工作，对劳动者的劳动定额要适当。应安排适当的工间休息和轮班制度。

（4）适当运动锻炼增强身体素质。体力劳动者往往长时间重复一个劳动动作，容易使用力部位劳损，而其他部位得不到锻炼，造成机体的不协调，或者劳动者身体素质不能适应现有劳动强度，可以通过适当的运动来使身体各部位得到锻炼，从而提高身体素质并消除疲劳。

（二）过度脑力劳动对身心健康的影响及预防

1. 脑力劳动引起的身体损伤及原因

过度脑力劳动产生疲劳，表现为对工作的抵触，疲劳信号提示需要进行调整和恢复，应该停止工作。如果继续强迫大脑工作，则会造成脑细胞的损伤，或使脑功能恢复发生障碍。脑力劳动过度会对人体的身心健康造成较大的危害，主要包括以下两方面。

（1）生理健康失常。长期过度脑力劳动，使大脑缺血、缺氧，神经衰弱，从而导致注意力不集中，记忆力下降，思维欠敏捷，反应迟钝。睡眠规律不正常，白天瞌睡，大脑昏昏沉沉；夜晚失眠多梦，醒后大脑仍然疲劳，精神不振。

（2）心理健康失常。由于上述生理功能的失衡，造成心理活动失衡，出现忧虑、紧张、抑郁、烦躁、消极、敏感、多疑、易怒、自卑、自责等不良情绪，表面上强打精神，内心充满困惑和痛苦，无奈和彷徨，继而对工作学习丧失兴趣，产生厌倦感，甚至产生轻生念头。

2. 从事脑力劳动时缓解疲劳的方法

（1）学会科学用脑。科学地使用大脑，设法提高用脑效率。当过度用脑，感到头脑不清、头痛、昏昏欲睡时，可适当做一些轻松愉快的文娱活动，使左脑得到休息，缓解疲劳。

（2）合理膳食，注重营养。注重膳食搭配，多吃豆腐、牛奶、鱼类及肉类食物等含蛋白质、脂肪和丰富的B族维生素食物，可防止疲劳过早出现；多吃水果、蔬菜和适量饮水，有助于消除疲劳。

（3）保证充足睡眠，放松身心。生活要有规律，应养成良好的作息习惯，每天要留有足够的休息时间以消除身心疲劳，恢复精力和体力。在工作间歇也可躺下来闭上眼睛，放松肢体和大脑，自我放松调整。通过听音乐、练书法、绘画、散步等活动方式转移人的注意力，放下思想包袱，减轻精神压力，也能够解除身心疲劳。

（4）坚持运动锻炼。通过跑步、打球、打拳、骑车、爬山等有氧运动，增强心肺功能，加快血液循环，提高大脑供氧量，促进睡眠。

（5）头部按摩。当用脑过度、头昏脑涨时，可用梳子或手指梳理头部皮肤，或通过对头部穴位的按摩，适当刺激体表，促进血液循环，改善大脑疲劳的症状。

（三）女性劳动者劳动禁忌

1. 国家禁止安排女性劳动者从事的劳动

（1）矿山井下作业及人工锻打、重体力人工装卸、强烈振动的工作。

（2）森林业伐木、归楞及流放作业。

（3）国家标准规定的第Ⅳ级体力劳动强度的作业。

（4）建筑业脚手架的组装和拆除作业，以及电力、电信行业的高处架线作业。

（5）单人连续负重量（指每小时负重次数在六次以上）每次超过20千克，间接负重量每次超过25千克的作业。

（6）女性劳动者在月经、怀孕、哺乳期间禁忌从事的其他劳动。

2. 女性劳动者在月经期间实行特殊保护

女职工在月经期间，所在单位不得安排其从事高空、低温和冷水、野外露天和国家规定的第Ⅲ级体力劳动强度的劳动。如有以上情况，应尽可能调整其从事适宜的工作；如不能调整时，可根据其工作和身体情况，给予假期1 ~ 2天，不影响考勤。

3. 待孕女性劳动者禁忌从事的劳动范围

待孕女职工禁忌从事铅、汞、苯、镉等属于《有毒作业分级》标准第Ⅲ、Ⅳ级的作业。

4. 怀孕女性劳动者特殊的劳动保护

女性劳动者怀孕期间，所在单位不得安排其从事国家规定的第Ⅲ级体力劳动强度和孕妇禁忌从事的劳动，不得在正常劳动日以外延长劳动时间；对不能承受原劳动的，应根据医务部门证明，予以减轻劳动量或安排其他劳动。工程部门从事野外勘测工作及施工一线的女性劳动者，应安排适当工作。

5. 怀孕的女性劳动者禁忌从事的劳动

（1）作业场所空气中铅及其化合物、汞及其化合物、苯、镉、铍、砷、氰化合物、氮氧化物、一氧化碳、二硫化碳、氯、乙内酰胺、氯丁二烯、氯乙烯、环氧乙烷、苯胺、甲醛等有毒物质浓度较高的作业。

（2）制药行业中从事抗癌药物及己烯雌酚生产的作业。

（3）作业场所放射性物质剂量较高的作业。

（4）人力进行的土方和石方的作业。

（5）伴有全身强烈振动的作业，如风钻、捣固机、锻造等作业，以及拖拉机驾驶等。

（6）工作中需要频繁弯腰、攀高、下蹲的作业，如焊接作业。

（7）《高处作业分级》标准所规定的高处作业。

三 保持心理健康

当今世界，随着经济的不断和社会竞争的加剧，越来越多的人患上了各种心理疾病，抑郁症的发病率逐年递增。报告显示，除工作负荷、工作环境等客观因素外，理想与现实差距产生的挫败感是导致职业人群焦虑的重要因素。此外，社会竞争加剧、生活节奏加快、生存成本增加等因素成为职业人群频现焦虑、抑郁和忙碌的现实诱因。

职业心理健康是职业卫生与健康不可割舍的重要部分，是从业人员在职场（工作单位）维持情绪稳定、社会人格稳定、人际关系和谐、工作保质保量、劳动行为安全、身体机能健康等的重要保障，也是构成全民心理健康这一国家战略的重要一环。因此，认识职业心理健康的内涵和标志，识别职业活动中的心理健康风险因素，加强对职业心理健康的重视，对于工作和生活具有重要意义。

（一）职业心理健康的内涵

健康是指一个人在生理、心理和社会上的良好状态。心理健康是指个体能够恰当地评价自己、应对日常生活中的压力、有效率地工作和学习、对家庭和社会有所贡献的良好状态，包括智力正常、情绪稳定、心情愉快、自我意识良好等。

职业心理健康则是从业人员在参与职业活动时，心理过程呈现出一种良好状态，即从业人员在个人的职业活动中不断地适应工作环境，对自身的心理健康状况进行调节，在工作中表现出一种积极健康的心理状态。

职业心理健康的标准和心理健康标准在实质上是一样的，特殊之处在于职业心理健康偏重从业人员在工作中受到各项与工作相关的因素而表现出的心理状态，如表10-2所示。

表10-2　职业心理健康的标志

标志	具体描述
认知	心理健康的从业人员应具有适度的敏感性，能够真实感知内外世界、思维逻辑正常、具有全面且独立的认知以及良好的联想能力
情绪	对心理健康的从业人员来说，无论情绪的激活性、强烈性，还是持久性，都应该有适度的水平，而且应具有良好的心理承受能力、心理康复能力以及情绪管理能力，能够面对组织及任务的压力且担负起责任
自我意识	能够经常自省，具有与能力相匹配的人生目标，有适当的自信、自我激励以及自我发展的压力与动力
人际关系	对周围的人宽容，能够与各种类型的人和睦相处，与异性正常交往，在与上级打交道的同时保持个性，与家庭成员亲密相处，有自己的亲密朋友，能够在不同场合灵活转换自己所扮演的角色
幸福感	有充实的自我价值感，对职业有兴趣，能体验到激情和享受追求，有不断产生的审美需求和审美能力
企业文化	知晓、肯定并欣赏企业文化，感受自己同企业文化的一致性，并有改进和建设企业文化的强烈愿望

（二）影响职业心理健康的因素

日常生活中可能影响情绪、心理健康的事情很多，家庭成员间的矛盾、身体不适、事情发展不如所愿等诸多因素都会引发负面情绪。在职业环境中，心理健康状态产生波动的原因更为复杂，影响职业心理健康的主要因素如图10–9所示。

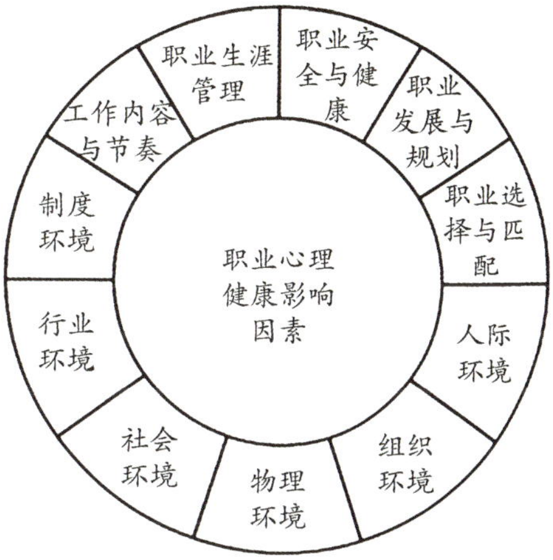

图10–9 职业心理健康影响因素

（1）制度环境。制度环境主要指我国从业人员的就业形势受到相关政策的影响。尤其现在的劳动力市场是灵活的、具有流动性的，从业人员面临各种新的机遇与挑战，择业和心理上都受到一定的影响。

（2）行业环境。行业的发展前景直接影响该行业从业人员的职业心理和行为。行业的优劣势总是随着社会发展而变化，对相关从业人员心理上造成一定的影响。

（3）社会环境。任何一种职业都离不开社会因素的影响。在社会环境中，文化环境和价值观念是影响职业心理健康的重要因素。

（4）物理环境。主要是指从业人员的作业环境，作业环境的特征要与作业人员的生理、心理、能力水平相匹配。比如工作地点是室内还是室外，空气湿度、温度的变化都会对作业人员的心理健康产生影响。

（5）组织环境。组织的构成、性质、特色、人力资源状况、财务、工资、营销、管理情况、发展目标及发展形态等都是影响职业心理健康的因素。

（6）人际环境。人际关系的好坏直接影响职业心理健康。从业人员在工作中很少有单打独斗的情况，处理上下级关系和同事关系是工作中不可避免的部分。

（7）职业选择与匹配。正确合适的职业选择对于一个人的一生非常重要，职业选择应与职业信念、价值观、兴趣、个性、能力相匹配，职业心理健康才能得到保障。

（8）职业发展与规划。职业发展规划是人们在不同阶段的职业期望，主要包括立业、守成、卸任3个阶段，其主要任务是职业适应，影响着从业人员的认知、情感、行为等。

（9）职业安全与健康。从业人员在职业活动过程中可能发生各种伤亡事故，也会有过劳征、职业损伤等生理健康问题，对于职业心理健康也会造成负面影响。

（10）职业生涯管理。个人职业生涯管理是从业人员对自身职业生涯探索、规划、行动以及评价的全过程，是个人建立自我概念和自尊感的主要来源，因此对从业人员的心理健康存在较大影响。

（11）工作内容与节奏。单调重复、不系统或无意义、未熟练掌握工作技巧、工作时长不合理、工作决策参与度低等工作体验都容易造成不健康的职业心理健康状态。

四 职业健康管理

职业健康管理包括健康监护和宣传教育等方法。

（一）健康监护

健康监护对预防职业危害有重要意义。通过预防性健康检查，早期发现职业危害有利于及时采取措施防止职业危害因素，是保护劳动者相关权益所不可缺少的。健康监护的内容包括健康检查、健康档案、健康状况分析等几个方面。

1. 健康检查

健康检查可分为就业前的健康检查和就业后的定期健康检查两种形式。此外，在更换工作岗位、从事特种工种前，也应进行健康检查。

（1）就业前健康检查，是指对准备从事某种职业的人员进行的健康检查。目的在于确认人员是否适合作业，有无职业禁忌的、危及他人的疾患，如传染病、精神病等。

（2）定期健康检查，是按一定时间间隔对接触职业性危害因素作业工人进行的、有针对性的健康检查。目的是及时发现职业危害早期影响、早期诊断和处理职业病患者、检出高危人群、发现职业禁忌征、采取措施防止其他职工健康受损等。

职工退休前进行健康检查，以发现有无身心异常及病残等情况，便于退休后继续随访和采取必要的防治措施。

职业病普查也是一种健康检查，主要是对接触某种职业危害因素的人群，普遍地进行一次健康检查。

2. 健康监护档案

健康监护档案内容有下列几个方面：职业史和疾病史；职业性维护因素的接触水平、家族病史（特别注意遗传性疾病史）；个人健康基础资料等。

3. 对健康监护资料的分析

接触有害因素职工的健康监护自考的统计分析，对指导防治工作有重要意义，可作为提高安全健康工作的可贵的信息资源。

（二）宣传教育

预防职业维护需要社会的关注，因此，有必要通过各种信息传播媒介、渠道、信息载体，大力开展安全健康的宣传工作。

总结案例

7S管理治理现场粉尘

某公司粉尘污染严重，曾多次给员工带来职业危害。经调查，公司发现危害的主要源于原辅料及助剂，存在于中间副产品、产品和废渣的存放、运输过程中，具有种类多、分布广的特点。

公司决定采用7S现场管理的方法治理粉尘污染的现象。根据粉尘的分布特点、影响程度和治理难度，确立了重点治理项目，由7S管理小组进行跟踪。通过限制车辆装载量、规定运渣车辆行驶路线、清理包装现场、放灰管理、加强对现场的跑冒滴漏的管理等不断完善现场管理制度，改善现场环境。除了上述整顿、整理、清扫、清洁，公司还注重强化员工的责任意识和保护现场环境的意识，提升员工的素养，以达到节约资源，保证生产安全、减少职业危害的目的。经过半年的努力，公司现场环境大幅改善，完成了现场粉尘治理的既定目标。

分析：

生产性粉尘进入人的呼吸道可能对人的呼吸系统和皮肤造成伤害，有毒粉尘可能会造成人体中毒，生产现场的可燃粉尘在触及明火、电火花等火源时还有发生爆炸的风险。通过7S现场管理，可以消除发生安全事故的根源，降低职业危害产生的概率。

活动与训练

活动10-2
实 践 活 动

主题：正确使用口罩和防毒面具。

目标：通过实践，掌握防尘口罩及防毒面具的使用方法，能够在面临职业危害时，有效实现个人安全防护。

建议时间：10分钟。

活动准备：准备各种类型的防尘口罩、防毒口罩及呼吸器。

活动步骤

步骤一：学生分组讨论各类防尘口罩、防毒口罩及呼吸器的适用场合。

步骤二：动手操作，能够正确佩戴防尘口罩、防毒面具。

步骤三：以小组为单位，进行快速且标准地佩戴防尘口罩、防毒面具及呼吸器的比拼。

步骤四：优胜组颁发安全生产班组红旗。

思考与讨论

（1）选择一个你熟悉的职业，识别其职业危害。

（2）国家禁止安排女职工从事的劳动有哪些？

第三节

应急避险

导入案例

“8·21”较大中毒和窒息事故

2021年8月21日，河南省济源市某制革有限公司在维修污水处理站曝气池时，发生一起较大中毒和窒息事故，造成3人死亡。

发生原因：某制革公司污水处理站曝气池堵塞，2名员工在未关闭曝气机、未佩戴氧气呼吸装备的情况下，进入污水处理站生化池，吸入硫化氢等有毒有害气体导致中毒窒息，倒入生化池中，1名施救人员查看时也晕倒在生化池中。

分析：

该制革公司安全管理不到位，作业现场安全管理混乱，有限空间作业应急培训和演练不到位，未落实有限空间作业审批等相关制度，未对相关方人员进行管理。相关方作业人员和企业员工未遵守有限空间作业“先通风、再检测、后作业”的原则，违规进入特殊空间，未佩戴劳动防护用品，导致事故发生。

一、事故现场急救基础知识

现场救护是指在事发的现场，对伤员实施及时有效的初步救护，是立足于现场的抢救。事故发生后的几分钟是抢救危重伤员的最重要的时刻，在此期间内，及时正确地抢救，生命就有可能被挽救。现场救护的目的是挽救生命、减轻伤残。现场救护的原则是先救命、后治伤。事故现场应按照紧急呼救、判断伤情和现场救护三大步骤进行。

（一）紧急呼救

当紧急灾害事故发生时，应尽快拨打电话呼叫救护车，或拨打当地担负急救任务的医疗部门的电话。紧急呼救时必须要用最精炼、准确、清楚的语言说明伤员目前的情况及严重程度，伤员的人数及存在的危险，详细的事发地点以及需要何种急救。

（二）判断伤情

在现场巡视后对伤员的伤情进行最初评估。发现伤员，尤其是处在情况复杂的现场，救护人员需要首先确认并立即处理威胁生命的情况，检查伤员神志是否清醒，呼吸是否变快、变浅甚至不规则，心率是否正常，有无开放性损伤，从而初步判断伤员的伤情。

（三）现场救护

采取正确的救护体位，打开气道，人工呼吸，胸外心脏按压，紧急止血，局部检查。在现场初步急救的同时，要及时联系专业医护人员，及时将伤员送到专业救护场所进行施救。

二 事故现场的紧急救护

（一）事故现场

事故发生后的几分钟常被称为“救援黄金时刻”，在此期间内及时抢救或是妥当处理，生命可以被挽救，伤害也可以降低。第一件要做的事就是紧急呼叫救援电话，之后判断现场的伤员情况，对伤者采取一定的紧急救援措施，例如，为伤员做人工呼吸、采取正确的救护体位（注意不要随意移动伤员而造成伤害）、紧急止血、心肺复苏等措施。

（二）触电救护

发生触电事故也是劳动生产中比较常见的一种情况。遇到触电事故，应先设法使触电者迅速脱离电源，一般先找到电源开关进行断电，千万不能直接接触触电者，以防发生二次事故。伤员脱离电源环境后，应采取急救措施，观察伤者的情况，采用心肺复苏的三项基本操作：胸外心脏按压、畅通气道、人工呼吸交替进行。

1. 脱离电源

使触电者脱离电源的方法主要有以下几种。

（1）拉闸。迅速拉下刀闸，或拔出电源的插头。对于照明线路引起的触电，因普通电灯的开关控制的不一定是火线，所以，还是要找电闸将闸刀拉下来。

（2）拨线。若一时找不到电闸，应使用干燥的木棒或木板将电线拨离触电者。拨离时要注意，尽量不要挑线，以免电线回弹伤及他人。

（3）砍线。若电线被触电者抓在手里或粘在身上拨不开，可设法将干木板塞到其身下，与地隔离。也可用有绝缘柄的斧子砍断电线。弄不清电源方向时，可将两端都砍断。砍断后注意线头处理，以免重复伤人。

（4）拽衣服。如果上述条件都没有，而触电者衣服又是干的，且施救者还穿着干燥的鞋子，可以找一块干燥毛巾或衣服包住施救者一只手，拉住触电者衣服，使其脱离电源。此时要注意，施救者应避免碰到金属物体和触电者身体，以防出现意外。必须指出的是，上述办法仅适用于220/380伏特低压触电的抢救。对于高压触电者，应立即通知有关部门停电，抢救者可以戴上绝缘手套、穿上绝缘靴，用相应电压等级的绝缘工具断开开关。

案例 10-1 机械厂员工的触电急救

2023年8月16日，某机械制造厂车间职工刘某，接班后去轧机二架后焊轧槽，施焊时触电后倒在辊道上。轧钢工李某发现后，立即跑到二架前拉闸断电。

现场工艺工程师谢某刚好赶到，见刘某休克，立即进行人工体外心脏按压，几分钟后刘某缓过气来，工友们刚用木板把刘某抬到车间门口，放在地面上，刘某又休克了，他的嘴张得很大，出不来气……当时轧钢厂实习生就喊："有人触电了！"电工班长卢某正在主电室干活，马上跑过来，看到有职工准备送刘某去医院，立即制止说："不能送！"卢某跪在地上，想给刘某作举臂压胸人工呼吸，但刘某的胳膊烫伤了；用仰卧压胸法做了又不见效果，用嘴对嘴呼吸，刘某的嘴又张得很大。情急之中卢某把自己的嘴伸进张的嘴内，捏住刘某的鼻子一口口吹气，吹到第七口气时，刘某终于喘过气来。这时救护车也到了，医生给刘某检查一遍，刘某恢复了正常。

事后复盘整个事件过程：触电后，拉闸断电及时，工艺技术员也会现场急救，难能可贵。对触电者的就地抢救做得好。触电者未穿绝缘鞋，未戴手套从事焊接。该电焊机空载电压110伏特，远超交流焊机手工电弧焊空载电压不超过80伏特的规定，应采用特殊防护措施后才允许使用。

作为企业员工，如果掌握基本的应急常识和自救、互救能力，当灾难和事故发生的时候，就能最大限度的降低事故带来的人身伤害和经济损失，因此，必要的急救知识和处理手段是需要具备的职业素养。

2. 对症抢救

（1）伤势较轻者。伤势较轻，神志清醒，但有些心慌、四肢发麻、全身无力，或触电者曾一度昏迷，但已清醒过来，应使触电者安静休息，不要走动，注意观察并请医生前来治疗或送往医院。

（2）伤势较重者。触电者伤势较重，已经失去知觉，但心脏跳动和呼吸尚未中断，应使触电者安静地平卧，保持空气流通，解开其紧身衣服以利呼吸。若天气寒冷，应注意保温，并严密观察，速请医生治疗或送往医院。如果发现触电者呼吸困难、稀少或发生痉挛，应做好准备，一旦心跳或呼吸停止，立即进行心肺复苏。

（3）伤势严重者。触电者伤势严重，呼吸停止或心脏跳动停止，或二者均停止，这时触电者已处于"假死"状态。对呼吸停止者要立即进行人工呼吸，使其恢复呼吸，对心跳停止者要立即进行胸外心脏按压抢救，使其恢复心跳，对两者都停止者，要同时恢复。

知识卡片

心肺复苏术

心肺复苏术(CPR)是针对呼吸、心跳停止所采取的抢救措施,亦指以人工呼吸代替患者自主呼吸以心脏按压形成暂时人工循环并诱发心脏的自主搏动。心肺复苏的概念已提出了近50年,基本原则不变,实施的内容及细节不断得到改进和完善。目前全球该术实施标准参考2020年美国心脏协会和国际复苏联盟颁布的国际心肺复苏指南,该指南每5年做出检讨并进行修订。

心脏骤停的原因很多:冠心病、电击、外伤、气道阻塞、电解质紊乱和中毒等。抢救成功的因素除了病人的基础状态外,在很大程度上还取决于正确的现场急救措施、正确的复苏手法及合理的药物应用。

心肺复苏的步骤。

1. 判断现场环境是否安全

观察现场环境是否安全,如果现场处在险境应及时转移。如现场环境安全,则可以进行心肺复苏。

2. 判断有误意识

观察病人表情与神态,并轻轻拍其肩膀简单询问以明确其意识是否丧失。

3. 判断有无呼吸

用“一看、二听、三感觉”的方法来判断病人有无呼吸:(1)看胸部有无起伏。(2)听呼吸时有无气流声。(3)感觉有无气体流动。

4. 判断是否有颈动脉搏动

左手置于病人的前额使头部保持后仰位,右手的食指和中指尖置于病人喉结上,然后滑向颈肌(胸锁乳突肌)旁的凹陷处,触摸颈动脉。如果没有搏动,表示心脏已经停止跳动。10秒内可同时检查呼吸和脉搏。

5. 呼救

如果病人意识丧失,即向周围发出呼救,寻求协助并打电话呼叫救护车。

6. 放置心肺复苏术体位

如果病人面朝下,施救者必须翻转病人,使头、颈、肩和躯干同时转动,仰卧位(即病人平卧,头、颈、躯干不扭曲,双侧上肢放在躯干旁),且躺在平稳平坦的硬平面上。

7. 胸外心脏按压

用左手掌跟紧贴病人的胸部(两乳头连线中点,胸部中下1/3处),两手重叠,左手五指翘起,双臂伸直,用上身力量用力按压,按压速率为每分钟100至200次,按压深度至少5厘米而不超过6厘米。每次按压后应让胸部完全回弹。每30次按压后进行2次人工呼吸。

8. 开放气道

开放气道前应先清理口腔的分泌物及异物,然后采用抬头举颏法开放气道。其方法为：手掌用力压前额，使头后仰；另一只手中指、食指向上抬起下颌，颏向前，头后仰。头后仰程度为：下颌、耳廓的连线与地面垂直。动作须轻柔，防止颈部过度伸展。

9. 人工呼吸

做人工呼吸时，应对病人口部做必要的保护，以防施救者中毒或受感染，人工呼吸的方法为：用拇指和食指捏紧病人的鼻孔，嘴对嘴向病人吹入空气，并用双眼余光观察其胸廓是否有起伏。吹气后松开捏鼻的手，让病人胸廓自身的弹力将气呼出。每次呼吸应超过1秒，每次须使胸部隆起。

注意事项：髋关节为直支点，腰部挺直，用上半身重量垂直往下压。按压时数数，一边按压一边数1、2、3、直到30。按5个循环后观察病人心跳与呼吸是否恢复，如果没有恢复继续按压，不要轻易放弃操作，按压与人工呼吸的次数比例为30 ∶ 2。

学会心肺复苏对于每个人都很有用，生活中有很多意外，很难保证我们是时时安全的。

3. 急救中应注意的问题

（1）救护人员切不可直接用手、其他金属或潮湿的物件作为救护工具，而必须使用干燥绝缘的工具。救护人员最好只用一只手操作，以防自己触电。

（2）为防止触电者脱离电源后可能摔倒，应准确判断触电者倒下的方向，特别是触电者身在高处的情况下，更要采取防摔倒措施。

（3）人在触电后，有时会出现较长时间的“假死”，因此救护人员应耐心进行抢救，不可轻易终止。但注意不可轻易给触电者打强心针。

（4）触电后，即使触电者表面的伤害看起来不严重，也必须接受医生的诊治，因为身体内部可能会有严重的电流烧伤。

（三）烧伤救护

烧伤分为热烧伤、电烧伤两类。热烧伤主要指火焰、开水、蒸汽等引起的烧伤，首要工作是为皮肤降温，比如，用清水冲洗或浸泡。穿着衣服的重度烧伤，不要直接脱衣服，否则容易造成烧伤部位水疱皮一同撕脱，增大创面暴露，增加感染风险。

烧伤可以按深度、损伤机制、严重程度/以及合并伤进行分类。按照深度分：目前国内普遍采用三度四分法，分为Ⅰ度、浅Ⅱ度、深Ⅱ度、Ⅲ度。按照严重程度分为：浅度烧伤（包含Ⅰ度、浅Ⅱ度）和深度烧伤（深Ⅱ度、Ⅲ度）。按损伤机制可分为化学烧伤、热烧伤和电烧伤。

1. 化学烧伤

化学物质对人体组织有热力、腐蚀和中毒三种致伤作用，一般称化学烧伤，其烧伤的程度取决于化学物质的种类、浓度和作用持续的时间。对化学烧伤的现场急救有以下一些方法。

（1）迅速清除残余在创面上的化学物质（如石粉粉粒），剪去化学物质污染的衣服，以减少创面继续损伤。

（2）局部用大量清水彻底冲洗。

（3）采用恰当的中和治疗。酸烧伤可用2%苏打水，或3%食盐水，或肥皂水冲洗中和。碱烧伤可用3%硼酸水，或2%醋酸溶液冲洗中和。

（4）酸碱中和处理后，要用清水冲洗创面，防止继发生感染和再损伤。

（5）若化学物质溅入眼内，切忌用手或手帕揉擦，以免增加创伤。

（6）误服有毒化学药品时，因口腔、消化道黏膜大面积烧伤会出现剧烈疼痛、恶心呕吐。可服牛奶、植物油、鸡蛋清等进行保护。

2. 热烧伤

火焰、开水、热蒸汽、热液体或固体直接接触于人体所造成的烧伤，统称热烧伤。出现热烧伤应迅速脱离热源。如火焰烧伤应尽快灭火，脱去燃烧的衣物，就地翻滚或是跳入水池，熄灭火焰。呼救者可就近用非易燃物品（棉被毛毯）覆盖，隔绝灭火。忌奔跑呼叫，以免风助火势，烧伤头面部和呼吸道。避免双手扑打火焰，造成主要功能的双手烫伤。热液浸渍的衣裤，可以冷水冲淋后剪开取下，强力剥脱易撕脱水疱皮。小面积烧伤立即用清水连续冲洗或浸泡，既可减痛又可以带走余热，保护受伤部位。对创面要做到不再污染、不再损伤，可用干净敷料或布料保护，或行简单包扎后再去医院处理。避免用有色药物涂抹，增加随后深度判断的难度。火焰烧伤常伴有呼吸道受烟雾热力的损伤，应注意保护呼吸道通畅，必要时要给予吸氧。其他救治措施如下。

（1）大面积严重烧伤，应就近输液抗休克，转送途中注意保持呼吸道通畅。高度口渴、烦躁不安等状态提示休克严重，应尽快输液，只可少量口服盐水。

（2）安慰和鼓励受伤者，使其情绪稳定，疼痛剧烈可酌情使用止痛药。

（3）注意有无复合伤，对大出血、开放性气胸、骨折等应先进行相应的急救处理。

3. 电烧伤

电烧伤是指由于电弧或衣服着火引起的烧伤，不仅烧伤深，有时可使大块组织或肢体炭化，甚至立即危及伤员生命。急救时，应立即切断电源，拉开电闸或用不导电的物品（木棒或竹器等）拨开电源，并扑灭着火的衣服。在未切断电源之前，急救者切记不要接触伤员，以免自身触电。灭火后，如发现伤员呼吸心跳停止，应在现场立即行体外心脏按压和口对口人工呼吸抢救，待心跳和呼吸恢复后，及时转送就近医院进一步处理。

知识卡片

危化品爆炸后如何自救

与普通爆炸和火灾不同，危化品爆炸的危害更大，可能会引发连环爆炸和有毒有害气体蔓延。在突发情况下，普通人该如何自救呢？

（一）现场人员向上风向快速撤离

发生化学品火灾、爆炸这类事故时，一般要向上风向快速跑。值得提醒的是：如果事故的位置在上风口，一般人下意识是背对爆炸点的方向跑。如果爆炸后的气体有毒，这样始终会在毒气的前进线路上。这种情况下，正确的方式是绕开爆炸点，然后再向上风口撤离。

因为气体密度小，受风的影响很大，1、2级的微风就足以使气体稳定地飘向同一个方向，就好比烟囱里冒出的烟，风往哪边吹、烟就往哪边飘。因此千万不要待在下风口。

如果不幸被化学物质溅射到，应迅速脱去衣物，立即用大量水冲洗。完成冲洗后应立即就医。如果有可能，尽量选择离爆炸区域较远的医院，将重要资源让给可能伤势更重的人。

（二）附近居民自救方法

1. 千万不要围观、不要自发组织救人

事故现场很可能还有多次爆炸发生的可能，围观很可能对自己造成伤害，还可能干扰救援过程。

2. 保证交通，服从指挥

让出通道，让救援保持通畅。不要在沿途做自发活动，服从指挥，不添乱。

3. 不盲目恐慌，不听信谣言

等待官方渠道通知事故情况，不信谣、不传谣。

4. 保持镇静，做好防护

如果不在危险区域，不必恐慌。情况允许，可以做一些自我检查，准备一些日常防护物品。

（四）中毒窒息

发生中毒窒息事故，千万不要贸然进入现场，应做好通风、自身防护（防毒面具、湿毛巾捂住口鼻等）等自我保护措施。对伤员进行施救之前，判定可能的中毒源，采取相应的措施。例如，硫化氢中毒，要用浸透食盐溶液的棉花或者布料盖住中毒者口鼻；口服毒物应设法催吐；接触腐蚀性毒物可用牛奶、蛋清、植物油进行表面处理保护。

总结案例

维修工触电溺水，心跳停止，懂急救的志愿者救回他一条命

连续胸外按压30下，起伏达5厘米……看到自己进行心肺复苏的对象维修工老刘——刚刚因为触电溺水而心跳停止、瞳孔放大——渐渐恢复意识，王森才歇一口气。

2023年6月29日上午11时许，46岁的维修工老刘在四川省成都市锦江区百日红西路进行水泵检修，突然触电，随后栽倒在河中。

当时，在成都市志愿者服务活动中心值班的保安姚平首先发现，赶紧朝老刘旁边走，同时拨打急救电话。另一边，成都市志愿者服务活动中心物业经理、云公益安全应急志愿者王森也发现了，赶紧冲到里屋去关闭电源，然后再跳入河中。几乎同一时间，成都云公益发展促进会社工李继根也跳河救人，三人合力，一起把老刘拉上岸边。

“当时老刘已经失去意识，全身抽搐。”李继根有些紧张，赶紧冲进里屋想叫更多人帮忙。曾经在成都市志愿者服务活动中心学习过多次急救知识的王森开始观察老刘，“发现没有呼吸，心跳停止，瞳孔也放大了。”王森赶紧进行心肺复苏，用胸外按压抢救。“来活动中心快2年，像这样的急救知识学习过很多遍，需要起伏达5厘米，一分钟做100次。”王森事后解释。在胸外按压抢救进行30次后，老刘渐渐恢复意识，王森赶紧将老刘侧躺，保证呼吸通畅。医护人员到达现场，对刘先生进行了救治，目前老刘已入院治疗，脱离了生命危险。

到达现场的医护人员听说救治过程后，连连赞叹，说志愿者和保安采取了正确的急救措施，对挽救刘先生的生命起到了至关重要的作用。“他做得很好，如果不做，只能说很有可能危及生命。”相关医护人员透露。

遇到这样的触电溺水，应该采取什么急救措施？成都市第二人民医院急救科的李主任介绍，可以通过徒手心肺复苏按压的方式进行抢救，一直按压，直到急救人员到现场进一步抢救。对于徒手心肺复苏按压，李主任表示频率要快、力度要大、部位要准确。“一般每分钟按压100次以上，力度需要起伏达5厘米，按压部位在胸骨下段。”

分析：

常规的急救措施无论在工作中还是在生活中都是非常实用的技能，关键时刻也能拯救生命，在平时我们应该通过演练的方式学习日常的急救措施。

活动与训练

活动 10-3
知识抢答

主题：安全隐患知识抢答赛。

目标：利用本节所学应急避险相关知识抢答教师的提问，提高安全生产意识。

建议时间：10分钟。

活动准备：教师准备10道基本的应急避险题，学生可通过互联网及其他查阅相关资料，根据所学知识，能正确回答老师提问。

活动步骤：

步骤一：教师将学生划为三组，每组派一名代表准备抢答。

步骤二：教师讲解比赛规则并提问。

步骤三：在教师的统一指令下，各小组开始现场抢答。

步骤四：正确抢答最多的小组获胜。

步骤五：教师进行分析、归纳、点评。

思考与讨论

（1）请结合你身边发生的或新闻媒体报道的安全事故，说一说事故发生的原因。

（2）在进行机械作业时，应该注意哪些问题？

第十一单元

竞争、创新与终身学习

第一节　应对竞争

第二节　学会创新

第三节　终身学习

引导语

在当今社会，竞争不再是一种选择，而是一种必然。科技不断进步，社会快速发展，职场竞争愈发激烈。大学生即将踏入职场，要学会在竞争中脱颖而出，取得职业上的成功，提升在职场中游刃有余的能力。

创新是社会发展的客观要求，也是员工职业发展的核心能力。了解创新的基本常识是在竞争中实现创新突破的基础。另一方面，古人云"吾生也有涯，而知也无涯"，只有把学习当作一种生活方式，努力做到活到老、学到老，才能更好地适应时代的发展和社会的需求，不断提高个体综合素质，为社会的发展贡献更多力量。

本单元将讲述创新的基本方法，介绍应对竞争、创新发展、终身学习方面的基本知识与技能，旨在帮助学生树立岗位创新的基本理念，进而培养学生良好的职业素养。

学习目标

- 能够正确地对待竞争中的不良现象，掌握应对竞争的基本技巧。
- 积极培养良好的创新意识与创新能力。
- 积极培养终身学习的良好意识与习惯。

第一节

应对竞争

导入案例

巅峰竞标失手，职场竞争教训

某高职学院毕业生小张进入A科技公司成为助理工程师。在众多有潜力的员工中，他被选中代表公司前往全球人工智能大会，参与技术竞标。然而，小张却犯下了致命的失误。他在介绍公司的成功案例和领先技术时显得沾沾自喜，过度强调了过去的辉煌成就，却缺乏对人工智能领域变化的深刻洞察。展示完毕后，他对随行成员过于自信地表示："我们A公司肯定能中标，这项语音识别技术应用代理权必定是我们的！"接着，B公司的展示采用老套路，没有新意。而C公司的展示却让人耳目一新，业务经理着重分析了最新语音识别技术的优势和可能遇到的问题，提出了创新的应用策略。小张开始感到坐不住了……

竞标结果揭晓的那一刻，小张看着C公司的名字被宣布为中标方，心头感到一阵冰寒。公司高层对他的期望，团队成员对他的信任，一切都在这一刻破灭。他看着同事们失望的目光，仿佛感受到了无尽的压力和责任。

分析：

这是一个典型的反面案例。小张虽然准备充分，但只是依赖过去的经验和老套路，缺乏对新兴技术趋势的深入了解。竞标失败是由于他对竞争常识和原则认识的不足，以及对竞争中不良现象的忽视所致。这告诫职场新人：必须保持谦卑的心态、深刻的洞察和灵活的策略。

一、竞争的基本常识与规律

竞争是指各方同时争夺共同的利益目标对象。竞争是创新、发展和生存进化的永久动力。

只要走上工作岗位，职场竞争就不可避免，唯一的选择就是要正确认识竞争、正确面对竞争，积极修炼自我，让自己不断成长起来，坦然面对竞争中的成功与暂时失利。

（一）正确认识竞争

竞争是把“双刃剑”，只有科学的、公平的竞争才会产生积极的发展价值，成为助推事业发展的正向动力，否则不仅不会促进发展，还会破坏和影响发展。竞争中的不和谐现象时有发生，认识并正确运用好竞争中的正向动力，需要在走上岗位前积极修炼。

案例 11-1　蓝海启航：高职生在新能源科技创业的闪耀征程

就读于一所高职学校的李同学，是新能源技术应用专业的一名学生。在一次实习中，他接触到了一项创新的新能源科技，这让他深感机会的来临。然而，身边的同学对他的创业计划表示怀疑。面对质疑，他投入大量时间研究市场需求，完善自己的技术，并主动与一些创业导师取得联系。尽管经历了几次失败，但他并没有被挫折打倒，反而从失败中吸取教训，不断调整自己的创业方案。

经过三年的努力，他终于成功取得了一项发明专利，并与一家大型科技公司建立了长期的合作关系。他的技术逐渐得到认可，公司的业务蒸蒸日上，不仅拥有了自己的技术团队，还成了一家科技公司的创始人和总经理。

（二）培育良好的竞争心态

竞争可以激发人们的工作热情，营造奋发向上的工作氛围，能让人们满怀希望、朝气蓬勃。但是，竞争也容易使人思想波动，产生焦虑，出现心理失衡，情绪紊乱，身心疲劳等问题。尤其对于失利者，由于主观愿望与客观现实之间出现巨大差距而可能一蹶不振。如果不及时调整好这种负面心态，对人的发展将是不利的，因此，在竞争中保持健康的心态十分重要，将终身受益。

1. 对竞争有一个正确的认识

有竞争就会有成功与失败，一次竞争的失败不能代表一个人全部的水平和能力。面对市场经济，这种机遇和挑战将是连续不断的，因此竞争的关键是要正确对待成功与失败，要做到胜不骄败不馁，要明白“世上无常胜将军”“失败是成功之母”，并始终保持不甘落后的进取精神。

2. 客观且实事求是地评价自己

“理想我”和“现实我”的矛盾对于刚刚进入职场的大学生来讲是普遍存在的，只有客观认识自己，才能缩小“理想我”和“现实我”的差距。要根据自己的实际情况确定努力的目标，既不要好高骛远，也不要妄自菲薄，要把近期目标和长远目标结合起来。有些大学生存在“我是大学生，就应该在理想的岗位上工作”的想法，但现实社会很难处处都尽如人意，因此，许多大学生找不到合适的工作，这就需要大学生充分认识就业与失业、上岗和下岗的关系。现实中，就业与失业、上岗与下岗是动态的，今天上岗的人，如果不认真工作，明天仍然要下岗；相反，今天下岗的人，只要克服不足，努力工作，明天还可以重新上岗。只要脚踏实地，一步一个脚印地努力，就能使“理想我”成为现实。

职场箴言

让竞争成为奋斗的动力，让每一次挑战都成为自我超越的契机。

（四）竞争要学会扬长补短

一个人的兴趣和才能是多方面的，要注意发挥长处，挖掘自己的潜能，审时度势，扬长补短，这样就很可能出现“东方不亮西方亮”“柳暗花明又一村”的新局面，增加成功的机会。

（五）要有良好的竞争素养

要不断提高自己的竞争素养，要敢于面对竞争，勇于接受现实中客观存在的各种竞争，在实践中不断锤打和磨炼自己，提高自身化解矛盾和压力的本领，迎接各种挑战。在应对竞争的过程中最重要的是要有正确的人生观，有远大的目标和拼搏精神。要想在竞争中取胜，除了主观努力，还取决于社会环境、人际关系等多种因素。成功了固然可喜，但只要努力过，失败了也问心无愧，从失败中悟出一番道理或者在竞争中学到知识，增长才能，这又是一次走向未来成功的新的开始。

中国学生发展核心素养

案例 11-2 数字时代的辉煌征程

高职学校毕业生小杨，顺利进入了一家科技公司，负责构建一个去中心化应用。然而，与他同组的还有其他优秀的团队成员，每个人都渴望在项目中展示自己的才华。这使得整个项目组内部的竞争愈发激烈。小杨主动深入了解区块链的最新技术趋势，每天不辞辛劳地加班学习。他明白在这个快速发展的行业中，只有通过持续学习才能保持竞争力。他善于倾听团队成员的建议，同时分享自己的见解。与同事形成良好的合作关系，他们共同攻克了项目中的技术难题，形成了高效协同的团队。项目成功地通过了公司内部的技术评审，小杨和他的团队成员一同受到了公司领导的表彰。

竞争不仅需要硬实力，更需要软实力，即竞争素养和竞争道德。大学生应该遵循竞争的客观规律，在公平的环境下靠能力和实力竞争。如果职业道德修养不够，对即将走向岗位的大学生而言，是极不利于自身发展的，要切记：如果没有真正的实力，不好好做人，路是走不远的，成功源于为人和实力。因此，每一位学生必须修炼竞争素养，这是将来职业发展的基础。

案例 11-3　创新竞争：设计项目中的智慧合作

在同一家公司工作的小明和小方，被分配到一个重要的产品设计项目小组。这是公司内部的竞争，谁能够提出更创新、更有前瞻性的设计方案，谁将脱颖而出。他俩各自花费大量时间进行市场调研和技术研究，希望能在设计中融入最新的科技元素。两人都兢兢业业，努力突破传统设计的局限。在最终的设计评审会上，小明提出的设计理念注重产品的用户体验和易用性，而小方的设计更侧重于整合人工智能技术，使产品更加智能化。两种设计方案各有千秋，引起了领导团队的激烈争议。最终，公司领导对两位工程师的设计方案进行了深入讨论，并决定将两个方案的优点融合，形成了更为全面、创新的产品设计。这次竞争不仅提升了公司产品的质量，也让他们在团队中更加受到重视。

二、竞争中常见的不良现象

随着竞争压力的加大，社会上出现了一些不良现象，出现了一些病态的竞争心理和行为，结果伤害了参与者，也给社会带来了负面影响，其中折射出的深层次社会问题值得反思。

职场箴言

勇于竞争，守正创新。以诚实为剑，以创新为盾，走上成功之路，唯有坚持公平之原则。

（一）投机

当今，有些人存在不想凭借自身的学识与能力，而是想通过捷径和依靠他人走向成功的心理。

（二）嫉妒

在竞争中，由于每个人实力有别，很容易产生嫉妒心理。比如，张贴在大学校园里的招聘广告常被人偷偷撕毁。“除了我谁也不配得到这个职位，即使我做不了，别人也休想得到！”这是撕毁广告的同学的心理。如今，隐瞒招聘信息、封锁招聘信息，甚至故意传播一些假信息的情况在大学生中时有发生。

（三）攻击

在竞争中一旦失利，失败者往往把过错全推给别人，采取报复的方式对他人进行攻击，有的甚至对他人造成了伤害。

三 竞争中的基本素质

要想在竞争中脱颖而出，就要提高自己适应竞争的素质和能力。那么，高职院校的学生应该具备哪些竞争素质和能力呢？

（一）良好的竞争意识

竞争意识既是人生存和发展的重要素质，也是大学生培养健康的竞争心理的重要前提。因此，大学生要彻底摒弃安于现状、抱残守缺、与世无争、不思进取的消极无为的旧观念，逐步树立积极进取、永不自满、敢为人先、勇于竞争的积极有为的新观念。要敢于表现自己，敢于在大众面前展示自己的才华。要克服畏惧心理和自卑心理，对自己充满自信，相信依靠自己的实力能够实现既定的目标。要逐步形成不断超越自我、超越他人，“别人能做到，我也能做到”的进取意识，为树立正确的竞争意识扫清思想障碍，在前进中不断实现零的突破。

案例 11-4　广告之巅创意风华，策略对决智慧较量

赵同学，毕业于一所高职学院的广告设计专业。他很快发现，广告行业工作环境充满活力，每天都是一场策略与智慧的对决。他的同事们都是业界的佼佼者，每个人都在创意的巅峰上独具风采。在一次大型客户提案中，他敢于打破传统，提出了一种全新的广告策略，结合了社交媒体和线下互动，为客户呈现了一场前所未有的广告盛宴。这个创意引起了公司领导的高度重视，也让他在同事中崭露头角。

赵同学主动关注市场动态，深入了解客户需求，时刻保持对行业的敏感度。通过不断学习和调研，他迅速掌握了广告行业的最新趋势，为自己在职场中立下了坚实的基础。良好的表达能力不仅是与客户沟通的桥梁，也是在内部团队中推进项目的关键。他勇于清晰明了地传达想法，使得团队协作更为高效。公司领导看中了他的领导潜力和团队协作能力，于是决定提拔他担任更重要的职务。

（二）良好的职业精神

良好的职业精神主要是指以下两个方面：一是要具有良好的职业道德，要敬业、进取、顽强拼搏；二是要具有团队协作意识和团队协作能力。

职场箴言

在激烈竞争之中，用智慧引领方向，在职场战无不胜。

一项调查发现，在失业者或无法获得晋升者中，87%的人并非因为缺乏专业技能或知识，而是因为不恰当的工作习惯和态度导致失业或无法晋升。在当今社会，软实力越来越成为竞争的主要能力因素。对这一竞岗趋势要有所认识，要认真培养自己的职业精神，因为这些能力关乎择业竞岗、职业生涯发展。我们无法确保成功，但我们能拥有成功的资格。

案例 11-5　味道传奇锋芒初现　精益求精职途璀璨

在餐饮界的职业征途上，一名年轻的高职毕业生，名叫小晨，怀揣着对美食的独到见解和创业的决心，踏入了这个风云变幻的行业。他在学校期间就通过实习和兼职，积累了丰富的从业经验，对于不同菜系和口味有着独到的品味。他在创业初期投身于一家小众餐厅，不仅在菜品创新上下足了功夫，更是善于发掘独特的经营之道。通过精准的市场分析和深刻的顾客洞察，他推陈出新，为餐厅带来了辉煌的业绩。要想稳坐餐饮界巅峰，需要不断精益求精，不断挑战自我。他通过参加各类烹饪大赛、深造厨艺技能，使自己在业内保持了领先的竞争优势。

（三）过硬的专业能力

高职院校主要是培养技能型人才的，特别是培养高技能人才的。因此，培养学生过硬的专业技能是高职院校人才培养的重要任务。专业技能素质是高职院校学生择业竞争的硬实力。学习技能本领，本身就是学生的职责任务。在技能大师的队伍中有很多专业技能超群的大师们，他们都是有目标、有责任的技能强人，非常值得大家学习。

案例 11-6　驭梦工匠　车艺峥嵘

在繁忙的汽车制造车间里，有一名年轻的高职毕业生，名叫小涛。他以过硬的专业能力和对汽车制造工艺的热爱，逐渐崭露头角。在学校期间，他勤奋学习各类汽车制造相关课程，积累了扎实的理论基础。同时，他还通过参加校内的汽车设计与制造竞赛，锻炼了自己的实际操作技能。毕业后，小涛进入了一家汽车制造公司，他展现出了惊人的适应能力和学习能力。在生产线上，他凭借扎实的专业知识，很快就成为同事们仰慕的技术骨干。他熟练操作各类生产设备，对汽车零部件的制造工艺了如指掌。在面对复杂的技术问题时，他总能迅速找到解决方案，为公司的生产效率和产品质量作出了巨大的贡献。他还积极参与技术研发项目。

（四）较强的表达能力

竞争有多种类型，如演讲比赛、竞岗演说、技能比武等。不管参与哪种类型的竞争，具备较好的表达能力是很重要的。具备良好的表达能力作为竞争中非常有利的条件之一，大学生绝不能忽视。因此，平时要注意说话的语气、清晰度和逻辑性。在与他人交流时一定要紧扣主题，抓住重点，并讲究技巧与方法。具备良好的表达水平，是日常训练和学习积累的结果，大学生要有意识地参加各种社会实践活动，训练并提升自己的表达能力。

职场箴言

竞争是一场马拉松，坚持不懈的努力和持续不断的学习，有助于你攀登职场的巅峰。

四 竞争的基本技巧

虽然竞争的类型很多，但对于即将毕业的高职院校学生而言，面对的首先是择业竞岗。无论就业难不难，都存在竞争，如果岗位少了，“千军万马过独木桥”，竞争自然激烈；如果岗位多了，大家也会为得到理想的岗位而竞争。因此，要想赢得竞争，不仅要具有积极的竞争意识，还需把握竞争技巧，学会竞争策略，以充分施展自己的才华，从而赢得竞争。

（一）把握主体需求

在就业市场上，企业是用人的主体，要想应聘一个比较适合的企业和岗位，应该对所应聘的企业做一个全面深入的了解。一是了解企业的整体情况，如生产什么产品、属于什么行业、经营状况如何、销售市场在哪里等；二是了解企业的文化、企业的人才观念，以及人才标准等；三是了解具体岗位的用人要求，特别是该岗位的主要职责。只有这样，才能在竞聘时有针对性地回答问题，从而避免文不对题、答非所问的现象发生。

（二）充分展示才华

每个人都有自己的优势与劣势，要想在竞争中赢得胜利，必须充分发挥自己的优势。但有时候企业面试时的考察点不是自己的强项，那就要创造机会，展示自己独特的才华，这就需要掌握应聘的技巧。

总结案例

星光初现销售启航，破格提拔引领团队

在职场的大海上，有一名年轻的高职毕业生，他叫小陈。刚踏入职场，他心怀梦想，希望能在销售的星途上驶向更远的地方，便步入了一家汽车销售公司。刚开始，陌生的环境和激烈的市场竞争让他感到前路茫茫，不知如何着手。一天，小陈在公司的培训课上结识了经验丰富的同事张峰。

“别担心，每个人刚开始都会觉得困难。我刚入行的时候也是一头雾水。”张峰拉着小陈走向了一旁。

通过与张峰的交流，小陈逐渐掌握了汽车制造业的基本知识，也了解到市场现状。他决定深入了解客户需求，提升自己的沟通技巧，积累了一定的客户资源。经过几年的努力，他由一名新人，一跃成为公司销售团队的中坚力量。

“感谢你一直以来的指导，张哥。我从你身上学到了很多东西，才有了今天的成绩。”小陈激动地说道。

张峰笑着拍了拍小陈的肩膀：“你做得很出色，不断学习，你一定能走得更远。”

而后，公司总裁宣布提拔小陈为高级销售经理，这一决定如同夜空中一颗闪耀的明星，点亮了他的职业生涯。

分析：

从最初的“星光初现”到“星光高耸”，勾勒了小陈在职场中的蜕变过程。新的职位带来更多的责任和挑战。小陈积极面对，主动学习管理经验，与团队保持良好沟通。他努力将个体的星光融入整个团队的星空中，取得了良好的职业发展前景。

活动与训练

活动11-1
看看企业要什么样的人

主题：企业用人标准调研。

目标：了解企业招聘需求，提升自身竞争力。

活动准备：

（1）知识准备：根据自己的专业实际，通过互联网及其他方式查找相关资料，确定可能就业的企业与岗位。

（2）材料准备：学生进行企业调研活动，准备活动材料。

活动步骤：

步骤一：分组。全班分成若干个6人左右的调研小组。

步骤二：针对自己所学专业的实际情况，确定可能就业的企业与岗位。

步骤三：实地调研企业用人标准，根据调研结果，每个学生围绕企业岗位要求来总结自身的能力，可以用表格的形式进行展示。

步骤四：每位同学做一个简略的提高竞争力的训练计划。

步骤五：学生代表分享体会与感受。

步骤六：教师根据学生表现总结并点评。

总结评价：

（1）企业一般都有哪些用人标准？

（2）你的自身条件与企业的用人标准之间存在哪些差距？

（3）对于你调研的岗位，你胜任的优势和弱势分别在哪里？

思考与讨论

（1）在面对不公平竞争或竞争中的失败时，你有哪些应对策略和心态调整方法？

（2）你愿意并经常在众人面前展示自己的才华吗？

（3）你想过今后要从事什么样的工作吗？为了实现梦想你做了哪些努力？

第二节 学会创新

导入案例

数字农耕　革新未来

在广袤的农田间，年轻的周同学怀揣着改变农业现状的梦想，而他的创新举措也颇具炫酷感。他打造了一支“绿色飞鹰队”无人机团队，可以实时监测农田情况，分析植被健康状况，提前预警可能的病虫害。这不仅提高了农业生产的精准性，也让农民能在第一时间得知农田的情况。他还在农田中设置了自主导航的智能机器人，它们能够完成一系列烦琐的农事工作，如除草、施肥等。这不仅减轻了农民的劳动负担，还提高了工作效率，使农业生产更加智能高效。在销售端，李明引入了增强现实技术(AR)。通过AR眼镜，消费者可以在虚拟空间中亲临农田，了解农产品的生长过程和生产环境，产地透明度得到了极大的提升。这种独特的购物体验吸引了众多消费者，也为农产品赋予了更多的故事性和附加值。

分析：

周同学通过数字农耕的方式取得了巨大的成功，不仅体现了对所学专业的深刻理解，更展现了创新与职业素养的结合。

创新是社会发展的客观要求和人们主观意识有机结合的产物。创新是一种重要的实践现象，它是有规律可循的。人们在不断地创新中，了解创新的规律。

一、创新的基本常识

了解和认识创新的基本常识，是在竞争中实现创新突破的基础。创新和竞争有着内在的不可分割的联系，熟知创新常识，是实施创新、获得成功的切入点。

(一) 创新及其分类

1. 什么是创新

创新是以产生新思维、新发明和新描述为特征的一种行为过程，包含三层含义：第一，更新；第二，创造新的东西；第三，改变。创新是人类特有的认识能力和实践能力，是人类主观能动性的高级表现形式，是推动民族进步和社会发展的不竭动力。

2. 创新的分类

创新有不同的领域和类型，有不同的创新内容和创新方法，其差异性和个性特点是明显的，比如，技术创新和管理创新，就有着很大的差异性。作为高职院校学生，可以重点了解以下几种创新类型：技术创新、管理创新、企业创新、制度创新、技能人才岗位创新。这些创新类型与高职院校学生毕业后的竞争发展关系密切。

(1) 技术创新。技术创新是一个热门话题：企业界把技术创新作为自身生存和发展的希望所在；政府则把技术创新作为提升国家综合实力和经济竞争能力的重要手段。可以说，技术创新对当代社会经济的发展具有特别重要的意义。构成一个技术创新活动，有三个必须具备的因素，即技术与技术的载体、企业与企业家、市场与适度竞争。

(2) 管理创新。管理是指对由人、财、物、事等组成的系统的运动、发展和变化，进行有目的、有意识地控制的行为。知识经济时代的管理创新是智慧加智能管理的创新，包括管理机制的创新、管理思想的创新、管理组织的创新、管理方法的创新、管理手段的创新等。

案例 11-7 创新引领未来，蓬勃发展企业

某科技公司在市场竞争中逐渐感受到传统产品满足不了客户需求的困扰。为了突破困境，公司决定进行全面创新。首先，他们建立了一个跨职能的创新团队，汇聚了来自研发、市场、销售等不同领域的精英。公司决定将重心从传统软件开发转移到人工智能领域，通过深度学习神经网络技术，推出了一套智能化的解决方案，为企业提供更高效、智能的生产流程。同时，为了推广新产品，公司进行了全球性的市场推广活动。他们通过参与行业展会、举办研讨会，积极与客户建立紧密联系。在市场推广中，公司运用数字化营销和社交媒体策略，扩大了品牌影响力。公司的股价稳步上涨，成为投资者关注的焦点。

分析：

创新是企业成功的关键路径之一。创新提高了产品的性能和预测准确性，为企业客户提供了卓越的智能化生产体验。

(3) 企业创新。企业创新是企业发展的核心。在宏观层面上，企业创新包括企业功能创新、企业经营创新、企业机构创新、企业组织创新、企业资产资本运作创新等。在微观层面上，企业创新包括产品创新、工艺创新、市场创新、流程创新、模式创新等。产品创新是指创造某种新产品或对某一原产品的功能进行创新。工艺创新，又称过程创新，是指产品生产技术的重大变革，包括新工艺、新设备及新的组织方法。市场创新是指通过改善或创造与顾客交流和沟通的方式，把握顾客的需求，从而实现销售产品的目的。流程创新是指随着企业规模扩大而产生的流程变革。流程创新可以节约时间成本，比如，以前需要10天完成的事情，经过流程创新变得只需要1天就能完成。模式创新是企业创新的关键，往往最大的创新胜出都是在模式上，比如，某公司硬件优秀，软件不错，服务也很好，但最重要的是，用创新的方法将三者结合起来构成新的商业模式。

职场箴言

创新不仅仅停留在概念层面，更需要关注技术的细节。深入研究和优化技术细节，是确保创新解决方案成功的关键。

（4）制度创新。制度创新是指在现有的生产和生活环境条件下，通过创设新的、更能有效激励人们行为的制度来实现社会的发展和变革的创新。所有创新活动都依赖于制度创新的积淀和持续激励，创新活动通过制度创新得以固化，并以制度化的方式持续发挥作用。

（5）技能人才岗位创新。当今技能人才、特别是高技能人才，已成为人才强国、人才强企的重要力量，具有不可替代的作用。技能人才是生产一线的主力军，立足岗位创新已经成为企业创新、技术创新的重要突破口与支撑点。

（二）创新是员工职场进步的核心

公司对创新需求的紧迫性，要求员工把创新融入日常生活中，使创新成为日常习惯。创新意识越强，竞争能力提升就越快，职业生涯发展也就越好。生活中有许多这样的先例。

案例 11-8　物流调度优化：高职生的创新征程

作为一名现代物流业的高职毕业生，小石刚刚踏入职场就被公司的高效运转和先进的技术手段所震撼。然而，他也发现在物流行业，虽然技术先进，但仍有一些瓶颈问题亟待解决。他设计发明了一个智能调度系统：通过机器学习对大量数据进行分析，以预测不同路段和时间段的交通状况。研发了一套智能优化算法，自动识别最优的运输路线和时机，从而提高整体物流效率。客户可以通过手机随时随地追踪货物的实时位置、预计到达时间等信息，实现物流过程的透明化。

在短短一年内，系统成功上线，不仅解决了公司内部的调度问题，还为客户提供了更快捷、更准确的物流服务。公司的运营效率大幅提升，客户满意度也迅速攀升。他被任命为物流调度团队的负责人，成为公司内的创新标杆。

（三）创新的主要素质要求

我国正在以中国式现代化全面推进中华民族伟大复兴，因此必须培养一批创新型人才，包括创新型高技能人才，这就给高职院校提出了新的发展要求，即加大高职院校学生创新素质的培养力度。创新素质包括智力素质和非智力素质两大类，缺一不可。智力素质包括学习能力、记忆力、想象力、观察力和实际动手能力等。非智力素质包括自信、质疑、勇敢、勤奋、热情、好奇心、兴趣、情感和动机等。创新实践告诉人们，非智力素质对创新的作用越来越重要，应引起学生的重视。

知识卡片

当代创新型人才的六个特征

1. 创新思维：能够独立思考和提出新颖观点，敢于挑战传统，寻找创新解决方案。
2. 团队协作：具备协作精神，擅长与多元团队合作，共同解决复杂问题，推动项目进展。
3. 数字素养：熟练使用数字工具，理解数据分析，能够从大数据中提取有用信息，做出有效决策。
4. 适应变革：对于环境和组织的变化能够保持积极适应的态度，勇于接受新事物。
5. 解决问题：具备解决问题的能力，能够面对挑战并提出创造性的解决方案。
6. 沟通技能：优秀的口头和书面沟通技能，能够清晰表达观点，有效传递信息。

1. 创新动机

创新动机的核心因素是强烈的事业心和责任感。对技能人才来说，岗位责任感是十分重要的，是激发创造动机产生的思想基础。没有事业心和责任心，就谈不上创新。如果我们翻开技能大师的成长史，也会发现大师们都把所在的岗位作为自己奉献、成长的平台，并在这一平台上不断创新。

2. 成功的信念

培育坚定不移的成功信念就要培养自信心，自信心是取得成功的基本前提。有自信心才能促使一个人保持积极的心理状态，才能使其不畏艰险，不怕挫折去战胜困难，从而取得创新的成果。凡是成功的人，都具有很强的自信心。

案例 11-9　油浪之上　创潮风华

高职生小峰，他以海洋石油为舞台，将创新融入日常工作，以项目为契机，主动探索新的工作方法。通过引入先进的技术设备，优化工作流程，提高油井采收率。

他主导采用先进的智能勘探技术，通过大数据分析、人工智能模型，以及先进的地质解释算法，实现了对海底油气资源更精准、更高效的勘探。这项技术的应用，不仅提高了勘探的准确性，而且大幅度降低了勘探成本，为公司的可持续发展创造了有力的基础。智能模型能够更准确地预测潜在的油气资源分布，为公司发现更多潜在油田储量奠定了基础。

通过创新，小峰成功引领公司在激烈的行业竞争中脱颖而出，成为海洋石油领域的领军企业。他的创新不仅为公司带来了效益，也为他个人的职业发展打开了新的局面。

3. 良好的创新意志

创新需要有持久的耐力和坚定的意志。这是难能可贵的。耐力和意志力不是天生的，而是需要日常锻炼、培养的。良好的意志品质对即将走向岗位的高职院校学生而言，是赢得竞争、创新发展不可或缺的要素。良好的创新意志品质，包括做人的信念、做事的目标与方法、自我管理能力、强烈的事业心和持之以恒的精神等。

4. 专注的创新情感

创新需要专注的情感，这是创新的内在要求。专注的情感就是指员工对其岗位的感情和对工作的兴趣。如果你不喜欢这个岗位，就不可能真正产生在岗位上创新工作的主动意识，这就失去了创新的基础，所以创新本身就包括感情的投入。

5. 强烈的质疑精神

疑问、矛盾和问题常常是开启思维的钥匙。创新就是鼓励人们疑别人之不疑，想别人之未想。不敢提出问题和缺乏怀疑精神的人，是不会取得创新成果的。质疑精神包括以下几个方面：一是勤思，俗话说“勤思则疑”，尤其是在遇到问题时，要善于自觉地进行独立思考，多问几个为什么，要有寻根究底的习惯；二是理智地坚持己见，不随波逐流；三是在争论问题时，尽量避免从众心理，不屈从于群体压力；四是要敢于提出问题；五是不要满足于现状，要保持追求创新的“饥饿感”；六是要有一点“吹毛求疵”的精神。

职场箴言

社会责任感和好奇心可以产生巨大的创造动力。

6. 一定的创新胆量

创新活动，就是去做别人没想过，没做过或没做成功的事，因此，没有一定的创新胆量是断然不行的。创新是有风险的探索活动，创新最危险的敌人就是胆怯，胆怯往往会抑制想象力。因此，创新要有不怕失败的精神，要有敢于向逆境抗争的决心，要有百折不挠、坚韧不拔的毅力，这都是创新不可或缺的要素。当然这种精神，必须建立在科学分析的基础之上，而非盲目地做事情。

案例 11-10 高职毕业生引领家电智能创新风潮

小婷毕业于某高职电子工程专业，在智能洗衣机的研发过程中，积极与软件工程师合作，使洗衣机能够根据用户的使用频率和洗涤方式自动调整，不仅减少用水用电，而且更贴合用户需求。这一创新性能的引入，使得这款洗衣机在市场上备受瞩目。在家电智能控制系统上，她推动引入语音识别技术和手机软件远程控制功能，使用户能够通过手机轻松掌控家电工作状态。这项创新不仅提高了产品的附加值，也让用户体验达到前所未有的程度。公司的销售业绩得到显著提升，她也因此受到了公司的高度认可。

二、创新的基本方法

笛卡尔曾说："最有价值的知识是关于方法的知识。"一个人掌握了创新的方法，就可以更加得心应手地开展创新活动了。这里介绍几种最常用的创新方法。

（一）组合创新法

组合创新是指将两个或两个以上不相关的东西有机地组合在一起，使其成为一种完全不同的有生命力的新东西、新产品。组合是任意的，各种各样的事物要素都可以进行组合，如不同材料可以进行组合，不同技术或原理可以进行组合，不同物品可以进行组合，不同颜色、形状可以进行组合，不同领域、不同性能的东西可以进行组合。组合可以是简单的联合或混合，也可以是综合或化合等，人类正是利用了这些上下组合、左右组合、近缘组合、远缘组合、边缘组合等组合方式，才创造出了种种科技新产品。比如，钢笔是蘸水笔与墨水组合而成的新产品；汽车是发动机与四轮车组合的新产品。组合创新代表着技术发展的趋势，没有组合创新，就没有较快的技术发展和社会进步。组合创新的方法多种多样，这里介绍几种较实用的组合方法。

1. 焦点组合

焦点组合是指以一事物为焦点，看有哪些事物可能与它组合在一起。比如，光与其他事物组合成了光纤通信、光源照明、光电池、光探测器、光控开关等；超声波与其他事物组合成了超声波手术刀、超声波洗衣机、超声波除尘器、超声波切削机等；太阳能与其他事物组合成了太阳能热水器、太阳能饭锅、太阳能汽车等。

2. 正交组合

正交组合是指将欲组合的事物分为两组，一组为横轴，一组为纵轴，就可以正交组合成多种组合，如图 11-1 所示。以水、除尘、

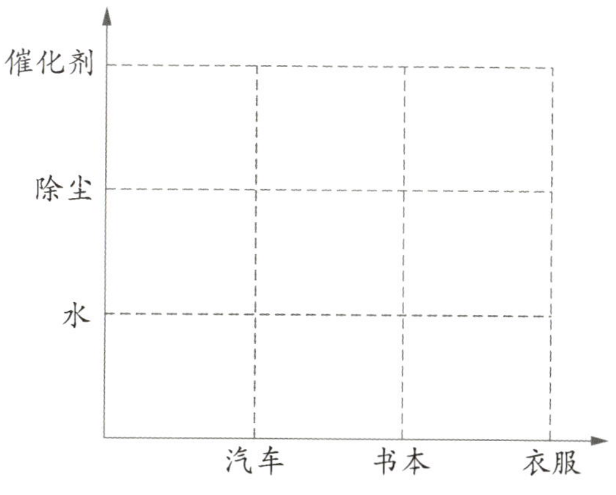

图 11-1 正交组合成多种组合

催化剂作为纵坐标，以汽车、书本、衣服作为横坐标，这些事物毫不相干，但以正交组合的方式可以有9种新组合，其中，有3种组合可以开创技术创新的新思路：第一种组合——水和汽车，可以设想未来的汽车不烧油，是以水为燃料，水可以循环利用，而且无污染；第二种组合——除尘和衣服，使我们想到能否生产出能自动除尘或容易除尘的衣服，这样，既省水节电，又省时；第三种组合——催化剂和书本，使我们想到护眼书，即书本上的字含有某种催化剂，光线足够强字就显示，光线暗到不利于保护视力，字就消失。

3. 强制组合

强制组合是指强制将两个或两个以上的事物组合在一起，从而寻找技术创新的新思路。比如，游泳和汽车毫无关系，强制地把它们组合在一起，就会产生创造潜水艇的思路。

4. 延展组合

延展组合是指由一种组合延展推想其他功能的组合。比如，门铃装置可以是触摸传感器与电路的组合，当手按在触摸传感器上时，皮肤导电，门铃发出响声。除了皮肤，还有什么可以导电？这时就会马上想到水，于是对准传感器哈几口气，铃声果然响了。由此延伸想到它也可以作为晴雨报警器。再想，有什么可以作为控制开关，于是想到了光控、温控等。可见，组合创新并不是一件非常难的事。在学习知识的同时，只要注意培养自身的组合创新能力，放开思路，大胆想象，多动脑，多动手，即使某些组合有些离奇，不容易实现，也会在头脑中埋下创新的种子。

（二）类比创新法

类比是一种推理方法，是指从两个事物在某些方面具有相同或相似的属性推出它们在其他方面也可能具有相同或相似的属性。类比是一种重要的创新方法，在技术发明过程中，人们常常通过观察和联想，寻找一些相似的事物，再由熟悉的事物联想到相似的新事物，从而发明新技术、新产品。可以由熟悉的问题的结论，运用类比推理的方法，对新问题作出猜想性的结论，或由处理熟悉问题的方法联想处理新问题的方法。广泛地运用类比，可以开阔思路，引起联想，形成猜想，找到解决问题的途径。

案例 11-11　潜水艇式游泳池清洁器

伍同学是一个活力四射的高职毕业生，善于灵活运用组合创新法。他将看似无关的事物进行有机组合，提出了创新性的理念和产品设计，如潜水艇式游泳池清洁器。这展示了他在思考问题时的积极联想和创新的意识，有着突破传统的勇气。传统的游泳池清洁方式效率低下，难以达到理想的清洁效果。于是，小伍决定将潜水艇的原理融入游泳池清洁器的设计。新型清洁器外形犹如小型潜艇，装备有先进的感知系统和清洁装置，它能够在游泳池底部灵活穿行。配备高效的刷子和吸纳装置，能够深入清理游泳池底部的死角，保持水质清澈。同时，其独特的外观设计也使其成为游泳场馆的一大亮点，吸引了更多顾客。

（三）智力激励法

智力激励法又称头脑风暴法、集思广益法，是指通过集体讨论、互相启发、互相激励产生的一种激发人的创造性思维的创造方法。智力激励法目前在世界上应用最为普遍，智力激励法的有效性很大程度上取决于对以下原则的执行情况。

1. 自由畅想原则

自由畅想要求与会者解放思想，无拘无束地思考问题，尽可能提出新奇的设想，核心是求新、求异、求奇。

2. 延迟评判原则

评判，包括自我评判和相互评判。延迟评判是一条重要的原则，过早地进行评判、下结论，就等于把许多新观念拒之门外，这是极其有害的。

3. 以量求质的原则

以量求质是指谋求尽可能多的设想。理想答案的获得，常常是逐渐逼近的，在设想问题时，越是增加设想的数量，就越有可能获得有价值的创意。在后期提出的设想中，有实用价值的设想所占比例相对较高。

案例 11-12 点子集结，头脑风暴

在国内某创新型企业，一支由高职毕业生组成的团队在面对公司运营中的一项困扰时，展开了一场头脑风暴，通过智能合约和分布式账本技术，他们成功地实现了供应链的透明化，解决了问题。团队成员们摒弃了传统思维，采用自由畅想的方式，勇敢地提出了各种大胆的设想，最终提出了一种基于区块链技术的供应链改革方案。区块链技术就像一本透明账本，记录了产品从制造到最终消费者手中的整个过程。合同条款会自动执行，无须中介的介入。这有助于减少信息不对称，提高合作效率，使伙伴之间的合作更为高效，各项流程更加自动化。实时数据同步，从生产、仓储到物流的每一个步骤都得到了精准的管理。这一创新方案不仅提高了公司运营的整体效率，还减少了信息不对称和数据篡改的风险。

4. 改善综合原则

改善综合原则是指鼓励与会者借题发挥，对别人所提出的设想进行补充、完善并形成新的设想。“最有意思的组合是设想的组合”。在实际的职场中，会后还要对所有设想做综合改善的工作。

5. 限时限人原则

会议通常限定时间为30分钟到1小时，人数限定在10人左右。时间太长容易疲劳；人数太多则不易集中，使个人发言机会减少。反之，若时间太短，人数太少则信息激励联想反应不充分，难以获得大量的设想。

人们往往将一个人拥有的东西称为财富，其实真正的财富是获得这些东西的方法。黑格尔认为："方法是任何事物所不能抗拒的、最高的、无限的力量。"高职院校学生在就业上岗前，了解并掌握一些创新的基本方法是十分必要的。但切记，只知道或了解这些方法是远远不够的。在今后的工作生活中能否进行创新，关键在于是否会利用这些方法，是否在此基础上勤于思考，发现创新点。不善于思考和发现问题的人是不会创新的。

三 创新应注意的相关问题

近年来，"创新"一词被过度地放大和炒作了。实际上，当现有的方法和技术满足不了解决实际问题的需求时，创新就自然而然地出现了，创新并不需要刻意而为。我们必须在日常生活和工作中关注以下几个问题，做一个有心人。

（一）岗位创新是高职院校学生创新的重要平台

立足岗位创新，这是技能人才的工作特性决定的。技能人才的创新之路也充分证明了这一点。很多企业开展技能人才岗位创新活动，许多青年技能人才脱颖而出，为企业的创新发展创造了可观的经济价值。技能人才实施岗位创新，符合技能人才岗位养成、岗位成才的客观规律，也符合"创新就在工作中发现"的基本规律。

（二）扎实的专业技能是技能人才岗位创新的基础

高技能人才是我国由制造大国走向创造大国的主力军，他们的创新能力直接关系着我国、特别是我国制造业的创新水平。因此，通过扎实的专业学习，来提升创新能力，应引起足够的重视。学生也要自觉认识到，没有扎实的基本功，创新是不可能的。

（三）解决岗位职责中的实际问题是技能人才创新的关键

在竞争激烈的职场，通过创新解决实际问题是脱颖而出的关键。职场是挑战与机遇交织的，强大的内心、创新能力将助青年技术骨干在竞争中脱颖而出，实现更好的发展。职场是一个充满机遇和挑战的战场，只有创新，我们才能在职场中获得更好的发展。

任何创新都必须考虑在当前条件下的可行性，否则再独特的想法也难以在实际中应用。在提出创新性想法时，我们应该思考为什么他人没有提出类似的想法，可能是因为他们未遇到相同的问题、未想到这种方法、认为过于简单或认为不必要或不可行。通过深入思考、详细调研和排查，我们能够增加创新项目的可行性。在现代社会的快节奏生活中，竞争是不可避免的挑战。要在激烈的竞争中脱颖而出，我们必须学会创新，通过解决实际岗位职责中的问题来提升自己的竞争力。

总结案例

智慧健康手环 创新乡村养老

尤同学是一名来自农村的高职生，他以自己在创新发明和创业服务领域的杰出表现，为家乡的老人带来了新的生活方式。

他为老人提供更全面的休养保障。他研发了一款智慧健康手环，集成了多项健康监测功能，如心率监测、步数记录、睡眠分析等。这款手环通过手机软件与云端连接，使老人的健康数据随时可查。手环内置紧急求救装置，老人一旦遇到紧急情况，可以通过手环一键呼叫救援，实现快速响应。这项发明不仅帮助老人更好地管理自己的健康，也让他们的家人更加安心。他成立了公司，为乡村社区引入了智能化居家辅助设备，包括智能手环、床垫和马桶等，通过对老人的生活习惯和身体状况进行实时分析，提供个性化的健康建议。例如，为心肺功能较强的用户组织广场舞活动，为居家休养的用户提供八段锦教学。老人们通过智能手环融入社区的线上、线下文化活动中，这种数字化的互动促进了老人之间的交流，为他们创造了更丰富的生活。

分析：

尤同学创建的养老社区以智能科技为基础，通过数字化的健康监测和线上文化活动，为社区长者提供了贴心的全方位服务。他的经历为其他有志于在服务领域创新的人提供了启示。

活动与训练

活动11-2
创新设计体验活动

主题：打造未来水杯。

目标：通过活动培养创新思维，提高在新型水杯设计领域的创意能力。

建议时间：30分钟。

活动步骤：

步骤一：介绍活动要求及流程。

教师简要介绍活动主题，即通过组合法进行新型水杯的构思和设计。

步骤二：选择常见物品。

每个同学从提供的常见物品中选择几种，这些物品将成为他们新型水杯设计的素材。

步骤三：正交方式组合。

同学们利用正交方式将选取的物品进行组合，并在表格上记录下组合的具体情况。要求寻找具有实际意义的、新颖的组合。

步骤四：展示和评选。

每位同学向全班同学展示自己设计的新型水杯，解释组合的理念和设计亮点。全班同学进行投票，选出最有创造力的组合。

步骤五：总结。

教师根据展示成果和评选结果，总结创新思维的培养过程，引导学生思考创新在实际设计中的应用。

总结评价：

（1）你的组合创新依据是否颠覆了传统思维、挑战了常规观念？

（2）这种创新方法是否给你带来了深刻的思考和启示？

思考与讨论

1. 在企业竞争中，创新意识是否足以推动行业变革？
2. 如何通过激进的创新知识，引领行业发展的潮流？
3. 如何利用创新知识增强自己的竞争力？

第三节 终身学习

导入案例

技术过硬吃老本 不思进取被淘汰

高职毕业生小海工作了两年后感到职场竞争日益激烈，但他总觉得自己技术过硬，不需要再学习新的知识。他认为公司需要的只是他所精通的编程技能和网络管理，因此，他对其他新兴技术并不关心。公司推出了一项新的大数据分析项目，要求团队成员学习并掌握相关技术。他对此嗤之以鼻，认为大数据分析离自己的专业太远，不值得花时间学习。随着时间的推移，公司大数据分析项目取得了巨大成功，而他因为技术缺失而成了团队的短板。在一次项目评审中，上级要求员工不仅精通某一领域，还需要具备跨学科的能力，随时准备面对新的技术浪潮。因此，他落选了。

分析：

在职场中，不学习新知识可能导致个人错失发展机会。小海的迷失源于他对自己技术的过度自信，而忽视了终身学习的重要性。

终身学习的思想古已有之。儒家创始人孔子宣称："吾十有五而志于学，三十而立，四十而不惑，五十而知天命，六十而耳顺，七十而从心所欲，不逾矩。"在日本，古代也有"修业一生"的观念。日本早期著名学者佐藤一斋的名言"少而学，则壮年有为。壮而学，则老而不衰。老而学，则死而不朽"，也是对终身学习思想的有力诠释。

20世纪70年代，以富尔为主席的联合国教科文组织国际教育发展委员会发布了以《学会生存——教育世界的今天与明天》为主题的报告书，第一次强烈地提出了当代教育所面临的危机、挑战和面向未来的重大主题，提出了终身教育的理念、走向学习化社会的目标，以及信息时代的学习。"学会生存""终身教育""学习化社会"等观念传遍世界。到1996年，联合国教科文组织21世纪委员会发布德洛尔报告，即《学习：内在的财富》，提出学习的四大支柱，即“学会认知”“学会做事”“学会共同生活”以及“学会生存”。这份报告通过宣扬终身学习和学会学习，全面阐述了国际社会对未来人类学习问题的理解，成为国际社会的一份学习宣言。

当今，人类文明已发展到了一个新的转折点。教育从来没有像今天这样成为关系人类生存命运的重要前提，学习也从来没有像现在这样成为一个人最基本的生存能力。学习是我们每一个人乃至整个社会开启富裕之门的钥匙。学习不仅仅关系到经济的繁荣。对社会来说，学习使人们了解影响他们生活的主要问题，使他们成为积极的公民，并全力以赴地投入自己社区的发展之中；对个人来说，学习使人在不断自我完善的同时获得职业发展和改善生活的机会。人人需要生存的智慧，学习为生存之道。学习的能力，就是你将来生存的能力、获取收入的能力。对所有人来说，终身学习都将成为一种回报无限的投资。

一 终身学习理念的内涵

（一）学习是一种持续终身的活动

终身学习是指开始于人的生命之初，终止于人的生命之末，包括人发展的各个阶段的学习活动，既包括纵向的一个人从学前期到老年期的各个不同发展阶段的各种学习，也包括横向的在学校、家庭、社会等各个不同领域的各种学习活动。终身学习彻底改变了传统的学习观念、学习思想，使人们对学习有了全新的认识，全新的理解。

（二）学习是个体的一种自发的生活方式

“终身教育”是一种理念，“学习型社会”是一种保障措施，二者只为人的完善提供了条件，若要真正实现人的完善还必须通过个体的学习，内化为个人的经验才能实现，因此“终身学习”的重要内涵就是它是个体的一种自发的生活方式。在这样的生活方式中，学习者学会观察、听讲、表达自己的观点、提问题和思考；能够认识到自己所需要的教育，并能规划和评价自己的学习。

（三）学习是多样化、个性化的

终身学习尊重每个人的个性和独立性，重视学习者自主、自发地不断发展，它不仅使学习内容更加多样化，而且使教育、学习的技术与方法等也进一步扩大，学习者可以自主地从多种内容和方法中进行选择。另外，终身学习的目标也是多样化的，“学会认知、学会做事、学会共处、学会生存”是终身学习理念的重要支柱与最终目标。

案例 11-13 持续学习炼慧眼　技术革新促发展

机械专业毕业生小金敏锐地发现了公司在产品设计和制造上存在的痛点。他并没有止步于此，而是积极投入解决问题的行动中。通过广泛的市场调研和深入的行业分析，他利用3D打印技术，设计了一款轻量化且高强度的零部件，彻底解决了产品结构复杂、制造难度大的难题。他还利用业余时间学习机械设计的最新原理，使得这项技术革新不仅提高了产品性能，还大幅度降低了制造成本。小金的创新成果为公司带来了意想不到的成功，产品不仅在市场上获得了极高的评价，而且公司的经营状况也有了显著的改善。小金因此受到公司领导的嘉奖，并成为团队中备受推崇的中坚力量。

技术变化日新月异，他通过终身学习，使自己能够持续适应这些变化，保持竞争力，这对他的职业生涯产生了积极的影响。除了专业技能，小金还注重不断学习和提升自身素质。他参与了各类培训和交流活动，培养了优秀的团队协作能力和沟通技巧。他在工作中展现了出色的创新能力，同时以乐观务实的工作态度影响着整个团队。

二、终身学习的特点

（一）终身性

终身学习突破了学校教育的框架，把教育看成是个人一生中连续不断的学习过程，是人们在一生中所受到的各种培养的总和，实现了从学前期到老年期的整个教育过程的统一。既包括正规教育，又包括非正规教育。它包括了教育体系的各个阶段和各种形式。

（二）全民性

终身学习的全民性，是指接受终身教育的人包括所有的人，无论男女老幼、种族贫富。联合国教科文组织汉堡教育研究员达贝提出终身教育具有民主化的特色，反对教育知识为所谓的精英服务，主张应使具有多种能力的一般民众能平等获得教育机会。而事实上，当今社会中的每一个人，都要学会生存，而要学会生存就离不开终身学习，因为生存发展是时代的主流，学会生存必须会学习，这是现代社会给每个人提出的新课题。

（三）广泛性

终身学习既包括家庭教育、学校教育，也包括社会教育。可以说，它包括人在各个阶段各种场所接受的教育，是一切时间、一切地点、一切场合和一切方面的教育。终身教育扩大了学习的范围，为整个教育事业注入了新的活力。

（四）灵活性与实用性

终身学习具有灵活性，表现在任何需要学习的人，可以随时随地接受任何形式的教育。学习的时间、地点、内容、方式均由个人决定。人们可以根据自己的特点和需要选择最适合自己的学习。

三、终身学习是时代发展的趋势

终身学习，是飞速发展的时代向我们提出的要求。远古时代，由于生产力发展水平低下，人类历史演进的速度极其缓慢。而从19世纪至今，社会发展的速度大大加快了，过去一个人从学校学得的知识，在工作岗位上就基本够用了，但现在假如仅仅满足于在学校学到的知识，而不注意及时“充电”，则远远不能满足职业的纵深发展。高新技术带动生产力突飞猛进，不断改变着我们的生存环境和生存方式，要求我们更需要不断提高对新知识、新科技的掌握能力以及对新环境、新变化的应对能力。毫无疑问，这种能力只能从学习中来。不学习，就会被飞速发展的社会淘汰。一份关于“知识半衰期”的研究报告用数字形象地说明了这个问题，如表11-1所示。

表11-1　知识半衰期

序　号	类　　型	半衰期
1	计算机知识	1年
2	技术知识	3年
3	特定职业知识	5年
4	大学知识	10年
5	中小学知识	20年

（一）时代之巅峰：软实力的涌动

职业素养已然不再是简单的知识和技能的竞争，更是软实力的激荡之地。职业表现不再仅仅取决于“硬实力”，如知识、经验、技能等，同样需要具备“软实力”，包括创新思维、协同领导、应变能力等。专业招聘人士明确指出，高学历并不一定是优势，“软实力”才是竞争的关键因素。因此，当前职场的竞争已经不再是简单的知识和技能之争，而更是“软实力”的巅峰之战。当然，“软实力”的培养不是一蹴而就的，而是一个与时代同频共振的过程。“硬实力”可通过专业学习获得，而构建“软实力”更依赖于持续改进。

（二）时代之潮汐：学无涯的奋进

当今社会，知识的海洋汹涌澎湃，信息技术的改革不仅为人类提供了新的生产手段，带来生产力的飞速发展，同时改变了组织管理的传统格局。为了跟上时代的步伐，我们必须不断地学习。体力劳动者正在向脑力劳动者的角色转变，社会对知识型、技术型人才的需求越发强烈，要求劳动者不仅要掌握专业的知识、技术和能力，还要成为多面手。

（三）时代之涌流：全方位的准备

终身学习理念强调学习贯穿人的一生，要求学习的连贯性和持续性。学习不再是仅限于年轻时期的专属活动，成年人同样需要持续涵养智慧。职业生涯是一个持续发展的历程，只有通过在工作实践中不断学习，做好全方位的准备，才能从容应对职业生涯中的多层次挑战。在这个时代，工作本身即为学堂，而持续的学习将成为职业成功的必由之路。

知识卡片

如何培养终身学习的习惯

培养终身学习的习惯是一个持久而有益的过程，它不仅能帮助个人不断提升自我，还能适应快速变化的社会环境。以下是一些建议，帮助你培养并维持终身学习的习惯。

设定明确的学习目标： 首先，明确你想要学习什么，无论是为了职业发展、个人兴趣还是提升生活品质。具体、可衡量的目标能激发你的学习动力。

培养好奇心和求知欲： 保持对周围世界的好奇心，对新知识保持开放态度。遇到不懂的问题时，主动寻找答案，这种探索精神是终身学习的关键。

制订学习计划： 将长期目标分解为短期、可实现的小目标，并制定相应的学习计划。这有助于你保持学习的连贯性和节奏感，避免拖延。

利用碎片时间学习： 在日常生活和工作中，有很多碎片时间可以利用，如通勤时间、午休前后等。利用这些时间阅读电子书、听有声书或学习在线课程，积少成多。

多样化学习渠道： 利用互联网资源，如在线课程平台、专业论坛、博客、播客等，获取丰富多样的学习资源。同时，不要忽视传统的学习方式，如阅读书籍、参加研讨会和工作坊等。

实践与应用： 将所学知识应用到实际生活中，无论是通过项目实践、工作应用还是日常问题解决。实践能加深理解，使学习更加有意义。

建立学习社群： 加入学习小组或社群，与志同道合的人一起交流学习心得、分享资源。良好的学习氛围和互助精神能激励你持续学习。

反思与总结： 定期回顾自己的学习过程和成果，反思哪些方法有效，哪些需要改进。通过总结经验教训，不断优化学习策略。

保持积极心态： 面对学习中的困难和挑战时，保持积极乐观的心态。将失败视为成长的机会，从中汲取经验教训，继续前行。

奖励自己： 每当达到一个学习目标或完成一项学习任务时，给自己一些奖励。这既能增强学习的满足感，也能激发持续学习的动力。

终身学习是一种生活方式，而非一时之需。通过持续的努力和实践，你将逐渐培养出这一宝贵习惯，并在人生的各个阶段不断收获成长和进步。

四 终身学习是职业发展的必然选择

在当今瞬息万变的社会，终身学习不仅是一种智慧，更是适应时代潮流的关键。

职场箴言

终身学习之路如登山涉水，勤奋是攀登之径，努力是航行之舟。

（一）拥抱学习，势在必行

经过多年的发展，终身学习成为新时代下实现自我全面发展的重要途径。这不仅要求学习者思想的转变，更要求教育体系的升级。我们应通过终身学习，不断提升个体自身。

（二）积极学习，势不可挡

世界进入了一个知识爆炸的时代，知识更新的速度越来越快，职场的更替频率也在不断加快，社会的变化急剧而深刻。在这个全新的时代，任何个体都很难凭借有限的知识储备应对社会发展的迫切需求。因此，终身学习不再只是选择，而是一种势不可挡的趋势。只有通过持续的学习，才能更好地适应社会的变化，迎接未来的挑战。

（三）主动学习，势如破竹

学习不再是被动的应对，而是主动迎接变革的重要途径。事在人为，通过学习，个体能够更加积极地探寻自己的发展路径，主导自身的发展。新时代的挑战要求我们不仅要适应变化，更要引领变革。只有通过主动学习，主动适应变革，才能事半功倍，迎接新时代的各种挑战。个体只有主动学习，才能如同破竹之势，迅猛前行。

五 提升职业素养的十个注意事项

（一）有美好的愿景

大学生要明确个人的新时代愿景，不断地积累、学习、成长，专注于真正重要的事情。新时代充满挑战，但也孕育着巨大机遇。只有拥有积极的心态，才能在成长之路上越发坚韧。而适应新时代的方法和策略也在不断升级。只有塑造清晰愿景，保持乐观，才能够持续蓬勃发展，扬帆迎向新时代的巅峰。

（二）有敬业精神

一要爱岗敬业。确立“技能就是自己的光芒，职场就是自己的秀场”的理念；要把敬爱岗位、珍爱职业，作为成就自己、成就事业的前提和根本。

二要充满激情。激情是一种调动全身细胞动起来的独特力量，是不断鞭策和激励人们向前奋进的不竭动力，是克服各类困难的内在要素，是挑战自我、超越自我的力量源泉。

三要储蓄知识。要增强学习动力、能力、毅力、张力；树立学习工作化、工作学习化、学习生活化、生活学习化的理念；激发求知欲望，做到学有专长，实现一技“绝”，二技“鲜”，三技“专”，德技双馨“吃遍天”。

四要用心做事。用手做事会把事情做完，用心做事才能把事情做好；用心工作就要精益求精，戒“忙”（忙乱）、去“盲”（盲目）、除“茫”（茫然）。树立“努力超越、追求卓越”的精神，努力把自身的价值发挥到极致。

（三）有忠诚品质

忠诚是人最重要的品质，是人与人相处的黏合剂、交往的连心桥；忠诚又是一种美德，是一种无价之宝，是每个人的无形资产。

（四）有协作能力

协作是现代企业的突出特点，是团队建设的成功之源，又是每个成员价值发挥最大化的必由之路。所以，企业需要一个以优良文化作支撑的团队，每个人优势互补、劣势互除、互相支持、携手前行。

（五）有主动的意识

反应迅速，时时事事主动，必将占尽先机。主动是一种行动自觉，是一种责任，主动往往胜于能力。大学生可以从以下几方面来提高主动意识。

一是把主动作为一种行动自觉。主动体现在“不只看领导脸色干事，不只做领导安排的工作，不只为薪水工作，不只满足于完成任务”。有些人多干点就觉得吃亏，甚至把忘我工作的人看成是“傻瓜”。其实，真正的傻瓜是那些斤斤计较、自以为是、被动应付的人。

二是主动追求完美。基层员工每天面对的就是那些看似很简单的工作，有些人对此感到枯燥无味。其实，对这些看似简单的事情，工作时应先有一个“完与不完”的量化问题，然后有一个“优与不优”的质化问题。

三是从完美到卓越。每个人工作时难免遇到困难与挫折，能把困难的事情做好，就是杰出；把别人认为简单的事情一次一次地做下去，就是不简单；把别人认为容易的事情千遍万遍地做正确，就是不容易；把别人认为平凡的事情反反复复地做到极致，就是卓越。

（六）能注重细节

细节决定成败、细节决定命运。关注细节、把握细节、做好细节，这是卓越员工提升职业素养的必要元素。

一是细节决定成败。主观努力是成功的第一要素，而主观努力的第一要素是关注细节，要把细节做实、做透、做好、做优。

二是细节成就完美。坚决去除“差不多”“过得去”“凑合混”的意识，这与职业化要求格格不入，更与卓越员工标准格格不入。只有注重细节，才能精益求精，才能提高绩效。

（七）执行力强

各行各业都有决策，决策必须贯彻，贯彻必须执行。这就要求在修炼自己的过程中，着力提升时间规划、岗位行动、过程控制和效果评估等职业执行技能。用思想打造执行力。所谓执行力，即执行的能力、毅力、张力；而行动力，则是指行动决心的大小与速度的快慢。执行力强弱，检验着行动力的好坏。“坐而论”永远不及“起而行”。

执行的境界在于自信。执行者努力做到：不存犹豫心态，不打折扣，不提条件，态度坚决，信心坚定；对办事结果敢于称“第一”、敢于报“圆满”。要确立“执行前，决心第一，成败第二；执行中，速度第一，完美第二；执行后，结果第一，理由第二”的执行观。

（八）有创新精神

创新是人类特有的认识和实践能力，是人类主观能动性的高级表现形式，是推动社会进步和个人发展的不竭动力。创新是探索未知，从事未做、实现未有、达到未至之事。

创新的关键是培养创新精神。要勤于思、敏于行、勇于闯，不断产生新认识、新创意、新发现、新成果，以此来实现自身价值。每个人都有自身存在的价值，只不过价值有潜在与现实、有大与小之分，我们不断地修炼自身能力，把潜在价值变成现实价值，把较小价值变成较大价值。

（九）有良好的职业形象

员工形象代表着企业形象。客户对企业的认知，很大程度上取决于员工形象。因为员工与企业维系在一起，员工维护企业形象，也是维护自身形象；损害企业形象，也就是损害员工形象。善待客户就是维护企业形象，感动客户是维护企业形象的最佳表现。

（十）有卓越的效率

要提高工作效率，一定要把说的变成做的，把做的变成结果，把结果变成效益。卓越绩效源于用心。只有用心工作才会把事情做好，做完与做好是两种不同的境界，一个是量的程度，一个则是质的程度。工作只有达到了质的飞跃，才能有更大的进步，也是效益提高的标志。

案例 11-14　百货公司智慧经营　虚拟试衣效率倍增

一个名叫小娟的高职毕业生崭露头角，成了一家知名百货公司的改革先锋。进入职场她很快觉察到公司的试衣室体验需要创新。传统的试衣室存在着尺寸不准确、等待时间长、试衣服不方便等问题，这直接影响了顾客的购物体验。她成功地开发了一款虚拟试衣应用，这个应用让顾客将自己的虚拟形象投影到屏幕上，实时试穿各种服装。顾客可以在线选择不同款式、颜色和尺寸的衣物，然后通过应用观看虚拟试穿效果。这一革命性的改变使顾客不再需要在试衣间排队，不再需要频繁脱穿衣物，大大提高了试衣的便捷性和效率。首先，购物者的满意度显著提高，他们享受到了更便利、更个性化的试衣体验，增加了对百货公司的忠诚度。其次，公司的销售额也迅速增长，顾客更愿意购买他们在虚拟试衣中体验过的衣物，这推动了销售业绩的飙升。此外，应用还收集了宝贵的数据，有助于公司更深入地了解顾客的购物习惯和喜好，使企业能够更精确地管理库存和提供个性化的产品。

职场箴言

坚韧如竹，谦逊如水；学无止境，职场必胜。

六、提升职业素养的七大意识

很多员工都希望提升职业素养，但是对从哪些方面入手产生了困惑。其实，提升职业素养可以分成两大部分：首先要具备职业心态和意识；其次要磨炼职业素养。职业意识的树立是为提升职业素养打下的良好基础。

第一，优秀职业人应具备责任意识。有了责任意识才会主动承担更多的工作，在工作中善始善终，在出现问题时先从自身寻找改进的方向而不是互相责怪、互相推诿。有了责任意识才会郑重地兑现承诺，才会坚守职业道德，对企业忠诚。

第二，优秀职业人应具备工作目标意识。新员工在企业中常犯的错误之一是缺乏主动性，推一推，才动一动。不懂得自己主动制订上级认可的工作目标，并落实到行动中去。

第三，优秀职业人应具备对客户的服务意识。职场新人往往不在客户服务的一线岗位，就会忽略对客户的服务意识，甚至有的人"自我意识"十分强烈，在工作中形成本位主义，严重影响企业服务客户的能力。还有许多职场新人没有树立为内部客户服务的观念，对于讲究团队合作的企业形成致命伤。

第四，优秀职业人应具备对上级的职业沟通意识。走出校门不久的新员工往往会沿用在校园中与老师的沟通模式，即到期交作业，老师不问则不会主动汇报作业情况。因此到企业中也没有向主管主动汇报工作进程的意识，要么上级被迫主动来询问其本人，要么上级总是不知其本人在忙什么，造成上下级之间的不默契，影响企业效率和效能。

第五，优秀职业人应具备职业协作意识。职业人士在遇到冲突时能做到对事不对人，强调事实，而职场新人往往感情用事，忽略事实；职业人士注重交流讨论，而不是主导结果，同时尊重少数意见，避免盲点，力求寻找共同解，而不是多数解。

第六，优秀职业人士应当具备职业礼仪意识。职业礼仪是职业的内在心态、意识和素质的外在体现。职业礼仪意识要求职业人要从仪容、表情、举止动作、服饰、谈吐和待人接物六个方面展现职业人的形象，从而进一步体现企业的良好形象。

第七，优秀职业人士要具备学习和发展意识。职业人士要不断进行知识和技能的更新，通过阅读、参加培训、工作实践、向先进者学习、辅导他人、自我反省等多层次的学习保持知识结构的与时俱进，保证企业的知识结构能跟得上时代的发展。同时，也应思考自己的职业道路，确立发展的目标和方向，在实践中前进。

以上七大职业意识是提升职业素养的基础。在此基础上可以更专注于某些特定的方面来提升职业素养。成功偏爱有准备的人，企业有目的地提升员工的职业化素养，不仅有助于员工自身的发展，更有助于企业的发展。

职场箴言

永学不止，不断前行。知行合一，创造未来。

总结案例

星光熠熠助登峰，知识习得谱新篇

小锋是一名高职毕业生，他毕业后投身于航天科技领域，这是一个技术要求极高的行业，对知识的渴求和终身学习成为他成功的关键。他感到自己与一些具有硕士和博士学位的同事之间存在差距。为了弥补这一差距，他每天早早来到公司，提前阅读相关领域的专业书籍。他不断向同事请教，虚心学习，用勤奋和汗水填补了学历上的不足。随着时间的推移，他的学习素质成为他的职业竞争力的源泉。他崭露头角，被公司安排参与了一项重要的航天任务。这个项目涉及高度复杂的技术和多学科的融合。他不仅学习了自己领域的知识，还积极参与了其他领域的培训，以更好地协作和理解整个项目。在一次关键时刻，项目遇到了一些技术难题，影响着任务的进度。他主动承担了这个挑战，并通过深入的研究和实验，找到了解决问题的方法。他的解决方案得到了团队的认可，成功地克服了难题，确保了项目的顺利进行。

活动与训练

活动 11-3
演讲比赛

主题： 探究终身学习的价值。

目标： 正确认识终身学习。

建议时间： 45 分钟。

活动准备： 通过互联网及其他方式查阅相关资料，了解终身学习的内涵和价值，并准备一篇演讲稿。

活动步骤：

步骤一：学生演讲。每个人结合自己的学习和实践经历，谈谈对终身学习的认识。参考演讲内容如下：① 什么是终身学习；② 终身学习的重要性有哪些；③ 职业素养提升的途径有哪些；④ 你准备如何做到终身学习。

步骤二：问答讨论。学生讨论，听众与演讲者现场问答。

步骤三：评比总结。教师分析、反馈、给予评价，评比出最佳演讲者。

思考与讨论

（1）终身学习与职业生涯发展有什么关系？

（2）谈谈你对职业素养的认识。

（3）终身职业学习与人的职业发展有什么作用？

主要参考文献

[1] 宋贤钧，周立民．大学生职业素养训练［M］．5版．北京：高等教育出版社，2021.

[2] 杨红玲，艾于兰．职业素养提升与训练［M］．4版．大连：大连理工出版社，2022.

[3] 申东印，张禹贵．经典诗文诵读［M］．北京：中国传媒大学出版社，2016.

[4] 童革．大学生职业核心能力训练［M］．2版．北京：高等教育出版社，2020.

[5] 范琳，胡琼妃．职业生涯规划［M］．北京：中国人民大学出版社，2016.

[6] 刘兰明．职业基本素养［M］．5版．北京：高等教育出版社，2024.

[7] 王志杰，陈卫民．职业素养基本训练［M］．北京：中国劳动社会保障出版社，2015.

[8] 郑瑞涛．职业素养训练［M］．北京：清华大学出版社，2015.

[9] 李怀康，瞿立新．职业生涯规划［M］．2版．北京：外语教学与研究出版社，2021.

[10] 许湘岳，王刚．职业素养教程［M］．2版．北京：人民出版社，2022.

后记

在编写团队的辛勤努力下,《职业素质教育》(第二版)一书终于得以面世。

本书由中国职工教育和职业培训协会副会长毕结礼(人力资源和社会保障部职业技能鉴定中心原副主任)担任主编,李晓芳(天津现代职业技术学院)、孔震(北京信息职业技术学院)、李平(重庆财经职业学院)、杨朝彬(重庆五一职业技术学院)担任副主编。

参加本书编写的有关人员分工如下:毕结礼负责全书框架设计、提纲编制、写作思想和体例确定;李晓芳负责第一单元编写;唐玲(安徽机械工业学校)负责第二单元编写;李平负责第三、四单元编写;李金莲(漳州职业技术学院)负责第五单元编写;钟兴泉(重庆三峡医药高等专科学校)负责第六单元编写;徐爱民(唐山职业技术学院)负责第七单元编写;王庆普(天津现代职业技术学院)负责第八单元编写;喻正莹(聊城幼儿师范学校)负责第九单元编写;杨朝彬负责第十单元编写;孔震负责第十一单元编写。

本书编写得到了天津职业技术师范大学张元教授的悉心指导,《中国培训》杂志编辑部苗银凤负责本书的统稿工作,并提供了许多专业资料,在此一并感谢。

编　者

高等教育出版社

教学资源服务指南

仅限教师索取

感谢您使用本书。为方便教学，我社为教师提供资源下载、样书申请等服务，如贵校已选用本书，您只要关注微信公众号“高职素质教育教学研究”，或加入下列教师交流QQ群即可免费获得相关服务。

“高职素质教育教学研究”公众号

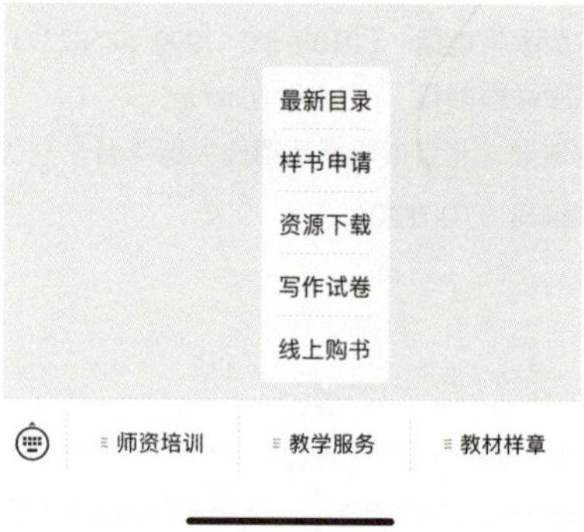

资源下载：点击“**教学服务**”—“**资源下载**”，或直接在浏览器中输入网址（http://101.35.126.6/），注册登录后可搜索下载相关资源。（建议用电脑浏览器操作）

样书申请：点击“**教学服务**”—“**样书申请**”，填写相关信息即可申请样书。

样章下载：点击“**教材样章**”，可下载在供教材的前言、目录和样章。

师资培训：点击“**师资培训**”，获取最新直播信息、直播回放和往期师资培训视频。

联系方式

职业素养和创新创业教师交流QQ群：310075759

联系电话：（021）56961310　电子邮箱：3076198581@qq.com